功能核酸电化学重金属离子生物传感器研究

张艳丽 庞鹏飞 著

Research on
Functional Nucleic Acids
Based Electrochemical Biosensors
for Heavy Metal Ions

·北 京·

内容简介

《功能核酸电化学重金属离子生物传感器研究》依据作者十余年来在电化学分析与传感领域中的科研成果和教学实践，介绍基于功能核酸构建不同电化学生物传感器，实现对多种重金属离子的检测分析。主要阐述了重金属离子的来源、危害、传感检测方法及功能核酸的性质和应用，详细介绍了基于功能核酸构建 10 余种电化学生物传感器的设计原理、传感器构建方法，及对铅、汞、银、镍、铜及镉离子的分析效能和实际样品检测，为环境水体中重金属离子的快速、准确检测提供了一个新的技术平台。

本书可作为高等院校化学、环境和生物等专业研究生的教学参考书，以及本科高年级学生的课外读物，也可供相关领域科技工作者参考。

图书在版编目（CIP）数据

功能核酸电化学重金属离子生物传感器研究 / 张艳丽，庞鹏飞著．— 北京：化学工业出版社，2024.12.
ISBN 978-7-122-47134-5

Ⅰ.O646.1；TP212.3

中国国家版本馆 CIP 数据核字第 2024X6M392 号

责任编辑：汪　靓　宋林青　　文字编辑：毕梅芳　师明远
责任校对：宋　玮　　　　　　装帧设计：史利平

出版发行：化学工业出版社
　　　　　（北京市东城区青年湖南街 13 号　邮政编码 100011）
印　　装：北京云浩印刷有限责任公司
787mm×1092mm　1/16　印张 12¼　字数 294 千字
2025 年 2 月北京第 1 版第 1 次印刷

购书咨询：010-64518888　　　售后服务：010-64518899
网　　址：http://www.cip.com.cn

凡购买本书，如有缺损质量问题，本社销售中心负责调换。

定　　价：88.00 元　　　　　　　　　　版权所有　违者必究

前言

金属离子在生命科学、环境科学、医学等领域扮演着重要角色，金属离子的种类、浓度以及存在的价态和形态等直接决定了它们的功能以及对环境和生物体的作用。近年来，由于重金属离子环境污染物对人类健康构成威胁，重金属离子已成为最受关注的公共卫生问题之一。重金属离子主要来源于工业排污，这些有害物质从工厂排出，流入土地、河流，对土地造成污染，进而影响农作物的生长，对农业生产构成显著威胁。由于其不易降解、毒性强等特点，通过食物链进入人体后会造成人类重金属中毒，给人类健康、生态环境、社会经济带来非常恶劣的影响。随着人们越来越意识到水环境质量的重要性，开发简单、灵敏、准确的检测技术，实现重金属离子的特异性和高灵敏度检测，对人类、其他生物和生态环境的长期发展具有深远意义。

功能核酸是指能与特定目标高特异性结合，或者具有催化功能的核酸序列，主要分为天然和人工两类。天然功能核酸包括核糖酶（ribozyme）和核糖酶开关（riboswitches），人工功能核酸包括由体外指数富集配体系统进化技术（systematic evolution of ligands by exponential enrichment，SELEX）筛选出的具有催化活性的金属离子依赖型脱氧核酶（DNAzyme），能够特异性结合靶标分子的核酸适配体（aptamer），以及能够与某些金属离子稳定结合的碱基错配结构。功能核酸通过体外筛选以及自动化大规模合成，具有成本低、分子量小、无毒性等特点。功能核酸应用范围广泛，靶标除了常见的蛋白质、酶、细胞因子外，还有病毒颗粒、病原菌以及小分子物质，如金属离子、抗生素和核苷酸等。自从发现功能核酸具有催化和配体结合等功能以来，大量的功能核酸被发现，并在药物开发、材料科学、纳米技术、成像和传感等领域展现出巨大的应用潜力。

本书基于三类人工功能核酸（脱氧核酶、核酸适配体和碱基错配），利用纳米材料优异的光学、电学、化学和生物学性能，结合生物信号放大技术研制了多种用于高灵敏度、特异性的重金属离子检测的电化学生物传感器，这些传感器能够对目标物质（铅离子、汞离子、银离子、镍离子、铜离子和镉离子）进行高灵敏度、高选择性、快速和简便的检测，并初步验证了这些传感器在实际应用中的可行性。基于重金属离子和DNA之间的亲和力相互作用，结合纳米材料和生物信号放大技术，本专著总结了作者在功能核酸电化学重金属离子生物传感器领域的研究工作，以期为重金属离子的现场、原位、实时及多种重金属同时检测提供参考。重金属离子和功能核酸的相关知识涉及学科较广，由于作者水平和知识面所限，本书的内容和写作可能存在缺陷和不足，恳请读者批评指正，不胜感谢！

写作本书，与作者10余年来一直从事功能纳米材料和化学与生物传感研究密切相关。这些研究工作得到了国家自然科学基金（21205104、21565031、21665027）和云南省科技厅和教育厅项目基金的资助，同时与实验室多位研究生的工作和付出密不可分，在此一并致以衷心的感谢！

2024年1月于
云南民族大学雨花校区

目录

第1章 重金属 — 001

1.1 重金属概述 — 001
1.1.1 重金属的理化性质 — 001
1.1.2 重金属的污染现状 — 001
1.1.3 重金属污染的特点 — 002

1.2 重金属的来源及危害 — 002
1.2.1 铅的来源及危害 — 003
1.2.2 汞的来源及危害 — 004
1.2.3 银的来源及危害 — 005
1.2.4 铜的来源及危害 — 006
1.2.5 镍的来源及危害 — 006
1.2.6 镉的来源及危害 — 007

1.3 重金属的检测方法 — 007
1.3.1 传统光学检测方法 — 008
1.3.2 电化学检测法 — 011
1.3.3 质谱及色谱法 — 012
1.3.4 生物学检测法 — 013

1.4 重金属检测意义 — 015
1.4.1 环境保护 — 015
1.4.2 食品安全 — 015
1.4.3 健康医疗 — 015
1.4.4 中药材质量控制 — 015

1.5 本章小结 — 016
参考文献 — 016

第2章 功能核酸概述 — 023

2.1 功能核酸简介 — 023

- 2.2 ▶ 功能核酸的分类 —— 024
  - 2.2.1 核酸适配体（aptamer） —— 025
  - 2.2.2 脱氧核酶（DNAzyme） —— 026
  - 2.2.3 碱基错配 —— 033
  - 2.2.4 G-四链体 —— 033
- 2.3 ▶ 功能核酸的体外筛选 —— 035
  - 2.3.1 指数富集配体系统进化技术 —— 035
  - 2.3.2 核酸适配体的筛选原理 —— 035
  - 2.3.3 DNAzymes 的获取方法与技术原理 —— 037
- 2.4 ▶ 功能核酸的优点 —— 037
- 2.5 ▶ 功能核酸的发展现状及应用 —— 038
- 2.6 ▶ 功能核酸在金属离子检测中的应用 —— 039
  - 2.6.1 荧光生物传感器 —— 039
  - 2.6.2 比色生物传感器 —— 043
  - 2.6.3 电化学生物传感器 —— 045
- 参考文献 —— 048

第3章 基于 DNAzyme 构象转变构建的 Pb^{2+} 电化学生物传感器　056

- 3.1 ▶ 引言 —— 056
- 3.2 ▶ 实验部分 —— 057
  - 3.2.1 实验仪器和试剂 —— 057
  - 3.2.2 二茂铁标记-NH_2 修饰的 DNA 探针 —— 057
  - 3.2.3 金电极表面的处理及电化学生物传感器的构建 —— 057
  - 3.2.4 铅离子的电化学检测 —— 058
- 3.3 ▶ 结果与讨论 —— 058
  - 3.3.1 传感器设计原理 —— 058
  - 3.3.2 传感器的电化学响应 —— 059
  - 3.3.3 实验条件的优化 —— 059
  - 3.3.4 Pb^{2+} 的定量检测 —— 061
  - 3.3.5 铅离子传感器的选择性 —— 062
  - 3.3.6 在实际样品中的应用 —— 063
- 3.4 ▶ 本章小结 —— 063
- 参考文献 —— 063

第 4 章　基于二茂铁标记 DNAzyme 构建的 Pb^{2+} 电化学生物传感器　065

- 4.1 ▶ 引言 —— 065
- 4.2 ▶ 实验部分 —— 066
  - 4.2.1　实验仪器和试剂 —— 066
  - 4.2.2　二茂铁标记-NH_2 修饰的寡核苷酸链 —— 066
  - 4.2.3　金电极表面的处理及电化学生物传感器的构建 —— 066
  - 4.2.4　铅离子的电化学检测 —— 067
- 4.3 ▶ 结果与讨论 —— 067
  - 4.3.1　传感器设计原理 —— 067
  - 4.3.2　优化主要实验参数 —— 068
  - 4.3.3　Pb^{2+} 的定量检测 —— 069
  - 4.3.4　电化学传感器对铅离子的选择性 —— 070
  - 4.3.5　在实际样品中的应用 —— 071
- 4.4 ▶ 本章小结 —— 071
- 参考文献 —— 071

第 5 章　基于滚环扩增反应和银纳米簇构建的 Pb^{2+} 电化学生物传感器　072

- 5.1 ▶ 引言 —— 072
- 5.2 ▶ 实验部分 —— 073
  - 5.2.1　实验仪器和试剂 —— 073
  - 5.2.2　DNA-AgNCs 的制备 —— 073
  - 5.2.3　金电极表面的处理及电化学生物传感器的构建 —— 074
  - 5.2.4　凝胶电泳实验 —— 074
  - 5.2.5　电化学测量 —— 074
- 5.3 ▶ 结果与讨论 —— 075
  - 5.3.1　传感器设计原理 —— 075
  - 5.3.2　DNA-AgNCs 的表征 —— 075
  - 5.3.3　琼脂糖凝胶电泳表征 —— 076
  - 5.3.4　电化学表征 —— 076
  - 5.3.5　可行性研究 —— 078
  - 5.3.6　实验条件的优化 —— 078
  - 5.3.7　Pb^{2+} 的定量检测 —— 080

5.3.8　生物传感器的选择性与重复性 ········· 081
5.3.9　在实际样品中的应用 ················· 081
5.4 ▶ 本章小结 ─────────────── 082
参考文献 ──────────────────── 082

第6章　基于 T-Hg^{2+}-T 在石墨烯表面杂交的 Hg^{2+} 电化学生物传感器　　084

6.1 ▶ 引言 ───────────────── 084
6.2 ▶ 实验部分 ──────────────── 085
　　6.2.1　实验仪器和试剂 ················· 085
　　6.2.2　石墨烯溶液的制备 ··············· 085
　　6.2.3　二茂铁标记-NH_2 修饰的寡核苷酸 ··· 085
　　6.2.4　金电极表面的处理及电化学生物传感
　　　　　器的构建 ······················· 086
　　6.2.5　Hg^{2+} 的检测 ······················ 086
　　6.2.6　电化学测量 ····················· 086
6.3 ▶ 结果与讨论 ─────────────── 086
　　6.3.1　传感器设计原理 ················· 086
　　6.3.2　GR 表征 ························ 087
　　6.3.3　Hg^{2+}-dsDNA/GR/GCE 的电化学
　　　　　特性 ··························· 087
　　6.3.4　实验条件的优化 ················· 088
　　6.3.5　Hg^{2+}-dsDNA/GR/GCE 的电化学
　　　　　行为 ··························· 088
　　6.3.6　Hg^{2+} 的定量检测 ················· 090
　　6.3.7　传感器选择性、稳定性和再生性 ···· 091
　　6.3.8　在实际样品中的应用 ············· 092
6.4 ▶ 本章小结 ─────────────── 093
参考文献 ──────────────────── 093

第7章　基于羧化石墨烯和生物条形码放大技术的 Hg^{2+} 电化学生物传感器　　096

7.1 ▶ 引言 ───────────────── 096
7.2 ▶ 实验部分 ──────────────── 097

- 7.2.1 仪器和试剂 —— 097
- 7.2.2 羧基化氧化石墨烯溶液的制备 —— 098
- 7.2.3 AuNPs 及 HRP-bioDNA-AuNPs 的制备 —— 098
- 7.2.4 金电极表面的处理及电化学生物传感器的构建 —— 099
- 7.2.5 Hg^{2+} 的检测 —— 099
- 7.2.6 电化学测量 —— 099

7.3 ▶ 结果与讨论 —— 099
- 7.3.1 传感器设计原理 —— 099
- 7.3.2 GR-COOH 表征 —— 100
- 7.3.3 HRP-bioDNA-AuNPs 表征 —— 101
- 7.3.4 HRP-dsDNA/GR-COOH/GCE 的电化学特性 —— 101
- 7.3.5 实验条件的优化 —— 103
- 7.3.6 HRP-dsDNA/GR-COOH/GCE 的电化学行为 —— 105
- 7.3.7 Hg^{2+} 的定量检测 —— 105
- 7.3.8 传感器特性 —— 106
- 7.3.9 在实际样品中的应用 —— 107

7.4 ▶ 本章小结 —— 108

参考文献 —— 108

第 8 章　基于催化发夹自组装和铜纳米簇构建 Hg^{2+} 电化学生物传感器　110

8.1 ▶ 引言 —— 110

8.2 ▶ 实验部分 —— 111
- 8.2.1 实验仪器和试剂 —— 111
- 8.2.2 DNA 预处理 —— 111
- 8.2.3 金电极表面的处理及电化学生物传感器的制备 —— 112
- 8.2.4 凝胶电泳实验 —— 112
- 8.2.5 电化学测量 —— 112

8.3 ▶ 结果与讨论 —— 112
- 8.3.1 传感器设计原理 —— 112
- 8.3.2 铜纳米簇的表征 —— 113
- 8.3.3 凝胶电泳表征 —— 114
- 8.3.4 传感器的电化学表征 —— 114
- 8.3.5 可行性研究 —— 115

8.3.6　实验条件的优化 —— 115
8.3.7　Hg^{2+} 的定量检测 —— 117
8.3.8　传感器的选择性与重复性 —— 118
8.3.9　在实际样品中的应用 —— 118
8.4　**本章小结** —— 119
参考文献 —— 119

第 9 章　基于生物条形码与金标银染信号放大技术的 Ag^+ 电化学生物传感器　121

9.1　**引言** —— 121
9.2　**实验部分** —— 122
9.2.1　实验仪器和试剂 —— 122
9.2.2　制备 AuNPs 和 bioDNA-AuNPs —— 123
9.2.3　金电极表面的处理及电化学生物传感器的制备 —— 123
9.2.4　电化学测量 —— 123
9.2.5　Ag^+ 的检测 —— 123
9.3　**结果与讨论** —— 124
9.3.1　传感器设计原理 —— 124
9.3.2　银增强前后表征 —— 124
9.3.3　Ag enhancer/dsDNA/MCH/Au 的电化学特性 —— 127
9.3.4　实验条件优化 —— 128
9.3.5　Ag enhancer/dsDNA/MCH/Au 的电化学行为 —— 129
9.3.6　Ag^+ 的定量检测 —— 129
9.3.7　传感器特性 —— 130
9.3.8　在实际样品中的应用 —— 131
9.4　**本章小结** —— 132
参考文献 —— 132

第 10 章　基于磁性纳米粒子和杂交链式反应的 Ag^+ 电化学生物传感器　135

10.1　**引言** —— 135
10.2　**实验部分** —— 136
10.2.1　实验仪器与试剂 —— 136

10.2.2　Fe_3O_4@Au 的制备 ———————— 137
　　　10.2.3　二茂铁标记-NH_2 修饰的寡核苷酸 ——— 137
　　　10.2.4　单链 DNA-Fe_3O_4@Au 的制备 ———— 137
　　　10.2.5　Fe_3O_4@Au 偶联 HCR 反应 ————— 137
　　　10.2.6　金磁电极表面的处理及电化学生物
　　　　　　　传感器的制备 ——————————— 137
　　　10.2.7　凝胶电泳实验 ————————————— 138
　10.3 ▶ 结果与讨论 ———————————————— 138
　　　10.3.1　传感器设计原理 ———————————— 138
　　　10.3.2　材料的表征 ————————————— 139
　　　10.3.3　凝胶电泳表征 ————————————— 140
　　　10.3.4　传感器的电化学行为 —————————— 141
　　　10.3.5　实验条件的优化 ———————————— 142
　　　10.3.6　Ag^+ 的定量检测 ————————————— 145
　　　10.3.7　Ag^+ 传感器的选择性 ———————————— 145
　　　10.3.8　在实际样品中的应用 —————————— 145
　10.4 ▶ 本章小结 ———————————————— 147
　参考文献 ————————————————————— 147

第 11 章　基于 Fe_3O_4@Au 和聚合酶等温扩增技术的 Ni^{2+} 电化学生物传感器　149

　11.1 ▶ 引言 ———————————————————— 149
　11.2 ▶ 实验部分 ———————————————— 150
　　　11.2.1　实验仪器和试剂 ———————————— 150
　　　11.2.2　Fe_3O_4@Au 的制备 ———————————— 151
　　　11.2.3　单链 DNA-Fe_3O_4@Au 的制备 ———— 151
　　　11.2.4　聚合酶等温扩增反应 —————————— 151
　　　11.2.5　金磁电极表面的处理及 Ni^{2+} 电化学
　　　　　　　生物传感器的制备 ——————————— 151
　　　11.2.6　凝胶电泳实验 ————————————— 151
　11.3 ▶ 结果与讨论 ———————————————— 152
　　　11.3.1　传感器设计原理 ———————————— 152
　　　11.3.2　凝胶电泳的表征 ———————————— 152
　　　11.3.3　传感器的电化学行为 —————————— 152
　　　11.3.4　实验参数的优化 ———————————— 154
　　　11.3.5　扫描速度的影响 ———————————— 156
　　　11.3.6　Ni^{2+} 的定量检测 ————————————— 157
　　　11.3.7　传感器的选择性、稳定性和重现性 ——— 157

11.3.8 在实际样品中的应用 —————————— 158
11.4 ▶ 本章小结 ————————————————— 159
参考文献 ——————————————————— 159

第 12 章　基于 Fe_3O_4@Au 和核酸内切酶的 Cu^{2+} 电化学生物传感器　160

12.1 ▶ 引言 ——————————————————— 160
12.2 ▶ 实验部分 ————————————————— 161
  12.2.1 实验仪器与试剂 ————————————— 161
  12.2.2 二茂铁标记-NH_2 修饰的寡核苷酸 ——— 161
  12.2.3 Fe_3O_4@Au 的制备 ———————————— 162
  12.2.4 单链 DNA-Fe_3O_4@Au 的制备 ————— 162
  12.2.5 聚合酶等温扩增和核酸内切酶反应 ——— 162
  12.2.6 金磁电极表面的处理及 Cu^{2+} 电化学生物传感器的制备 ————————— 162
12.3 ▶ 结果与讨论 ———————————————— 162
  12.3.1 传感器设计原理 ————————————— 162
  12.3.2 传感器的电化学行为 —————————— 163
  12.3.3 实验参数的优化 ————————————— 164
  12.3.4 扫描速度的影响 ————————————— 166
  12.3.5 Cu^{2+} 的定量检测 ———————————— 167
  12.3.6 传感器的选择性、重现性和稳定性 ——— 167
  12.3.7 在实际样品中的应用 —————————— 168
12.4 ▶ 本章小结 ————————————————— 169
参考文献 ——————————————————— 169

第 13 章　基于杂交链式反应和银纳米簇构建 Cd^{2+} 电化学生物传感器　171

13.1 ▶ 引言 ——————————————————— 171
13.2 ▶ 实验部分 ————————————————— 172
  13.2.1 实验仪器和试剂 ————————————— 172
  13.2.2 金电极表面的处理及 Cd^{2+} 电化学生物传感器的制备 ————————————— 172
  13.2.3 凝胶电泳实验 —————————————— 173
  13.2.4 电化学测量 ——————————————— 173
13.3 ▶ 结果与讨论 ———————————————— 173
  13.3.1 传感器设计原理 ————————————— 173

  13.3.2 银纳米簇的表征 ———————————— 173
  13.3.3 凝胶电泳表征 —————————————— 175
  13.3.4 传感器的电化学表征 ————————— 175
  13.3.5 可行性研究 ——————————————— 176
  13.3.6 实验条件的优化 ———————————— 177
  13.3.7 Cd^{2+} 的定量检测 ——————————— 178
  13.3.8 传感器的选择性与重复性 ——————— 178
  13.3.9 在实际样品中的应用 ————————— 179
 13.4 ▶ **本章小结** ———————————————————— 179
 参考文献 ———————————————————————— 180

第 14 章 总结与展望

 14.1 ▶ **总结** ——————————————————————— 181
 14.2 ▶ **展望** ——————————————————————— 183

第 1 章
重金属

1.1 重金属概述

重金属离子在生命科学、环境科学、医学等领域扮演着重要角色,重金属离子的种类、浓度以及存在的价态和形态等性质,直接决定了它们的功能以及对环境和生物体的作用。如重金属有机化合物(如有机汞、有机铅、有机砷、有机锡等)比相应的重金属无机化合物毒性要强得多;可溶态的重金属又比颗粒态重金属的毒性要大;六价铬比三价铬毒性要大等。因此,对重金属离子进行特异性和高灵敏度检测具有重要意义[1-3]。例如,重金属对人类健康的危害已是众所周知,近年来重金属对环境造成的污染已引起各国政府和人们的高度重视。

1.1.1 重金属的理化性质

重金属的理化性质主要包括其密度、毒性和生物富集性。重金属是指密度大于 4.5 g/cm^3 的金属,包括金、银、铜、铁、铅、镉、汞等元素。重金属在自然界中难以降解,具有富集性,能够在生物体内和环境中积累,对生物体产生显著的毒性效应。重金属如汞、镉、铅等对人体有显著的毒性作用。汞主要危害中枢神经系统,可能导致脑部受损,引起运动失调、视野变窄等症状,严重时可能导致心力衰竭。镉的急性中毒可能导致呕血、腹痛,慢性中毒则可能损害肾功能,也可导致骨痛、骨质软化。铅主要影响神经系统和造血系统,可能导致贫血、脑缺氧等症状。重金属具有富集性,难以在环境中降解。它们可以通过食物链放大其毒性,对生物体产生长期影响。

1.1.2 重金属的污染现状

无论是空气、泥土,还是食物和饮用水都含有重金属,含量微少,一般情况下不会对人体造成健康威胁。重金属污染主要是指由于重金属的开采和滥用而产生的废水、废气及固体废弃物的污染。随着工业化进程的加快和社会经济的快速发展,大量的重金属相关的材料、产品被广泛应用到各个领域。而在其开采、加工和冶炼过程中,如电子、化工、石油、采矿、金属加工、矿产冶炼等行业,大量重金属元素被排放到生态环境中,给生态环境和人类健康造成了一系列的危害,如镉大米[4]、铅污染[5]、砷中毒[6]、银中毒[7]等。目前的重金属污染主要来源于工业污染、交通污染和生活垃圾污染。工业污染主要是工业生产过程中产生的废气、废渣和废水,在排入生态环境后对环境以及人体都会造成极大的危害;交通污染主要来源于汽车尾气中的重金属污染；生活垃圾污染主要是一些重金属废弃品未得到合理处置而造成的污染。如何调控、治理重金属污染已成为制约我国人民生活水平提高的重要因素，其防治已经尤为重要。

1.1.3 重金属污染的特点

不少有机化合物可以通过自然界本身物理、化学或生物净化，使有害性降低或解除。与有机物类污染物不同的是重金属类污染物极难进行生物降解，且易通过食物链富集后进入人体，给人类健康带来极大的威胁。

重金属污染的特点主要表现在以下几方面：

① 水体中的某些重金属可在微生物作用下转化为毒性更强的金属化合物，如汞的甲基化作用就是其中典型例子。

② 生物从环境中摄取重金属可以经过食物链的生物放大作用，由于其不能被生物降解，在较高级生物体内成千万倍地富集起来，然后通过食物进入人体，在人体的某些器官中积聚起来造成慢性中毒，危害人体健康。

③ 在天然水体中只要有微量重金属即可产生毒性效应，一般重金属产生毒性的范围大约在 1~10 mg/L 之间，毒性较强的金属如汞、镉等产生毒性的质量浓度范围在 0.01~0.001 mg/L 之间。

④ 重金属进入人体后能够与体内的蛋白质和酶等发生强烈的作用而使它们失去活性，也可能累积在人体内的某些器官中造成慢性积累性中毒，这种累积性危害有时需要一二十年才能显现出来。到达一定剂量时，会使机体产生病变，严重时会威胁生命。

1.2 重金属的来源及危害

在重金属的开采、冶炼、加工过程中，不少重金属如铅、汞、镉、钴等会进入大气、水、土壤，引起严重的环境污染。如随废水排出的重金属，即使浓度小，也可在藻类和底泥中积累，被鱼和贝的体表吸附，产生食物链浓缩，从而造成公害。近些年来，国内外重金属污染与中毒事件时有发生。如日本的水俣病，就是烧碱制造工业排放的废水中含有汞，再经生物作用变成有机汞后造成的；又如痛痛病，是由炼锌工业和镉电镀工业所排放的镉所致。汽车尾气排放的铅经大气扩散等过程进入环境中，会造成地表铅的浓度显著升高，致使近代人体内铅的吸收量比原始人增加了约 100 倍，损害了人体健康。因此，许多相应的法律法规应运而生，并且对重金属的限量制定了相关标准。我国重金属相关的排放标准如表 1.1 所示。

表 1.1 重金属相关的排放标准   单位：mg/L

重金属	生活饮用水卫生标准 GB 5749—2022	地表水环境质量标准 GB 3838—2002	海水水质标准 GB 3097—1997	电镀污染物排放标准 GB 21900—2008	污水综合排放标准 GB 8978—1996
砷	0.01	0.1	0.050	—	0.5
镉	0.005	0.01	0.010	0.05	0.1
总铬	—	—	0.50	1.0	1.5

续表

重金属	生活饮用水 卫生标准 GB 5749—2022	地表水环境 质量标准 GB 3838—2002	海水水质标准 GB 3097—1997	电镀污染物 排放标准 GB 21900—2008	污水综合 排放标准 GB 8978—1996
铬	0.05	0.1	0.050	0.2	0.5
总镍	0.02	—	0.050	0.5	1.0
总银	0.05	—	—	0.3	0.5
铅	0.01	0.1	0.050	0.2	1.0
汞	0.001	0.001	0.0050	0.01	0.05
硒	0.01	0.02	0.050	—	—
铝	0.2	—	—	3.0	—
铁	0.3	—	—	3.0	/
锰	0.1	—	—	—	5.0(三级标准)
铜	1.0	1.0	0.050	0.5	2.0(三级标准)
锌	1.0	2.0	0.50	1.5	5.0(三级标准)

1.2.1 铅的来源及危害

铅是重金属污染物中的一种，广泛存在于人们的生活环境中，究其来源，可归结为两个方面：自然污染与人为污染。自然污染指自然灾害如火山喷发、森林火灾等将铅释放于环境中；人为污染则是由于人类活动导致的铅排放[8]。其中，人为污染是铅污染的重要来源。

原生冶炼产生铅污染：铅冶炼企业在熔炼时会释放大量的铅蒸气、铅尘，部分企业将其直接排放于空气中。同时，部分含铅的逸出物也会排放到环境中，导致大气中含有浓度超标的铅。

废铅蓄电池：在铅的加工业中，蓄电池在铅年消耗量中占了很大比重。20世纪90年代中期，我国年生产电池消耗的铅总量达到了20万吨。而生产电池的厂家资金及技术有限，导致了生产设备陈旧、生产工艺落后，在铼铅、化铅的过程中，大量铅尘逸出，造成了不良的环境影响。

油漆涂料：在日常生活中常常会接触油漆与涂料，尤其是装修过程中，而这类物品中也含有一定量的铅。颜料中的铬黄就是由铬酸钠与硝酸铅或者醋酸铅反应制得的，而生产铬黄的废水中铅含量也远远高于正常水平。另外，墙面粉刷涂料与家具油漆中较多添加的是铅的化合物，比如黄丹、红单及铅白等。而油漆、涂料在擦拭与使用过程中造成损耗，出现掉漆相处，对环境存在潜在的威胁，极可能进入人体而造成危害[9-10]。另外，还有多方面的污染源可能造成环境中的铅污染。如含铅的汽车尾气，成为城市中铅污染的重要来源。在电镀行业中，铅作为保护膜应用于螺母、螺栓、轴承和蓄电池，但会影响环境。另外，在香烟、玩具、爆米花、含铅容器、金属餐具及化妆品中也能检测到不同浓度的铅（图1.1）[11-12]。

铅作为一种人体不必要的金属元素，具有难降解性，可通过废水、废气、废渣等方式进入环境中，产生环境污染，危害人类及其他生物体的健康。据有关报道，环境中的铅含量长期超标会导致人体产生各种疾病，例如记忆力衰退、激动易怒、贫血和肌肉麻痹等[13]。现代医学研究表明，铅对儿童的危害更为严重，由于铅具有生殖毒性、胚胎毒性，并会导致胎儿发育畸形，即便只是摄入很低浓度的铅也很可能影响母体宫内胎儿的生长发育，造成婴儿先天畸形、胎儿早产以及婴儿出生体重不达标等严重危害。同时铅也是一种潜在的神经毒

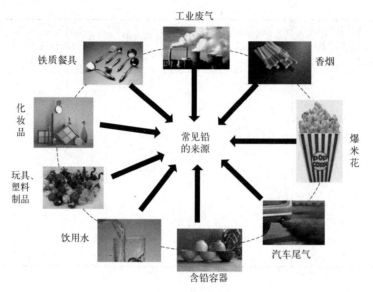

图 1.1 铅的来源

素，超过人体可以承受范围的铅会在人体的骨骼和肾脏中快速集聚，并造成严重的病变，且由铅中毒导致的人体组织器官病变是一个不可逆的过程，即使通过现代医学手段将血液中铅含量降低到人体可承受范围内，也会有很大概率导致永久性不可恢复的脑损伤[14-15]。铅污染对动植物都会造成危害，植物根际吸收进入体内，会对植物机体产生一定的危害，例如影响种子发芽，干涉营养元素吸收和转运，抑制叶绿素合成和光合作用，引起酶活性改变、膜脂过氧化，对植物的生理和代谢产生不良影响，导致植物生长发育缓慢，甚至死亡[16-17]。

因此铅的检测受到广泛的关注，铅在环境中的含量，特别是水体环境中的铅含量是环境监测控制的一个重要指标。我国各类水体中铅污染判定的国家标准如表 1.2 所示。

表 1.2 铅污染的国家标准

卫生标准	用途	限定值/(mg/L)
GB 5749—2022	生活饮用水卫生标准	0.01
GB 3838—2002	地表水环境质量标准	Ⅰ类 0.01；Ⅱ类 0.01；Ⅲ类 0.05；Ⅳ类 0.05；Ⅴ类 0.1
GB/T 14848—2017	地下水质量标准	Ⅰ类 0.005；Ⅱ类 0.005；Ⅲ类 0.01；Ⅳ类 0.10；Ⅴ类 >0.10
GB 3097—1997	海水质量标准	Ⅰ类 0.001；Ⅱ类 0.005；Ⅲ类 0.01；Ⅳ类 0.05
GB 5084—2021	农田灌溉水质标准	0.2
GB 11607—1989	渔业水质标准	0.05
GB 8978—1996	污水综合排放标准	1.0

1.2.2 汞的来源及危害

汞是重金属污染物中毒性最强一种，通常以多种形式天然地存在于环境中，包括金属氧化物、金属离子和有机配合物等[18]，其中 Hg^{2+} 是最稳定的形式。在常温常压下呈液态，易挥发，即使温度达到冰点也会挥发，汞蒸气有毒性；主要存在形式有单质汞、无机汞、有机汞。环境中汞的主要来源有天然释放和人为排放[19]，地壳含汞物质的风化、火山喷发、地热活动和地壳放气等会将汞自然释放到环境中[20]；而开采汞矿、煤炭燃烧、有色金属废弃物、氯碱行业和水泥生产等人为排放行为将汞排到环境中[21]；环境中的汞元素约40%来自自然释放，其余为人为释放[22]。

汞矿冶炼污染：汞矿冶炼工厂在熔炼时会释放大量的汞蒸气、汞尘等污染物，而这类烟气中二氧化硫含量较低，不易回收，大部分企业将其直接排放入空气中。同时，部分含汞的逸出物与冶炼后的含有大量汞的矿渣也会随着生产进入环境中，造成污染。

工业生产：聚氯乙烯生产是最大的用汞行业之一。尤其是在我国，在生产过程中需要大量的含汞催化剂，进而会产生大量的废汞催化剂、含汞的污泥与活性炭、盐酸及碱液等。另外，温度计、荧光灯、电池等生产行业，在生产过程中，如果处理不当，也会有焊接废物溢出，对环境造成威胁。

矿物燃烧与冶炼：燃煤是最常见的矿物燃烧之一，煤炭中高汞低卤会造成矿物中的汞以气体形式排放至大气中。另外，向大气排放的汞还来自有色金属冶炼及水泥生产等工业活动。汞是石灰石的原料及燃煤过程中的伴生元素，因此水泥也成了重要的汞污染源。

农业污水灌溉、污泥施肥、施药：由于工业废水的大量排放及水资源的匮乏，很多地区在农业中使用污水灌溉、污泥施肥及施用含汞的农药，成为人为汞污染的另一种来源。这类农业汞污染继续通过大气及水循环，迁移到环境体系中。

城市垃圾及废物燃烧：城市化进程使得城市的垃圾产量日益增加，而焚烧成了城市固体废物处理与处置的重要途径。在焚烧过程中，生活中常用的含汞用品（如温度计、血压计、灯管、废电池等）破损，造成汞泄漏，燃烧后汞通过颗粒与蒸气形式在环境中循环[23-24]。

汞污染不易降解，具有持久性、强毒性且能够富集于生物体内，易于在环境中迁移。基于其长程跨界污染性质，已经被联合国环境规划署划分为全球性污染物[25]。除了温室气体外，汞是唯一一种对整个地球产生影响的化学物质。在日常生活中，大部分汞会以单质及无机状态存在。消毒剂如红药水与牙科银粉中存在无机汞，如果误食了高剂量无机汞，会造成肠道黏膜伤害，引起休克，伤害肾脏，甚至造成死亡。长期食用，会造成慢性汞中毒，引起尿毒症。在汞的有机形态中，甲基汞毒性最强，极易被人体吸收，严重危害人类健康。甲基汞被肠道吸收后主要积累在肝肾中，而脑部的分布量虽然相对较少，但是对脑部组织损伤优先于其他组织，造成大脑皮层、小脑及末梢神经等神经系统损害。另外，甲基汞进入孕妇体内，对胎儿发育产生极大危害。甲基汞穿过胎盘及血脑屏障后，在胎儿脑部累积，使其出现痉挛、抽筋症状，甚至造成智力低下[26-27]。

1.2.3 银的来源及危害

银（silver，Ag）作为一种重要的贵金属，在自然界中有单质存在，但绝大部分是以化合态的形式存在于银矿石中。用银量最大的行业是电子电器，除此外银还被广泛用于医药、滤水器、合金、装饰等材料。银离子及其化合物对某些细菌、病毒、藻类以及真菌显现出毒性，且在活体外就能将生物杀死，从而起到灭菌作用。银大量地添加于凝胶以及绷带中。银的抗菌性来源于银离子。由于银离子可以和一些微生物用于呼吸的物质（比如一些含有氧、硫、氮元素的分子）形成强烈的结合键，以此使得这些物质不能为微生物所利用，从而使得微生物窒息而亡。银的导热性极高，因此常用于火箭、潜水艇以及计算机等物理仪器元件。

随着银离子应用范围的拓展，大量的银离子通过工业废料被排放到污泥废物甚至地表水中[28-29]。银离子对于生物机体的毒性虽不像其他重金属离子那么严重，但是研究表明长期接触银金属和银化合物,或在治疗疾病时摄入过多的银都会致病[30-31],银离子的毒害作用主要包括:①银离子能使巯基酶失活,并与人类各类代谢物中的胺、咪唑及羧基等结合[32-33];②过量银离子会引起银屑病;③银离子具有很强的氧化性,可能引起器官水肿,严重时致人死亡;④银离子可在骨骼和肝脏中蓄积。美国环境保护署指出 1.6 nmol/L 的银离子会对鱼类和微生物产生毒害作用,并规定水中银离子的含量不得高于 900 nmol/L[34]。我国《生活饮用水标准》中,银最高允许浓度为 0.05 mg/L。

1.2.4 铜的来源及危害

铜是单质呈紫红色的过渡金属,属于重金属,其原子序数为 29,具备良好的导电性、导热性和延展性。铜原子失去电子后变成铜离子,呈现两种价态(+1 价和+2 价)。二价铜盐是最常见的铜化合物,水合离子呈蓝色。铜是人体必需微量元素之一,也是最常见的重金属污染物之一。铜离子参与人体多种生理反应,例如铜离子可以促进人体对铁的吸收和利用,因为它对血红蛋白的形成有活化作用;铜离子在细胞内以辅基形式参与人体许多重要的代谢途径,例如辅助超氧化物歧化酶消除细胞自由基,在细胞色素 C 氧化酶中传递电子等,因此它在人体许多生理过程中起到了十分重要的作用[35]。我国铜离子污染主要来源于铜矿的开采,中国盛产黄铜矿和斑铜矿,在开采铜矿过程中会产生大量含铜量极高的废水废渣,对地下水造成严重污染,经过生态系统的循环,这些水可能流经海洋湖泊,造成严重的水体污染。除此之外,随着重工业的不断发展,工业废水的排放也是环境中铜离子污染的主要来源。冶金工业、印刷工业、纺织厂、石油化工厂、造纸厂、食品厂等工业产生的含铜废水污染最为严重,这些废水进入海洋湖泊,会对海洋生物造成污染。用这些污染后的水灌溉农田,经过植物吸收,会造成植物体内铜离子累积,最终通过食物链进入人体。另外,由于二价铜离子可以抑制微生物,一些含铜元素的农药常被用作农业生产中的杀菌剂和杀虫剂来保障粮食产量,例如非常有名的波尔多液的主要成分就是硫酸铜,这些农药中的铜离子在土壤中是无法被微生物降解的,所以长期使用农药会对土壤造成严重的污染,最终导致人类健康受到威胁[36]。

生物体内铜离子的浓度偏高或偏低都有可能会产生不良的生理反应[37]。当生物体内铜离子含量较低时,会使得人体内造血功能及酶活性下降,很可能导致贫血、浮肿和骨骼疾病,从而引发风湿性关节炎、心脏病等较为严重的疾病;但浓度过高可能引发毒性作用,降低免疫力,甚至对生物体生命系统构成很大的威胁[38]。根据临床研究,生物体内过量的铜离子与许多疾病密切相关,包括慢性疾病(如糖尿病、心血管疾病和动脉粥样硬化)[39]、神经系统疾病(如阿尔茨海默病)[40],甚至癌症[41]。另外,铜离子还与致癌丝裂原活化蛋白激酶信号传导和肿瘤发生有重要联系[42]。土壤中含量过高的铜离子会抑制植物体的生长,减少农作物果实产量[43]。因此,世界各地的官方组织制定了相关样品中的浓度限量,以控制饮用水及相关产品中 Cu^{2+} 的污染浓度。其中,世界卫生组织推荐将 1.5 mg/L 作为饮用水中 Cu^{2+} 的最大可接受浓度,而美国环境保护署(Environmental Protection Agency,EPA)规定饮用水中的最大允许铜离子浓度约为 20 μmol/L[44]。

1.2.5 镍的来源及危害

镍是广泛存在于各种动物和蔬菜源性食品中的重金属元素之一,在工业和临床应用中也有着不可替代的功能[45]。镍具有很好的可塑性、耐腐蚀性和磁性等性能，因此常被用于制造不锈钢、合金结构钢等钢铁领域，电镀，高镍基合金，电池等领域，广泛用于飞机、雷达等各种军工制造业，民用机械制造业和电镀工业等。镍离子参与组成并维持多种碳水化合物、氨基酸以及细菌和高等生物脂质代谢相关的多种酶活性[46]。生物体内适当浓度的镍离子可以提供必需的微量营养物质，但超过一定的含量也会产生毒性作用。例如，镍离子可以直接与 Toll 样受体 TLR-4 结合，并通过长时间的皮肤接触引起人体的炎症反应[47]。二价镍离子 Ni^{2+}，特别是高剂量时，会导致遗传毒性和致突变性，其基因毒性可能通过产生损伤 DNA 的活性氧（reactive oxygen species，ROS）和引发对 DNA 修复的抑制作用来完成[48]。越来越多的研究证据表明镍元素与许多疾病密切相关，可能引发鼻肺癌、皮炎、哮喘以及呼吸和中枢神经系统疾病[49-50]。动物、植物、微生物过量摄入镍离子会抑制本身的生长，有报道指出细胞内的镍离子会与 DNA 聚合酶结合影响核酸转录复制，严重时可导致死亡[51]。土壤中镍含量升高可引起多种植物的生理变化和中毒症状，如叶片病变或坏死等[52]。因此，国际癌症研究机构（International Agency for Research on Cancer，IARC）于 1990 年将镍化合物分类为人类致癌物质，而美国环境保护署设定了饮用水中 Ni^{2+} 的最高污染物水平（the maximum contaminant level goal，MCLG）为 0.07 mg/L，而世界卫生组织将饮用水的安全暴露标准设定为 20.0 ng/mL。由此可见，低浓度的 Ni^{2+} 识别和测量十分重要[53]。

1.2.6 镉的来源及危害

镉（cadmium，Cd）是一种稀有元素，也是一种非常常见的有毒重金属[54-55]。金属镉呈银白色，熔点 320.9℃，主要以镉化合物、镉闪锌矿等形式存在于大自然中，溶于酸但不溶于碱。镉主要作为副产品从锌矿石或硫镉矿中提炼出来，大多用于电镀保护其他金属免受腐蚀和锈损，如电镀钢、铁制品、铜、黄铜等[56]。重金属镉是吸收中子的优良金属，镉棒可用作控制棒以减缓核反应堆中的链裂变反应速率。同时，镉的硫化物颜色鲜艳，可用来制成颜料，用作高级油漆和绘画颜料[57]。此外，镉也可以用来制造各种合金，例如镉（98.65%）镍（1.35%）合金可用于航空发动机，银氧化镉广泛应用于家用电器开关、汽车继电器等[58-59]。随着镉的开采量和工业排放量逐年增加，镉污染也越来越严重。

镉由德国化学家斯特罗迈尔发现并于 20 世纪 40 年代开始大规模开采[60]。环境中的镉对人类健康构成严重危害。它主要存在于大气、水体和土壤中，通过空气、食物、饮用水进入人体内并富集。研究发现镉对人体机体的主要毒理作用有三种：①镉会与含有羟基、氨基和巯基的蛋白质结合形成镉蛋白，镉蛋白可以抑制甚至消除许多生物酶的活性，从而破坏肾脏、肝脏等器官中的酶系统。②镉可置换出骨质磷酸钙中的钙，还可使峰值骨量降低，加快骨量丢失[61]的速度，影响成骨细胞的生成，降低骨中的矿物质含量，使骨骼变脆，导致体内骨矿物质代谢变化，骨骼变形[62]。③镉可参与夺取含锌蛋白酶中的锌元素，从而干扰和降低这类酶的生物活性和生理功能，易引发糖尿病、动脉性胃萎缩和慢性球状肾炎，甚至诱发严重的病症，例如食管癌、胃癌、肠癌等[63]。

1.3 重金属的检测方法

目前，最常用的电化学检测法、光学检测法、生物学检测法等常规重金属离子检测方法,是经过前期消解富集处理之后再进行重金属测量的。为了提高检测灵敏度,科研人员研发了多种元素富集方法,如电化学富集法[64-65]、溶剂萃取法[66-67]、螯合物法[68-69]、离子交换法[70-71]等。随着激光、纳米等技术的快速发展,新的重金属检测技术应运而生,如高光谱遥感技术、太赫兹时域光谱技术、纳米技术、共振光散射测量技术等。伴随各种交叉学科的诞生,科研机构加大了对重金属检测研究的投入,快速化、智能化、精准化检测方法成为各研究小组关注的热点。

1.3.1 传统光学检测方法

在环境重金属污染的检测过程中最常采用的是光学检测技术,由于该技术可以准确地对环境样品中的重金属元素含量进行检测和分析,因此光学检测方法也被认定为一系列国家标准的检测方法。光学检测方法是基于光与物质间相互作用,利用物质对光的吸收、反射、散射光谱中谱线的波长和强度对重金属含量做定性定量分析的分析方法。传统的光学检测方法主要包含原子吸收光谱法、原子荧光光谱法、原子发射光谱法、紫外-可见分光光度法、激光诱导击穿光谱法等。这些光谱检测方法被广泛应用于测定大范围的重金属离子浓度,并且能够实现较低的检测限。

1.3.1.1 原子吸收光谱法

原子吸收光谱法(atomic absorption spectrometry,AAS)是 20 世纪 50 年代发现的一种对元素进行定性和定量分析的仪器分析方法,其原理是基于试样气相中被测元素的基态原子对由光源发出的该原子的特征性窄频辐射产生共振吸收,在一定范围内其吸光度与气相中被测元素的基态原子浓度成正比,由此来实现被测元素的定性及定量分析。又分为火焰原子吸收光谱法(FAAS)、石墨炉原子吸收光谱法(GF-AAS)和氢化物发生原子吸收光谱法(HG-AAS)等。目前,原子吸收光谱法在测定元素方面具有选择性强、准确度高、分析范围广、抗干扰能力强等优点,可用于痕量甚至超痕量元素的测定。2016 年,Kara 等人利用 AAS 评估了 Kulufo、Arba Minch、Gamo Gofa 等河流中 Mn^{2+}、Pb^{2+}、Cr^{6+}、Cd^{2+} 等重金属离子的累积水平[72]。2016 年,Zhong 等人采用高分辨率连续源石墨炉原子吸收光谱法(GF-AAS)测定了我国 25 个茶叶样品(绿、黄、白、乌龙茶、乌茶、普洱茶、茉莉花茶)中铅、镉、铬、铜、镍的含量[73]。虽然原子吸收光谱法可以同时对多种金属进行测量,但是其需要不同的光源,价格昂贵,且在测定元素时也存在线性范围窄、易受干扰、操作复杂等缺点。

1.3.1.2 原子发射光谱法

原子发射光谱法(atomic emission spectrometry,AES)是利用仪器记录原子从激发态跃迁至基态时所产生的光谱特征,根据所记录的光谱值实现对样品中重金属元素的检测。AES 的检测范围广,可对约 70 种元素进行分析。精密度高,可用于 1% 以下含量的成分测定,检出限可达 10^{-6}。AES 普遍应用于高、中、低含量重金属的检测。早在 2000 年,Liang 等就利用原子发射光谱成功测定了茶叶中磷、锰等元素的含量[74]。AES 具有分析速度快、样品用量少、检测能力强的特点,但昂贵的仪器购置和维护费用、需要对样品进行预处理等限制了其广泛应用。

1.3.1.3 电感耦合等离子体原子发射光谱

由于电感耦合等离子体原子发射光谱（inductively coupled plasma-atomic emission spectrometry，ICP-AES）既具有原子发射光谱法（AES）的多元素同时测定的优点，又具有很宽的线性范围，可对主、次、痕量元素成分同时测定，适用于固、液、气态样品的直接分析，具有多元素、多谱线同时测定的特点，是实验室元素分析的理想方法。ICP-AES 是原子光谱分析技术中应用最为广泛的一种，不仅是冶金、机械等行业不可或缺的分析手段，更是环境监测及食品安全领域必备的检测手段。Zhang 等利用 ICP-AES 测定了粉笔中 12 种重金属的含量，并评估了其对身体健康的危害。结果表明，在白色和彩色粉笔中均可检测到 12 种金属，且所有金属的累积危险因子和致癌危险性明显高于临界值，因此粉尘颗粒可能对儿童健康带来不利影响[75]。

1.3.1.4 原子荧光光谱法

原子荧光光谱法（atomic fluorescence spectrometry，AFS）是一种快速发展的重金属检测技术，其原理是利用气态自由原子吸收特征波长的辐射后，原子的外层电子从基态或低能态跃迁到高能态，之后从高能态跃迁到低能态或基态时发射出特征波长的荧光来进行元素检测的一种方法。该方法广泛应用于实验室中的元素定性、定量检测，最大优点是灵敏度高，目前已知 20 多种元素的检出限优于 AAS 和 AES。原子荧光光谱法最早的应用是测定土壤、煤、岩石、河流沉积物和各种矿物中的微量元素。随着这项技术的发展，研究人员对原子荧光光谱进行了更深入的研究。目前，应用领域包括农业、食品、医药、卫生防疫、环境等。我国的国家食品安全标准 GB 5009.17—2021，将 AFS 规定为食品中总汞的检测方法。将液相色谱-原子荧光光谱联用方法规定为食品中甲基汞检测的方法。2010 年，Yuan 等人建立了一种云点萃取法（CPE）和 AFS 富集、灵敏检测 Hg^{2+} 的方法，该方法获得了富集系数为 29 的 Hg^{2+} 富集条件，检出限低至 0.005 ng/mL，具有良好的准确性和重现性[76]。2014 年，Stanislav 和 Musi 等人描述了一种选择性氢化物发生-低温阱（HG-CT）与一种非常灵敏但简单的内部组装和设计的 AFS 仪器相结合的方法，用于测定毒理上重要的物种砷[77]。

运用 AFS 检测重金属时，有很低的检出限，而且灵敏度比较高；干扰很少，输出的谱线简单。但是原子荧光容易发生猝灭和干扰。当激发态原子与原子源中的其他分子碰撞时，就会发生猝灭。AFS 的另一个缺点是源散射和雾化器发射会引起光谱干扰。干扰主要有两种类型。当源中的线与原子化器中矩阵元素的线重叠时，光谱干扰就会发生。化学干扰是由于原子化过程中各种化学过程减少了自由原子的数量而产生的[78]。

1.3.1.5 X 射线荧光光谱法

X 射线荧光光谱法（X-ray fluorescence，XRF）是一种利用原级 X 射线光子激发待测物质中的原子，使之产生次级特征 X 射线，通过检测特征谱线从而进行物质成分分析的方法。XRF 分析仪按谱线分辨原理的不同分为波长色散型（WDXRF）和能量色散型（EDXRF）两种类型。XRF 因其测试过程具有分析速度快、不损坏样品、准确度高、重现性好、能同时分析多种元素等优点，再结合薄膜样制作和化学富集方法，现已能分析多种金属元素，是发展较快的方法之一。Yasuhiro Shibata 等[79] 采用粉末压片法，利用 X 射线荧光光谱法检测土壤中铬、砷、硒、镉、汞和铅的含量，发现该方法在准确度与精准度上满足要求。X射线荧光检测土壤中的重金属具有成本低、可同时分析多元素[80]、可快速监测与筛查以及对土壤重金属污染预警的优点，适合于多样品大规模的检测[81]，在土壤重金属污染和农产品检测分析中应用较为广泛，可以对主要重金属污染元素进行及时检测[82]。

1.3.1.6　比色法

比色法是一种定量分析方法，是以生成有色化合物的显色反应为基础，通过比较或测量有色物质溶液颜色深度来确定待测组分含量的方法[83]。比色法分为目视比色法和光电比色法。2007年，Liang等人报道了一种新型的三联吡啶比色化学传感器，它对于水中的Fe^{2+}和Fe^{3+}的各自浓度检测具有极高的选择性和准确性[84]。2014年，Liu等人介绍了一种基于喹啉的高选择性比色化学传感器LX，该传感器能快速检测水溶液中的Ni^{2+}[85]。在传感器LX中加入Ni^{2+}后，传感器颜色由黄色变为红色，这种传感过程不会受到如Fe^{3+}、Co^{2+}和Cu^{2+}等其他共存的竞争阳离子的干扰，具有高选择性和高灵敏度。

比色法检测重金属是一种检测速率高、颜色变化肉眼可见、检测结果准确可靠的分析方法，适用于溶液中还含有其他物质或是试剂本身有颜色的情况下的比色，例如溶液pH值比色测定。但是比色法的缺点是：比色标准溶液数量多时配制比较麻烦；并且由于溶液蒸发，或由于光线、空气、玻璃等和溶液作用，在放置过程中颜色会发生改变，比色检测结果产生误差；同时比色法应用范围和正确性局限于所备的标准管数目，因而只适用于浓度变化范围不大的重金属离子浓度分析。

1.3.1.7　紫外-可见分光光度法

紫外-可见分光光度法（ultraviolet and visible spectrophotometry，UV-Vis）是测定重金属离子浓度最常用的方法，其主要原理是金属离子与显色剂络合，所形成的络合物为有色分子团，溶液颜色与金属离子浓度成正比，通过特定波长下的吸光度来检测其浓度，显色剂通常为有机化合物。UV经常用于常规分析或研究，是一种简单易行的技术，与标准方法相比检测效果很好[86]。2017年Lodeiro等人用UV来测定海水中的银，检测限可达到10^{-9}水平[87]。2019年，Zhou等人采用扩展卡尔曼滤波（EKF）和导数法相结合的分光光度法UV，成功地同时测定了高浓度锌溶液中Cu^{2+}、Co^{2+}和Ni^{2+}的痕量浓度，无需任何分离步骤，彼此检测不受影响[88]。与其他检测方法相比，UV的仪器设备和使用操作都比较简单，而且可以完成从研究实验中的简单分子分析到自然资源中污染物的检测。UV已经广泛应用于环境和工业中各种化学物质包括重金属离子的检测，用途十分广泛。但是其检测浓度不能太高，而且会受到同吸收峰的物质的干扰，而无法得到正确的数据[89]。

总的来说，光谱法虽然能够在一定程度上满足对重金属的检测需求，但是其检测过程依靠烦琐的前处理过程以及昂贵的大型仪器，因此在现场实时检测领域的应用具有一定的限制。但光谱法较为成熟，仍然是目前常用的检测方法，能以较高灵敏度对环境样品中的重金属含量进行检测分析。

1.3.1.8　激光诱导击穿光谱法

激光诱导击穿光谱法（laser induced breakdown spectroscopy，LIBS），利用短脉冲高能量密度的激光在待测样品表面产生瞬间高温激发形成气态物质，继而在高能激光能量的作用下发生雪崩电离而形成等离子体。高温等离子体中含有大量激发态的原子及离子，当处于激发态的原子或离子跃迁回基态时会辐射出相应的特征光谱，通过分析激光诱导激发的特征谱线可以分析确定待测样品的组分及其含量。郭锐等[90]采用双脉冲激光诱导击穿光谱（DP-LIBS）对 5 种不同浓度重铬酸钾的土壤样本进行分析，得到 Cr 元素的检出限为 15.68 μg/g，得到检测限仅为单脉冲冲击的 1/2。宋超等[91]利用 LIBS 对混合溶液中的 Cu、Mg、Zn、Cd 4 种重金属元素进行实验测量，计算出 4 种元素的检测限分别为 5.62×10^{-6}、4.71×10^{-6}、13.67×10^{-6}、4.43×10^{-6}，单一溶质 $CuSO_4$ 溶液中的 Cu 元素的检出限为 3.98×10^{-6}。结果表明，LIBS 技术能对溶液中多种重金属元素进行原位快速检测。为了增强等离子体特征谱线发射强度，胡振华等[92]、郑美兰等[93]研究了用双脉冲 LIBS 技术对重金属离子溶液进行 LIBS 测定，结果表明，双脉冲激发时的等离子体特征谱线发射强度相比单脉冲激发时特征谱线发射强度有了显著增强，信噪比明显增加，检出限也有了显著提高，增强了探测的灵敏度。LIBS 技术具有准确快速、无需对样品进行预处理、对样品的破坏性小的优点，可用于有毒、有害环境分析，且可以实现远程实时多元素的同时检测，在环境污染物的痕量分析研究中备受重视。

1.3.2 电化学检测法

电化学检测方法[94]是根据物质相关的电化学性质来测定物质组分和含量的分析方法，以体系的电位、电流或电量作为观测量对参与化学反应的物质成分与含量进行测定。电化学检测仪主要由检测电极、信号转换、信号分析及显示部分组成，其中检测电极是仪器的核心部分。在重金属离子检测中主要有离子选择性电极法、极谱法、溶出伏安法、电位溶出分析法。

1.3.2.1 离子选择性电极法（膜电极）

离子选择性电极法是通过膜材料对溶液中待测离子产生的选择性响应指示该离子活度。以离子选择性电极为指示电极，饱和甘汞电极为参比电极，两者构成原电池，在一定浓度范围，原电池的电动势与待测离子活度的对数成线性关系[95]。巩春侠等[96]制备了高灵敏石蜡修饰的铜离子选择性电极，对浓度为 $1.0 \times 10^{-5} \sim 1.0 \times 10^{-2}$ mol/L 的 Cu^{2+} 具有能斯特响应，检出限为 5.0×10^{-6} mol/L。高云霞等[97]将多元线性回归分析应用于离子选择性电极分析法，同时测定了重金属铅、镉离子混合物中各组分的含量，其准确度符合痕量分析准确度。

1.3.2.2 极谱法

极谱法是通过测定电解过程中极化电极的电流-电位或电位-时间曲线以获得溶液中被测物质种类及含量的方法。区别于伏安法，极谱法用的是滴汞电极或其他表面可以周期性更新的液体电极作为极化电极。极谱法分为控制电位极谱法和控制电流极谱法，主要有直流/交流极谱法、脉冲极谱法及示波极谱法等。程良娟等[98]选用 $HClO_4$-EDTA-茜素红-V(Ⅳ)体系，在悬汞电极上采用微分脉冲极谱法测定湿法炼锌电解液中的微量锗（Ge），Ge 浓度为 $0.13 \sim 20$ μg/L，与相应峰电流有良好的线性关系，检出限为 2.3 nmol/L，其相对标准偏差为 $0.014\% \sim 1.2\%$。路纯明等[99]采用 HNO_3-$HClO_4$ 消化、HCl 溶解头发样品，应用单扫描示波极谱法测定了糖尿病人头发中的 Cu、Pb、Cd、Zn、Cr 的含量，为治愈糖尿病的药物机理提供了依据。Somer 等[100]利用微分脉冲极谱法测定了土耳其干葡萄中 9 种微量元素。

1.3.2.3 溶出伏安法

溶出伏安法是从极谱法演变而来的,以固态电极作为工作电极。在应用伏安法进行金属离子检测的过程中,一般需要两个阶段:一是富集过程,即将三个电极浸入到含有一定浓度的金属离子的溶液中,在某一特定的电位下,金属离子会被还原为金属单质,然后沉积到工作电极的表面;二是溶出过程,富集过程完成后,在一定的扫描单位下,沉积在工作电极上的金属单质被氧化为金属离子回到溶液中。在扫描过程中,相应的伏安曲线被记录下来,不同浓度的金属离子对应着不同的溶出峰,通过峰高与浓度的关系可以绘制出相应的标准曲线,就可以对水中的金属离子进行定量分析。溶出伏安法可分为阳极溶出伏安法[101]、阴极溶出伏安法[102] 和吸附溶出伏安法[103]。与其他电化学分析方法相比,溶出伏安法由于可同时测定多种金属、检测限低、快速、便捷、可在线分析等特点,在重金属的检测中应用最为广泛。

阳极溶出伏安法[104] 是指在恒定电位下将金属阳离子还原成金属原子沉积在工作电极表面,静息,然后将工作电极向高电位进行扫描,使沉积金属氧化成金属离子,产生溶出电流。阴极溶出伏安法[105] 与阳极溶出法相反,待测物质在阳极沉积,然后进行阴极化使沉积物还原溶出,获得溶出电流,根据峰电位和峰电流大小判断待测物的种类和含量。Xu 等[106] 使用铋原位电镀的叉指金电极,结合阳极溶出伏安法,测定中华绒螯蟹中的铅、镉元素,结果表明修饰电极对铅、镉均有较高的灵敏度,其铅、镉检测限分别为 0.74 $\mu g/L$ 和 0.86 $\mu g/L$;Wen 等[107] 基于氮掺杂还原石墨烯和二氧化锰修饰玻碳电极,结合方波阳极溶出伏安法检测了水中 Hg^{2+},发现修饰电极对 Hg^{2+} 有良好的稳定性和敏感性,检测限可达 0.0414 nmol/L。Gibbon 等[108] 利用阴极溶出伏安法测定地下水中原始 pH(7~12)下 As^{3+} 的含量,分析范围为 1 nmol/L~100 $\mu mol/L$,检测限为 0.5 nmol/L,检测结果准确,且抗干扰性良好。

吸附溶出伏安法[103] 是指通过修饰电极表面的基团与待测金属离子结合形成络合物而吸附在电极表面,然后经过电位扫描溶出,形成溶出电流,便可获得待测元素种类和浓度信息。富集过程在一定程度上提高了电极表面待测物质的浓度,使响应信号增强,化学富集时间一般长于电沉积富集,因此吸附溶出伏安法的检测时间比阳极或阴极溶出伏安法长。Xu 等[109] 将 L-半胱氨酸、金纳米粒子和石墨烯修饰在玻碳电极上,基于半胱氨酸与铜离子之间的络合反应,结合吸附溶出伏安法,对铜离子进行了测定,结果表明当铜离子的浓度范围为 2~60 $\mu g/L$ 时,铜离子浓度与溶出峰电流呈现出良好的线性关系,检测限为 0.037 $\mu g/L$;Kokkinos 等[110] 使用集成铋微电极阵列通过吸附阴极溶出伏安法测定了湖水或矿泉水样品中的钴离子(Co^{2+})含量,结果表明该电极在 Co^{2+} 含量为 1.0~16.0 $\mu g/L$ 时具有良好的线性关系,检测限为 0.18 $\mu g/L$,准确性良好。

1.3.3 质谱及色谱法

1.3.3.1 电感耦合等离子体质谱法

电感耦合等离子体质谱法(inductively coupled plasma massspectrometry,ICP-MS)是 20 世纪 80 年代发展起来的无机元素和同位素分析测试技术,它以独特的接口技术将电感耦合等离子体的高温电离特性与质谱仪的灵敏快速扫描的优点相结合而形成一种高灵敏度的分析技术。ICP-MS 是目前最先进的痕量重金属检测手段，灵敏度高，线性范围可达到 7～9 个数量级；检测速度快，可在短短几分钟内完成几十种元素的定量测量。虽然 ICP-MS 被视为元素分析领域中最领先技术之一，用于超痕量测定各种类型样品中金属和准金属[111]，但是 ICP-MS 的主要限制是它是一个昂贵的、复杂的、需要高维护费用的机器，它的操作费用也是非常高的。除此之外，光谱（来自其他基质组分的分子离子干涉）和基质（大量影响等离子体电离条件的其他基质组分）干涉是在操作过程中可能出现的问题。较重的元素比轻的元素更适合于 ICP-MS 分析，因为轻的元素容易受到干扰。铬和铁是不能用质谱联用仪测定的元素。此外，信号的强度随每种同位素的不同而不同，而且有一大批元素不能被 ICP-MS 检测到[40]。此外，ICP-MS 与其他技术的结合可弥补 ICP-MS 技术在某些物质分析中的不足，因而成为分析领域的研究热点。目前，可与 ICP-MS 相结合的技术还包括高效液相色谱（HPLC）、气相色谱（GC）、离子色谱（IC）、氢化物发生（HG）、同位素稀释（ID）、毛细管电泳（CE）、原子荧光光谱（AFS）、原子吸收光谱（AAS）等[112]。

Malassa 等[113] 采用电感耦合等离子体质谱法分析了希伯伦西部（巴勒斯坦西岸南部）雨水样品中不同痕量重金属（铬、锰、钴、镍、铜、锌、钼、银、镉、铋和铅）的含量。结果显示，该地区的饮用水中五种重金属（铬、锰、镍、银和铅）的浓度高于世界卫生组织对这些重金属的限量。张瑞等[114] 通过微波消解法消化定容蔬菜后，分别利用 AAS 及 ICP-MS 测定消解样品中铅和镉的含量。通过实验结果对比得出，两种方法的测量值之间差异无统计学意义，但通过 ICP-MS 方法得到的实验数据具有更低的检测限及更宽的线性范围，说明 ICP-MS 具有更高的精密度和准确度。

1.3.3.2 色谱法

色谱仪利用分离柱分离出金属离子螯合物，根据洗脱后的螯合物浓度可检测样品中重金属的含量。分离手段是色谱技术检测重金属离子的核心，目前使用较多的分离方法有凝胶阻滞色谱、亲和色谱、离子交换色谱等。卢玉曦等[115] 建立了湿法消解处理样品，以二乙基二硫代氨基甲酸钠（NaDDTC）为衍生试剂，Hypersil ODS2 C-18 反相色谱柱（5 μm，250 mm×4.6 mm）为固定相，甲醇-水-衍生剂（体积比 63.5∶35∶1.5）为流动相，同时测定酱油中 Pb^{2+} 和 Ni^{2+} 含量的方法。该方法操作简单，准确度和精密度较好，可作为酱油样品中重金属离子测定的替代方法。色谱技术检测重金属灵敏度高，但分析过程中使用有机试剂，容易对环境产生危害，并且仪器价格昂贵限制了色谱技术的进一步应用。

1.3.4 生物学检测法

以生物技术为基础，集合纳米技术、光电技术、传感技术等交叉学科，为重金属检测方法提了新的方向——生物学检测法。该方法避免了物理化学检测方法对大型装备的依赖，仅需要小型装备且操作简单，对技术人员要求较低。目前，生物学检测方法主要有酶抑制法、免疫抑制法、功能核酸法等。

1.3.4.1 酶抑制法

酶抑制法的原理是某些重金属离子对酶有着较强的亲和力，而且两者会发生反应，改变酶的中心结构，降低其活性。酶抑制法可以通过肉眼来进行辨识，而且也能通过光信号的检测来判断重金属的浓度。酶抑制法在重金属离子测定中的优势在于各类酶的成本相对较低，而且操作快捷简单，能够实现在线监测。da Silba 等[116] 研发了一种新型葡萄糖氧化酶电化学生物传感器，灵敏度高，检出限较低，重现性、稳定性、选择性均良好，并成功用于牛奶样品中 Hg^{2+}、Cd^{2+}、Pb^{2+} 的痕量检测。张宁宁[117] 基于重金属抑制脲酶催化尿素水解产生氨的机制，通过检测产生氨量的大小（即酶活）对食品中的汞与镉做了定量分析研究。

但是该方法也存在一定的限制，如在实际的酶抑制检测技术中，具体实施操作时，工作人员并无法直接观察显色剂的金属离子、吸光度以及电导率等相应的变化情况，通过光电信号显示土壤重金属含量变化以及酶系统之间的计量关系。未来研究重点应放在开发对多种重金属特异性和稳定性强的酶原、优化前处理方法、降低复杂样品基质干扰、提升环境中重金属的提取率等方面，并加强酶抑制法在食品检测领域的研究。

1.3.4.2 免疫分析法

免疫分析法是一种使用抗体识别和捕获目标抗原或半抗原，再根据颜色、光谱等信号的变化进行定性和定量分析的检测方法。采用该方法首先要用合适的化合物与重金属离子发生反应，改变其空间结构。然后将与重金属离子结合的化合物连接到载体蛋白上，使其产生免疫原性。最后，借助特定的金属原子克隆抗体反应来分析重金属的种类和含量。对于重金属的免疫检测主要集中在镉（Cd）、铅（Pb）、汞（Hg）、铬（Cr）等毒性较大的重金属。免疫分析法的检测速度较快、特异性强、灵敏度高，能够直接应用于现场检测，但是单体金属原子克隆抗体的制备较为困难、价格较高，这在一定程度上影响了其应用和推广。在实际运用时需要对此技术引起高度重视，合理运用化合物对重金属离子的综合性，保留一定的空间结构，这样可以保证氧化还原作用，保证载体蛋白能够接受综合离子化合物从而产生免疫反应。目前研究较多的主要有酶联免疫吸附测定法（ELISA）和免疫色谱法（ICA）。Xu 等[118] 基于自制的单克隆抗体采用 ELISA 法实现了饮用水、食品和种子样品中 Pb^{2+} 的检测，检出限达 0.7 ng/mL，回收率为 82.1%～108.3%。王亚楠等[119] 制备了 Cd^{2+} 的高特异性单克隆抗体，并用胶体金标记抗体，建立了免疫色谱试纸条，检出限为 5 μg/L，该试纸条可以在 10 min 内对面粉、猪肉样品中的 Cd^{2+} 进行半定量测定，非常适合食品中重金属的现场初筛。Fu 等[120] 建立了人体尿中镉离子的胶体金免疫色谱快速检测方法，镉离子检出限为 30 μg/L，15 min 内可完成定性检测，与其他重金属离子无交叉反应。除此之外，工作人员应该选择一定的抗体对重金属离子化合物进行综合性检测，以保证检测结果具有一定的准确性。ELISA 法目前发展迅速，检测时间短、操作简便、成本较低，但研究过程中还存在样品前处理污染环境、需制备新型螯合剂、抗体特异性亟待增强等问题[121]。

1.3.4.3 功能核酸法

近年来，以功能核酸为基础的生物传感及分析技术引起广泛关注，在重金属检测领域展现出巨大潜力[122]。功能核酸是一类通过筛选获取的具备识别或者催化功能的核酸分子，其性质稳定、价格低廉、易于裁剪和修饰，包括适配体、切割核酶、错配核酶[123] 等众多类别。核酸适配体是一类通过指数富集配体的系统进化（SELEX）技术筛选出的能高特异性结合靶分子的 DNA 或 RNA 分子[124]；核酶是通过 SELEX 技术筛选出的具有催化活性和结构识别能力的 DNA 或 RNA 片段[125]。由于功能核酸分子对目标分子具有高度的选择性，及其结构的可预测性与可设计性，目前被广泛用于真菌毒素和抗生素等食品污染物的检测[126]，特别是在重金属分析领域得到了较广泛的应用。例如，Pb^{2+} 特异性核酶能够特异

性地催化以 Pb^{2+} 为辅因子的底物 RNA 裂解，比其他竞争金属离子的催化活性高 40 万倍[127]，可用于铅污染检测。功能核酸对其靶标金属离子具有极高的亲和力，可用于构建靶标金属离子触发的结构响应核酸探针，同时，可对核酸探针进行化学修饰和标记，通过结构响应输出检测信号，检测多种金属离子，包括 Hg^{2+}[128]、Pb^{2+}[127]、Cd^{2+}[129]、Mg^{2+}[130]、Zn^{2+}[131] 和 Cu^{2+}[132] 等。到目前为止，已经开始利用生物传感器对水溶液中毒性化合物含量进行精确检测，但是在生物传感器实际检测运用过程中，具有一定的限制性，生物活性和环境要求较高，所以这种检测技术还不能够广泛适用。

1.4 重金属检测意义

重金属污染已经对世界范围内的自然环境和公众健康造成了巨大的威胁。为了可以迅速有效地控制污染源头，尽可能减轻危害与损失，研究者们致力于开发一系列实时有效的重金属检测技术，且重金属检测在实际应用中有重要的意义与价值。

1.4.1 环境保护

重金属对于自然环境的污染主要包括三个方面：大气、土壤和水体。其中水是生命体最重要的组分，也是人类机体新陈代谢所必需的物质。在现代，工业进程不断加速，伴随着的水污染现象也越来越频繁，目前已成为威胁自然环境的最大因素。有研究表明，水中 Ag^+ 浓度达到 1.6 nmol/L 就会对水中动植物产生生命威胁，而饮用水中的 Ag^+ 高于 0.9 mmol/L 时会对人体产生毒害作用[133]。

1.4.2 食品安全

食物是人类生存的基础，也是人类健康生活的保障，人们越来越关注粮食的安全，并已成为全球的共同关切。由于重金属在食物链中的长期持久性，因此有必要不断提高监测技术的质量和水平，寻求合适的手段，使重金属检测的准确度得到提升。Lehel 等[134] 利用电感耦合等离子体发射光谱法检测了匈牙利海产品中的重金属浓度，结果表明牡蛎和鱿鱼中镉（Cd）含量分别是建议容许摄入量的 1.04 和 1.12 倍，长时间摄入可能会增加身体的 Cd 负荷。

1.4.3 健康医疗

对于部分特殊人群而言，由于日常工作场所或赖以生存的生活环境被污染，他们体内的重金属含量往往会高于正常水平。目前，可以通过先进的医疗技术检查体内重金属的含量。通常采用电化学技术、X 射线荧光光谱法等，选择血清、尿液、头发等为样本进行测定。例如夏芷玥等[135] 利用高光谱快速无损地测定了人体头发中铬元素（Cr）的含量，化学检测精度达 90% 以上。

1.4.4 中药材质量控制

中药材的安全性和有效性取决于所使用的中药材质量的高低，中药材质量检测方法一直是中药走向国际化、现代化的必经之路，重金属是中药材质量的重要检测指标。许多国家都制定了专门的标准和法规来限制中药材中的重金属含量，例如，美国禁止含有铅、汞、朱砂成分的中药进口[137]。为了提高中药材及其相关产品质量和人类的健康，也为了让我国中药材及其加工产品更快更好地走出国门，走向世界，必须严格控制中药材及其加工产品的质量，特别是中药材及其加工产品中的重金属含量。

1.5 本章小结

工业化发展带来的重金属污染越来越严重，国家对生态环保的重视不断加强，重金属污染检测方法的研究也越来越重要。LIBS 技术和 XRF 法由于其分析方法简单、快速，已生产出小巧便携的现场分析仪器可供使用，且大多无需进行样品前处理即可得到分析结果，是很有现场分析应用前景的两种技术；原子光谱法由于发展时间较久，现已广泛应用于许多行业，是多种国家标准中不可或缺的分析方法之一；质谱法可以测定超微量元素的含量，分析结果精确，但由于仪器价格昂贵、体积较大，比较适合实验室进行科学试验，若要适用于现场分析，则需要进行仪器小型化研究；电化学分析法和比色法的仪器简单，检测经济，易于实现可视化、自动化检测和在线分析，但分析的灵敏度和稳定性需要进一步提升；HPLC 可以同时实现金属离子的分离和测定，还可与其他分析方法联用，是一种功能多样的检测方法，在食品、药品、生物等行业应用较多。总之，各种重金属离子检测方法各有优缺点，对于不同问题应该视情况选择不同的检测方法。

近年来，以生物识别分子为基础的生物传感器和免疫分析法具有灵敏、快速、操作简单、适用于现场检测等独特优势，不仅成为重金属分析领域的研究热点，也是重金属检测的未来发展趋势。随着抗体制备、适配体筛选、DNAzyme 筛选、纳米材料合成、微流控系统等技术的发展，这些快速检测方法将会在重金属检测领域有更加实用的成果和更加广阔的应用前景。

参考文献

[1] Trautwein A X. Bioorganic chemistry [M]. Weinhein: Wiley-VCH, 1997.

[2] Merian E. Metals and their compounds in the environment [M]. Weinheim: Wiley-VCH, 1991.

[3] He H, Mortellaro M A, Leiner M J P, et al. A fluorescent sensor with high selectivity and sensitivity for potassium in water [J]. Journal of the American Chemical Society, 2003, 125 (6): 1468-1469.

[4] Gui C Z, Chun Y Z. Functional nucleic acid-based sensors for heavy metal ion assays [J]. Analyst, 2014, 139 (24): 6326-6342.

[5] Torigoe H, Miyakawa Y, Ono A, et al. Thermodynamic properties of the specific binding between Ag^+ ions and C:C mismatched base pairs in duplex DNA [J]. Nucleosides, Nucleotides & Nucleic Acids, 2011, 30 (2): 149-167.

[6] Sett A, Das S, Bora U. Functional nucleic-acid-based sensors for environmental monitoring [J]. Applied Biochemistry and Biotechnology, 2014, 174 (3): 1073-1091.

[7] Torabi S F, Wu P, Mcghee C E, et al. In vitro selection of a sodium-specific DNAzyme and its application in intracellular sensing [J]. Proceedings of the National Academy of Sciences of the United States of America, 2015, 112

(19): 5903-5908.

[8] Wani A L, Ara A, Usmani J A. Lead toxicity: A review [J]. Interdisciplinary Toxicology, 2015, 8 (2): 55-64.

[9] Fraga I, Charters F J, O'Sullivan A D, et al. A novel modelling framework to prioritize estimation of non-point source pollution parameters for quantifying pollutant origin and discharge in urban catchments [J]. Journal of Environmental Management, 2016, 167: 75-84.

[10] Naik M M, Dubey S K. Lead resistant bacteria: Lead resistance mechanisms, their applications in lead bioremediation and biomonitoring [J]. Ecotoxicology and Environmental Safety, 2013, 98: 1-7.

[11] Dickerson A S, Rahbar M H, Han I, et al. Autism spectrum disorder prevalence and proximity to industrial facilities releasing arsenic, lead ormercury [J]. Science of the Total Environment, 2015, 536: 245-251.

[12] Savci S. An agricultural pollutant: Chemical fertilizer [J]. International Journal of Environmental Science and Development, 2012, 3 (1): 73.

[13] Verstraeten S V, Aimo L, Oteiza P I. Aluminium and lead: Molecular mechanisms of brain toxicity [J]. Archives of Toxicology, 2008, 82 (11): 789-802.

[14] Chen X, Zhou S, Zhang L, et al. Adsorption of heavy metals by graphene oxide/cellulose hydrogel prepared from NaOH/urea aqueous solution [J]. Materials, 2016, 9 (7): 582.

[15] Li C, Liang H, Liang M, et al. Soil surface Hg emission flux in coalfield in Wuda, Inner Mongolia, China [J]. Environmental Science and Pollution Research, 2018, 25 (5): 1-12.

[16] Peng Q, Guo J, Zhang Q, et al. Unique lead adsorption behavior of activated hydroxyl group in two-dimensional titanium carbide [J]. Journal of the American Chemical Society, 2014, 136 (11): 4113-4116.

[17] Taylor M P, Camenzuli D, Kristensen L J, et al. Environmental lead exposure risks associated with children's outdoor playgrounds [J]. Environmental Pollution, 2013, 178: 447-454.

[18] Li Q, Zhou X, Xing D. Rapid and highly sensitive detection of mercury ion (Hg^{2+}) by magnetic beads-based electrochemiluminescence assay [J]. Biosensors & Bioelectronics, 2010, 26 (2): 859-862.

[19] Qing Z, Zhu L, Li X, et al. A target-lighted dsDNA-indicator for high-performance monitoring of mercury pollution and its antagonists screening [J]. Environmental Science & Technology, 2017, 51 (20): 11884-11890.

[20] Chen Z, Wang X, Cheng X, et al. Specifically and visually detect methyl-mercury and ethyl-mercury in fish sample based on DNA-templated alloy Ag-Au nanoparticles [J]. Analytical Chemistry, 2018, 90 (8): 5489-5495.

[21] 温权, 苏祖俭, 蔡文华, 等. 食品中甲基汞检测技术研究进展 [J]. 食品安全质量检测学报, 2017, 8 (03): 845-853.

[22] 尚慧洁. 我国汞污染及防治现状综述 [J]. 广州化工, 2018, 46 (06): 25-26.

[23] Driscoll C T, Mason R P, Chan H M, et al. Mercury as a global pollutant: Sources, pathways, and effects [J]. Environmental Science & Technology, 2013, 47 (10): 4967-4983.

[24] Huang W, Wu D, Wu G, et al. Dual functional rhodamine-immobilized silica toward sensing and extracting mercury ions in natural water samples [J]. Dalton Transactions, 2012, 41 (9): 2620-2625.

[25] Carravieri A, Bustamante P, Tartu S, et al. Wandering albatrosses document latitudinal variations in the transfer of persistent organic pollutants and mercury to Southern Ocean predators [J]. Environmental Science & Technology, 2014, 48 (24): 14746-14755.

[26] Zhou J, Hou W, Qi P, et al. CeO_2-TiO_2 sorbents for the removal of elemental mercury from syngas [J]. Environmental Science & Technology, 2013, 47 (17): 10056-10062.

[27] Rosestolato D, Bagatin R, Ferro S. Electrokinetic remediation of soils polluted by heavy metals (mercury in particular) [J]. Chemical Engineering Journal, 2015, 264: 16-23.

[28] Barriada J L, Tappin A D, Evans E H, et al. Dissolved silver measurements in seawater [J]. Trends in Analytical Chemistry, 2007, 26: 809-817.

[29] Ronit F, Tali F, Willner I. Multiplexed analysis of Hg^{2+} and Ag^+ ions by nucleic acid functionalized CdSe/ZnS quantum dots and their use for logic gate operations [J]. Angewandte Chemie International Edition, 2010, 48: 7818-7821.

[30] Li X, Wang G, Ding X, et al. A "turn-on" fluorescent sensor for detection of Pb^{2+} based on graphene oxide and G-

quadruplex DNA [J]. Physical Chemistry Chemical Physics: PCCP, 2013, 15 (31): 12800-12804.

[31] Chen S H, Wang Y S, Chen Y S, et al. Dual-channel detection of metallothioneins and mercury based on a mercury-mediated aptamer beacon using thymidine-mercury-thymidine complex as a quencher [J]. Spectrochimica Acta PartA: Molecular and Biomolecular Spectroscopy, 2015, 151: 315-321.

[32] Wood C M, Hogstrand C, Galvez F, et al. The physiology of waterborne silver toxicity in freshwater rainbow trout (Oncorhynchus mykiss) 2. The effects of ionic Ag^+ [J]. Aquatic Toxicology, 1996, 35: 93-109.

[33] Kumar M, Kumar R, Bhalla V. Optical chemosensor for Ag^+, Fe^{3+}, and cysteine: Information processing at molecular level [J]. Organic Letters, 2011, 13: 366-369.

[34] Casren E P A. Drinking water criteria document for silver [R]. Environmental Protection Agency, 1989, 444: 7440-7441.

[35] Wang D, Ge C C, Wang L, et al. A simple lateral flow biosensor for the rapid detection of copper(II) ions based on click chemistry [J]. RSC Advances, 2015, 5: 75722-75727.

[36] Dodani S C, Leary S, Cobine P, et al. A targetable fluorescent sensor reveals that copper-deficient SCO_1 and SCO_2 patient cells prioritize mitochondrial copper homeostasis [J]. Journal of the American Chemical Society, 2011, 133 (22): 8606-8616.

[37] Fan D M, Zhao X H, Shang S M, et al. UV-Vis spectral behavior of 5,10,15,20-tetra-(4-carboxyphenyl) porphyrin (TCPP) in SDS micelle [J]. Journal of Analytical Science, 2008, 24 (2): 209-211.

[38] Luo M C, Di J W, Li L, et al. Copper ion detection with improved sensitivity through catalytic quenching of gold nanocluster fluorescence [J]. Talanta, 2018, 187: 231-236.

[39] Haidari M, Javadi E, Kadkhodaee M, et al. Enhanced susceptibility to oxidation and diminished vitamin E content of LDL from patients with stable coronary artery disease [J]. Clinical Chemistry, 2001, 47 (7): 1234-1240.

[40] Jomova K, Valko M. Advances in metal-induced oxidative stress and human disease [J]. Toxicology, 2011, 283 (2-3): 65-87.

[41] Gupte A, Mumper J R. Elevated copper and oxidative stress in cancer cells as a target for cancer treatment [J]. Cancer Treatment Reviews, 2008, 35 (1): 32-46.

[42] Vest K, Leary S, Winge D, et al. Copper import into the mitochondrial matrix in saccharomyces cerevisiae is mediated by Pic2, a mitochondrial carrier family protein [J]. Journal of Biological Chemistry, 2013, 288 (33): 23884-23892.

[43] Yin K, Li B, Wang X, et al. Ultrasensitive colorimetric detection of Cu^{2+} ion based on catalytic oxidation of L-cysteine [J]. Biosensors & Bioelectronics, 2015, 64: 81-87.

[44] Yin H, Kuang H, Liu L, et al. A ligation DNAzyme-induced magnetic nanoparticles assembly for ultrasensitive detection of copper ions [J]. ACS Applied Materials & Interfaces, 2014 (6-7): 4752-4757.

[45] Tomar P K, Chandra S, Malik A, et al. Nickel analysis in real samples by Ni^{2+} selective PVC membrane electrode based on a new Schiff base [J]. Mater Sci Eng C Mater Biol Appl, 2013, 33 (8): 4978-4984.

[46] Denkhaus E, Salnikow K. Nickel essentiality, toxicity, and carcinogenicity [J]. Crit Rev Oncol Hematol, 2002, 42 (1): 35-56.

[47] Rothenberg M E. Innate sensing of nickel [J]. Nat Immunol, 2010, 11 (9): 781-782.

[48] Zambelli B, Ciurli S. Nickel and human health [J]. Met Ions Life Sci, 2013, 13: 321-357.

[49] Yari A, Azizi S, Kakanejadifard A. An electrochemical Ni(II)-selective sensor-based on a newly synthesized dioxime derivative as a neutral ionophore [J]. Sensors and Actuators B: Chemical, 2006, 119: 167-173.

[50] Gowsami S, Chakraborty S, Das A K, et al. Selective colorimetric and ratiometric probe for Ni(II) in quinoxaline matrix with the single crystal X-ray structure [J]. RSC Advances, 2014, 4: 20922-20926.

[51] Smolik S, Nogaj P, Domal-kwiatkowska D, et al. Nickel release from Euro and Polish coins: a health risk? [J]. Polish Journal of Environmental Studies, 2010, 19 (5): 1007-1011.

[52] Sreekanth T V M, Nagajyothi P C, Lee K D, et al. Occurrence, physiological responses and toxicity of nickel in plants [J]. International Journal of Environmental Science and Technology, 2013, 10 (5): 1129-1140.

[53] Feng L, Zhang Y, Wen L, et al. Colorimetric filtrations of metal chelate precipitations for the quantitative determi-

[54] Torres E, Mera R, Herrero C, et al. Isotherm studies for the determination of Cd(Ⅱ) ions removal capacity in living biomass of a microalga with high tolerance to cadmium toxicity [J]. Environmental Science and Pollution Research, 2014, 21 (22): 12616-12628.

[55] Wu L, Fu X, Liu H, et al. Comparative study of graphene nanosheet and multiwall carbon nanotube-based electrochemical sensor for the sensitive detection of cadmium [J]. Analytica Chimica Acta, 2014, 851 (1): 43-48.

[56] 黄颖. 土壤重金属镉污染现状、危害及治理研究综述 [J]. 中国科技纵横, 2016, 241 (13): 7-8.

[57] 张人俊, 马萍, 嵇辛勤, 等. 重金属镉的毒性研究进展 [J]. 贵州畜牧兽医, 2016, 40 (4): 27-33.

[58] 杜丽娜, 余若祯, 王海燕, 等. 重金属镉污染及其毒性研究进展 [J]. 环境与健康杂志, 2013, 30 (2): 167-174.

[59] 陈敬超, 孙加林, 张昆华, 等. 银氧化镉材料的欧盟限制政策与其他银金属氧化物电接触材料的发展 [J]. 电工材料, 2002, 4 (4): 41-44.

[60] Stoeppler M. Chapter 8——Cadmium [J]. Techniques and Instrumentation in Analytical Chemistry, 1992, 12 (3): 177-230.

[61] 陈晓, 朱国英, 金泰廙. 镉对肾脏和骨骼的毒性研究进展 [J]. 环境与职业医学, 2008, 25 (4): 412-415.

[62] Chen X, Zhu G, Jin T, et al. Effects of cadmium on forearm bone density after reduction of exposure for 10 years in a Chinese population [J]. Environment International, 2009, 35 (8): 1164-1168.

[63] 黄宝圣. 镉的生物毒性及其防治策略 [J]. 生物学通报, 2005, 40 (11): 26-28.

[64] Ugo P, Zampieri S, Moretto L M, et al. Determination of mercury in process and lagoon waters by inductively coupled plasma-mass spectrometric analysis after electrochemical preconcentration: comparison with anodic stripping at gold and polymer coated electrodes [J]. Analytica Chimica Acta, 2001, 434 (2): 291-300.

[65] Trammell S A, Zeinali M, Melde B J, et al. Nanoporous organosilicas as preconcentration materials for the electrochemical detection of trinitrotoluene [J]. Analytical Chemistry, 2008, 80 (12): 4627-4633.

[66] Batterham G J, Munksgaard N C, Parry D L. Determination of trace metals in sea-water by inductively coupled plasma mass spectrometry after off-line dithiocarbamate solvent extraction [J]. Journal of Analytical Atomic Spectrometry, 1997, 12 (11): 1277-1280.

[67] 翟有朋, 张宗祥. 加速溶剂-固相萃取-高效液相色谱法测定废气中多环芳烃 [J]. 环境科技, 2018, 31 (2): 69-73.

[68] Lee K H, Oshima M, Motomizu S. Inductively coupled plasma mass spectrometric determination of heavy metals in sea-water samples after pretreatment with a chelating resin disk by an on-line flow injection method [J]. Analyst, 2002, 127 (6): 769-774.

[69] 王增焕, 王许诺, 谷阳光, 等. 疏水性螯合物固相萃取-原子吸收光谱法测定海水中5种重金属 [J]. 岩矿测试, 2017, 36 (4): 360-366.

[70] Padilha P D M, Rocha J C, Moreira J C, et al. Preconcentration of heavy metals ions from aqueous solutions by means of cellulose phosphate: an application in water analysis [J]. Talanta, 1997, 45 (2): 317-323.

[71] 林建清, 陈尹淇, 张亚爽, 等. 离子交换法处理实验室含汞废水的研究 [J]. 泉州师范学院学报, 2018, 36 (2): 50-54.

[72] Kara H T. Atomic absorption spectroscopic determination of heavy metal concentrations in Kulufo River, Arba Minch, Gamo Gofa, Ethiopia [J]. International Journal of Environmental Analytical Chemistry, 2016, 03 (01): 1-3.

[73] Zhong W S, Ren T, Zhao L J. Determination of Pb (lead), Cd (cadmium), Cr (chromium), Cu (copper), and Ni (nickel) in Chinese tea with high-resolution continuum source graphite furnace atomic absorption spectrometry [J]. Journal of Food and Drug Analysis, 2016, 24 (1): 46-55.

[74] Liang P H, Li A M. Determination of phosphorus and manganese in tea by microwave plasma torch atomic emission spectroscopy (MPT-AES) [J]. Spectroscopy and Spectral Analysis, 2000, 20 (1): 61-63.

[75] Zhang Y, Ge S, Yang Z, et al. Heavy metals analysis in chalk sticks based on ICP-AES and their associated health risk [J]. Environmental Science and Pollution Research, 2020, 27: 37887-37893.

[76] Yuan C G, Lin K, Chang A. Determination of trace mercury in environmental samples by cold vapor atomic fluores-

[77] Musil S, Matou E T, Currier J M, et al. Speciation analysis of arsenic by selective hydride generation-cryotrapping-atomic fluorescence spectrometry with flame-in-gas-shield atomizer: Achieving extremely low detection limits with inexpensive instrumentation [J]. Analytical Chemistry, 2014, 86 (20): 10422-10428.

[78] Chen Y W, Zhou M D, Jian T, et al. Application of photochemical reactions of Se in natural waters by hydride generation atomic fluorescence spectrometry [J]. Analytica Chimica Acta, 2005, 545 (2): 142-148.

[79] Shibata Y, Suyama J, Kitano M, et al. X-ray fluorescence analysis of Cr, As, Se, Cd, Hg, and Pb in soil using pressed powder pellet and loose powder methods [J]. X-Ray Spectrometry, 2009, 38 (5): 410-416.

[80] 刘燕德, 万常斓, 孙旭东, 等. X 射线荧光光谱技术在重金属检测中的应用 [J]. 激光与红外, 2011, 41 (06): 605-611.

[81] 胡明情. 便携式 XRF 仪在土壤重金属检测中的应用 [J]. 环境科学与技术, 2015, 38 (S2): 269-272.

[82] 王世芳, 韩平, 王纪华, 等. X 射线荧光光谱分析法在土壤重金属检测中的应用研究进展 [J]. 食品安全质量检测学报, 2016, 7 (11): 4394-4400.

[83] Beth H M, Collaborators. Determination of dietary starch in animal feeds and pet food by an enzymatic-colorimetric method: Collaborative study [J]. Journal of Aoac International, 2019 (2): 397-409.

[84] Liang Z Q, Wang C X, Yang J X, et al. A highly selective colorimetric chemosensor for detecting the respective amounts of iron(Ⅱ) and iron(Ⅲ) ions in water [J]. New Journal of Chemistry, 2007, 31 (6): 906-910.

[85] Liu X, Lin Q, Wei T B, et al. A highly selective colorimetric chemosensor for detection of nickel ions in aqueous solution [J]. New Journal of Chemistry, 2014, 38 (4): 1418-1423.

[86] Reddy K, Prathap K, Sharma H, et al. A simple colorimetric method for the determination of raloxifene hydrochloride in pharmaceuticals using modified Romini's reagent [J]. International Journal of Analytical Chemistry, 2019, 2019 (1): 1-5.

[87] Lodeiro P, Achterberg E P, El-Shahawi M S. Detection of silver nanoparticles in seawater at ppb levels using UV-visible spectrophotometry with long path cells [J]. Talanta, 2017, 164: 257-260.

[88] Zhou F B, Li C G, Yang C H, et al. A spectrophotometric method for simultaneous determination of trace ions of copper, cobalt, and nickel in the zinc sulfate solution by ultraviolet-visible spectrometry [J]. Spectrochimica Acta Part A: Molecular and Biomolecular Spectroscopy, 2019, 233: 117370.

[89] Rivas A K. Quinizarin characterization and quantification in aqueous media using UV-VIS spectrophotometry and cyclic voltammetry [J]. Dyes and Pigments, 2021, 184: 108641.

[90] 郭锐, 宋海燕. 土壤中重金属元素铬的双脉冲激光诱导击穿光谱研究 [J]. 太原理工大学学报, 2014, 45 (05): 679-683.

[91] 宋超, 张亚维, 高勋. 基于激光诱导击穿光谱技术的混合溶液重金属元素检测 [J]. 光谱学与光谱分析, 2017, 37 (6): 1885-1889.

[92] 胡振华, 张巧, 丁蕾, 等. 液体中 Cu 元素双脉冲激光诱导击穿光谱测量研究 [J]. 量子电子学报, 2014, 31 (1): 99-106.

[93] 郑美兰, 姚明印, 陈添兵, 等. 共线 DP-LIBS 定量分析水中 Cu 含量的试验研究 [J]. 光谱学与光谱分析, 2014, 34 (7): 1954-1958.

[94] Lin S H, Shyu C T, Sun M C. Saline wastewater treatment by electrochemical method [J]. Water Research, 1998, 32 (4): 1059-1066.

[95] 邹小波, 刘泽宇, 郑悦, 等. 基于离子选择性电极传感器阵列的白酒香型快速鉴别 [J]. 现代食品科技, 2018, 34 (07): 251-257.

[96] 巩春侠, 魏小平, 崔普选, 等. 高灵敏铜离子选择性电极研制及在湿法冶金废水中铜测定的应用 [J]. 冶金分析, 2009, 29 (8): 7-10.

[97] 高云霞, 孙宝盛, 冯海英. 多元线性回归离子选择电极法测定铅和镉 [J]. 河北工程大学学报 (自然科学版), 2006, 23 (1): 17-19.

[98] 程良娟, 张旭, 沈庆峰, 等. 微分脉冲极谱法测定锌电解液中微量锗 [J]. 分析试验室, 2017, 36 (7): 99-102.

[99] 路纯明, 程淑. 示波极谱法测定糖尿病人头发中的铜、铅、镉、锌、铬的含量 [J]. 河南工业大学学报 (自然科学

版),2005,26(5):48-51.

[100] Somer G, Kalayc S. A new and simple method for the simultaneous determination of Fe, Cu, Pb, Zn, Bi, Cr, Mo, Se, and Ni in driedred grapes using differential pulse polarography [J]. Food Analytical Methods, 2015, 8 (3): 604-611.

[101] Xiao L, Xu H, Zhou S, et al. Simultaneous detection of Cd(Ⅱ) and Pb(Ⅱ) by differential pulse anodic stripping voltammetry at a nitrogen-doped microporous carbon/Nafion/ bismuth-film electrode [J]. Electrochimica Acta, 2014, 143: 143-151.

[102] Merino I E, Stegmann E, Aliaga M E, et al. Determination of Se(Ⅳ) concentration via cathodic stripping voltammetry in the presence of Cu(Ⅱ) ions and ammonium diethyl dithiophosphate [J]. Analytica Chimica Acta, 2019, 1048: 22-30.

[103] Wei Y, Yang R, Chen X, et al. A cation trap for anodic stripping voltammetry: NH_3-plasma treated carbon nanotubes for adsorption and detection of metal ions [J]. Analytica Chimica Acta, 2012, 755: 54-61.

[104] Inam R, Somer G. Determination of selenium in garlic by cathodic stripping voltammetry [J]. Food Chemistry, 1999, 66 (3): 381-385.

[105] Sabry S M, Wahbi A A M. Application of orthogonal functions to differential pulse voltammetric analysis: Simultaneous determination of tin and lead in soft drinks [J]. Analytica Chimica Acta, 1999, 401 (1): 173-183.

[106] Xu Y, Zhang W, Shi J, et al. Microfabricated interdigitated Au electrode for voltammetric determination of lead and cadmium in Chinese mitten crab (Eriocheir sinensis) [J]. Food Chemistry, 2016, 201: 190-196.

[107] Wen G L, Zhao W, Chen X, et al. N-doped reduced graphene oxide /MnO_2 nanocomposite for electrochemical detection of Hg^{2+} by square wave stripping voltammetry [J]. Electrochimica Acta, 2018, 291: 95-102.

[108] Gibbon Walsh K, Salaün P, van den Berg C M G. Arsenic speciation in natural waters by cathodic stripping voltammetry [J]. Analytica Chimica Acta, 2010, 662 (1): 1-8.

[109] Xu Y, Zhang W, Huang X, et al. A self-assembled L-cysteine and electrodeposited gold nanoparticles-reduced graphene oxide modified electrode for adsorptive stripping determination of Cu^{2+} [J]. Electroanalysis, 2018, 30 (1): 194-203.

[110] Kokkinos C, Economou A. Microfabricated chip integrating a bismuth microelectrode array for the determination of trace cobalt (Ⅱ) by adsorptive cathodic stripping voltammetry [J]. Sensors and Actuators B: Chemical, 2016, 229: 362-369.

[111] Balcaen L, Bolea-Fernandez E, Resano M, et al. Inductively coupled plasma-tandem mass spectrometry (ICP-MS/MS): A powerful and universal tool for the interference-free determination of (ultra) trace elements——A tutorial review [J]. Analytica Chimica Acta, 2015, 894: 7-19.

[112] Marcinkowska M, Barałkiewicz D. Multielemental speciation analysis by advanced hyphenated technique-HPLC/ICP-MS: A review [J]. Talanta, 2016, 162: 177-204.

[113] Malassa H, Al-Rimawi F, Al-Khatib M, et al. Determination of trace heavy metals in harvested rainwater used for drinking in Hebron (South West Bank, Palestine) by ICP-MS [J]. Environmental Monitoring & Assessment, 2014 (186): 6985-6992.

[114] 张瑞,刘建国,杜瑾,等. 两种检测方法测定蔬菜中铅、镉等重金属元素含量的比较 [J]. 医学动物防制,2020, 36 (02): 203-205.

[115] 卢玉曦,张立红,唐丽丽,等. 在线衍生高效液相色谱法测定酱油中 Pb^{2+} 和 Ni^{2+} 的含量 [J]. 分析测试学报, 2017, 36 (3): 418-421.

[116] da Silba W, Ghica M E, Brett C M A, et al. Biotoxic trace metal ion detection by enzymatic inhibition of a glucose biosensor based on a poly (brilliant green) -deep eutectic solvent/carbon nanotube modified electrode [J]. Talanta, 2020, 208: 120427.

[117] 张宁宁. 食品中汞、镉的酶法检测技术研究 [D]. 石家庄:河北科技大学,2014.

[118] Xu L, Suo X Y, Zhang Q, et al. ELISA and chemilumi-nescent enzyme immunoassay for sensitive and specific determination of lead (Ⅱ) in water, food and feed samples [J]. Foods, 2020, 9: 305.

[119] 王亚楠,王晓斐,牛琳琳,等. 食品中镉离子胶体金免疫层析快速检测方法的建立及应用 [J]. 食品科学,2016,

37（18）：152-158.

[120] Fu G Y, Gong J, Leng X X. Determination of cadmium in human urine by colloidal gold immunochromatographic assay [J]. Chinese Journal of Industrial Hygiene and Occupational Diseases, 2017, 35 (3)：223-225.

[121] 王莹, 王华, 贾纪萍, 等. 酶联免疫法快速检测食品中重金属含量的研究进展 [J]. 安徽农业科学, 2021, 49 (5)：10-13.

[122] Shen J W, Li Y B, Gu H S, et al. Recent development of sandwich assay based on the nanobiotechnologies for proteins, nucleic acids, small molecules, and ions [J]. Chemical Reviews, 2014, 114 (15)：7631-7677.

[123] 许文涛, 杨敏, 朱龙佼, 等. 功能核酸概念的内涵与外延 [J]. 生物技术进展, 2021, 11 (4)：446-454.

[124] Kusser W. Chemically modified nucleic acid aptamers for in vitro selections：Evolving evolution [J]. Journal of Biotechnology, 2000, 74 (1)：27-38.

[125] Willner I, Shlyahovsky B, Zayats M, et al. DNAzymes for sensing, nanobiotechnology and logic gate applications [J]. Chemical Society Reviews, 2008, 37 (6)：1153-1165.

[126] Navani N K, Li Y. Nucleic acid aptamers and enzymes as sensors [J]. Current Opinion in Chemical Biology, 2006, 10 (3)：272-281.

[127] Lan T, Furuya K, Lu Y. A highly selective lead sensor based on a classic lead DNAzyme [J]. Chemical Communications, 2010, 46 (22)：3896-3898.

[128] Hollenstein M, Hipolito C, Lam C, et al. A highly selective DNAzyme sensor for mercuric ions [J]. Angewandte Chemie International Edition, 2008, 47 (23)：4346-4350.

[129] Khoshbin Z, Housaindokht M R, Verdian A, et al. Simultaneous detection and determination of mercury(Ⅱ) and lead(Ⅱ) ions through the achievement of novel functional nucleic acid-based biosensors [J]. Biosensors & Bioelectronics, 2018, 116：130-147.

[130] Wang W, Billen L P, Li Y F. Sequence diversity, metal specificity, and catalytic proficiency of metal-dependent phosphorylating DNA enzymes [J]. Chemistry & Biology, 2002, 9 (4)：507-517.

[131] Xiong M Y, Yang Z L, Lake R J, et al. DNAzyme-mediated genetically encoded sensors for ratiometric imaging of metal ions in living cells [J]. Angewandte Chemie International Edition, 2020, 59 (5)：1891-1896.

[132] He Y, Tian J, Zang J, et al. DNAzyme self-assembled gold nanorods-based FRET or polarization assay for ultrasensitive and selective detection of copper(Ⅱ) ion [J]. Biosensors & Bioelectronics, 2014, 55：285-288.

[133] 生活饮用水卫生标准. GB 5749—2006.

[134] Lehel J, Bartha A, Dankó D, et al. Heavy metals in seafood purchased from a fishery market in Hungary [J]. Food Additives and Contaminants：Part B, 2018, 11 (4)：302-308.

[135] 夏芷玥, 刘浩, 林志, 等. 人体头发中重金属元素铬含量的高光谱检测 [J]. 红外, 2015, 36 (7)：37-43.

[136] 周莹君, 孙立亚, 苏会霞, 等. 中药饮片质量控制分析 [J]. 中国中医药现代远程教育, 2011, 9 (5)：98-99.

[137] 刘波, 苏禄晖, 刘曦子, 等. 11 种市售中药饮片中重金属含量检测 [J]. 绿色科技, 2016, 4：43-46.

第 2 章
功能核酸概述

2.1 功能核酸简介

　　核酸是由许多单体核苷酸聚合成的生物大分子化合物，是脱氧核糖核酸（DNA）和核糖核酸（RNA）的总称，是生命的最基本物质之一。它广泛存在于所有动植物细胞内以及微生物体内，是储存、复制和传递遗传信息的主要物质基础，在生物体系的各个代谢过程中，如遗传变异、生长发育以及蛋白质合成等，起着重要的作用。1953 年，Watson 和 Crick[1] 提出的碱基互补配对原理和 DNA 的双螺旋结构使得人们对 DNA 的研究从遗传功能扩展到分子水平，开创了分子生物学时代[2]。单链 DNA（ssDNA）是一种线性多聚阴离子，它由四个主要成分组成：$5'$-PO_4 末端、$3'$-OH 末端、磷酸盐-糖骨架以及碱基作为侧链。四种碱基（腺嘌呤 A、胸腺嘧啶 T、胞嘧啶 C 以及鸟嘌呤 G）使 DNA 具有化学多样性及信息编码能力。ssDNA 中的碱基能够通过分子内相互作用形成多种二级结构，如发夹环、G-四链体及 i-motif 型结构。两条 DNA 链间的 A-T、G-C 碱基能够通过氢键和 π-π 堆积作用形成双链 DNA 螺旋结构。这种 DNA 链与其互补链的杂交能力是用于 DNA 分析的主要机制。这个杂交过程在分子识别中具有巧妙的精确度，使 DNA 成为一种通用的、可设计的、灵巧的聚合物[3]。

　　20 世纪 80 年代初，Thomas R. Cech 首次发现了具有生物催化功能的核糖核酶，证明了一些天然的 RNA 分子也具有催化功能，打破了人们对所有的天然酶为蛋白质的传统认知。除此之外，人们还发现核酸具有许多有趣的功能，如 DNA 酶可以催化特定位点上 RNA 底物链的断裂或连接，能够像抗体一样特异性识别并结合目标分子的核酸适配体。随着非遗传核酸家族不断发展，"功能核酸"的概念应运而生，功能核酸是指具有特定结构和功能的天然或人工核酸序列，具有识别、转化、催化、显色、发光、电子传递、封闭、运输等功能。功能核酸的发现，打破了人们认为核酸的功能仅仅是作为载体用来转运和储存遗传信息的传统认识，为相关研究领域提供了新的活性物质[4]，加深了人们对核酸的理解，其在治疗、成像、药物筛选、材料科学、纳米技术以及生物传感方面均有广泛的应用。在一定条件下，功能核酸与其他分子发生相互作用时自身会折叠形成特定的构型，即在特定的环境下，功能核酸会与某些目标分子形成热力学稳定的空间构象，例如一些假结（pseudoknot）、凸环（bulge loop）、发夹（hairpin）、G-四链体（G-quadruplex）等特殊结构（图 2.1）。而在体外大多数情况下，溶液中的功能核酸是以随机自由态的空间构象存在；当有目标分子存在时，在合适的环境下功能核酸通过氢键、疏水堆积作用、范德华力等与目标分子紧密结合，会发生适应性的折叠引发构象改变，进而引发溶液体系微环境的状态变化。这些独特的理化性质、空间构象、微环境变化为传感器的设计提供了良好的基础。在传感分析领域中常用的功能核酸主要有以下几种：具有类似于蛋白酶催化活性的核酶和脱氧核酶[5]，例如具有激酶活性、连接酶功能，可催化 DNA/RNA 裂解以及催化卟啉环金属螯合反应等；能够像抗体一样特异性识别并结合目标分子的核酸适配体[6]，例如与凝血酶、金属离子、小分子特异性结合的 DNA 或 RNA 片段；基于 G-四链体结构能特异性识别金属离子和小分子的富 G 序列[7]，基于"$C-Ag^+-C$"结构能特异性识别 Ag^+ 的富 C 序列[8]，基于"$T-Hg^{2+}-T$"结构能够特异性识别 Hg^{2+} 的富 T 序列[9]等。

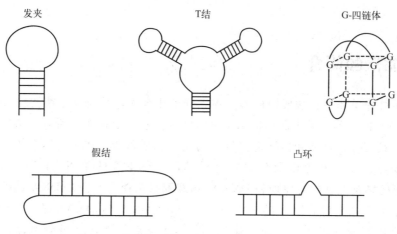

图 2.1　结合靶分子稳定的功能核酸构象示意图

2.2　功能核酸的分类

根据化学组成的不同，功能核酸分为功能脱氧核糖核酸（功能 DNA）和功能核糖核酸（功能 RNA）两类。功能 RNA 合成成本高，且在使用过程中易降解，相比之下，功能 DNA 应用更加广泛。功能 DNA 在构建传感器方面显示出巨大的优势，如：获得过程简单、可以识别的目标物质广泛、与目标物质有很高的亲和力、特异性更强、化学性质更稳定、易于修饰等。

在由李应福和陆艺撰写的专著 *Functional Nucleic Acids for Analytical Applications* 中[10]，功能核酸包括天然功能核酸和人工功能核酸，其中天然功能核酸包括核糖酶（ribozyme）和核糖酶开关（riboswitches）；人工功能核酸有核酸适配体（aptamer）、核酶以及核酸酶（RNAzyme 和 DNAzyme）。该专著几乎囊括了所有符合功能核酸定义的核酸，但通常用于传感分析的功能核酸大多属人工功能核酸。近年来，随着对人工功能核酸的广泛和深入研究，功能核酸的类型不断扩展，包括 aptamer、DNAzyme、金属离子介导的错配 DNA 双链体、三链体寡核苷酸、G-四链体、四面体 DNA 纳米结构、DNA 折纸、DNA 瓦片、DNA 镊子等[11-12]（图 2.2），其中在重金属离子检测中最常用的是脱氧核酶（DNAzyme）、核酸适配体（aptamer）、金属离子介导的错配 DNA 双链体、G-四链体。针对各种功能核酸的性质和特点以及在生物分析中的应用，Lu 研究小组对其做了系统的研究和详细的介绍和总结。

图 2.2　DNAzyme 研究进展中的重要事件总结[30]

2.2.1　核酸适配体（aptamer）

核酸适配体（aptamer）一般简称核酸适体或适体，是通过 SELEX 技术（systematic evolution of ligand by exponential enrichment，配体的指数富集进化）体外筛选出来的寡核苷酸单链片段 RNA 或单链 DNA，碱基数目一般是 25～100 个[13]。由于它们倾向于形成螺旋或单链环，因此具有不同的形状，其特异识别并结合捕获目标分子这一过程是基于碱基互补配对原理。根据产生核酸适配体和肽适配体的随机序列池的不同，适配体可以分为核酸适配体和肽适配体。但是，一般来说，除非有明确的说明，适配体都是指核酸适配体。1990 年，Tuerk[14] 和 Ellinglon[15] 等同时开发了一种革命性的体外选择合成 RNA 的方法，这种方法可以与目标分子特异结合。根据拉丁语单词 "aptus"（适配）或 "aptare"（适配）和希腊语单词 "meros"（部分），将结构 RNA 基序命名为适配体。

这些小的核酸配体，通常被称为化学抗体，能够以高度的特异性和亲和力识别并结合到它们的目标上，往往超过了抗体的识别和结合，其解离常数通常可达 nmol/L 或 pmol/L 级别。核酸适配体具有识别目标多样性、稳定性更高、制备成本更低、易于修饰、设计简单、容易被扩增等优势[16]。核酸适配体与各种配体的结合是基于核苷酸序列及其空间构象的多样性，主要通过范德华力、氢键作用、静电、碱基堆积等作用实现与目标物高特异性、高亲和力的结合，结合后核酸适配体空间结构会发生自身适应性折叠，原本自由构象在与靶分子结合后产生发卡（hairpin）、假结（pseudoknot）、G-四链体（G-quadruplex）、茎环（stem-loop）等不同空间状态，决定这些结构的碱基往往是与配体结合的重要位点。采用核磁共振或 X 射线衍射等手段可以从结构上对核酸适配体与配体的作用机理进行较为深入的研究。

适配体能够包裹小分子靶标，或者适应大得多的靶标分子表面的缝隙。适配体的这种柔性性质，可以折叠到目标分子的复杂表面或围绕目标分子，这意味着适配体可以选择的靶标广泛，包括传统上难以作为其他亲和试剂的靶标。事实上，适配体的靶标可以包括但不限于肽、蛋白质、代谢物、小的有机分子、碳水化合物、生物辅因子、金属离子、毒素和整个生物体，如病毒、致病菌、酵母和哺乳动物细胞。1996 年，仅 NeXstar 药物公司和科罗拉多大学得到的适配体就超过一百种。目前，全世界的科学家分离得到的适配体种类繁多，已经远远不止这个数目[17]。

核酸适配体的出现，使人们认识到核酸不仅是遗传信息的存储和转运载体，而且可作为生物功能分子应用到多个领域。由于与配体具有高度亲和力，核酸适配体是理想的传感器的识别元件，在生物传感器领域将有很广阔的应用前景，特别是在分析化学方面的应用逐渐成为人们关注的焦点,许多相应的分析检测方法应运而生[18]。

适配体因强大的功能,近年来在金属离子检测中取得了重要进展。基于适配体高特异性、高灵敏度的特性,研究者们将其设计成适体探针,即在识别待测物后实现信号转换和输出。当待测物存在时,探针会捕获待测物,并根据光信号或者电化学信号对待测物定性或定量。目前经由 SELEX 技术筛选得到的重金属离子核酸适配体主要有 Zn^{2+}、As^{3+}、Cd^{2+}、Pb^{2+}、Co^{2+}、Pd^{2+}、Cu^{2+} 核酸适配体。表 2.1 中总结了这个世纪以来报道的重金属离子适配体[19]。

表 2.1 21 世纪报道的重金属离子适配体

目标物	适配体	方法	循环次数	解离常数	碱基序列	参考文献
As^{3+}	Ars-3	亲和色谱	10	(7.05 ± 0.91)nmol/L	TTACA GAACA ACCAA CGTCG CTCCG GGTAC TTCTT CATCG	[20]
As^{3+}	Ars-7	亲和色谱	10	(13.0 ± 1.25)nmol/L	ATGCA AACCC TTAAG AAAGT GGTCG TCCAA AAAAC CATTG	[20]
Cd^{2+}	Cd-4	亲和色谱	11	34.5 nmol/L	GGACT GTTGT GGTAT TATTT TTGGT TGTGC	[21]
Cd^{2+}	Cd-2-2	亲和色谱	14	—	CTCAG GACGA CGGGT TCACA GTCCG TTGTC	[22]
Pb^{2+}	Pb-14s	亲和色谱	18	$(0.76\pm0.18)\mu$mol/L	GACGA CGGCC AGTAG CTGAC ATCAG TGTAC GATCT AGTCG TC	[23]
Zn^{2+}	Zn-6m2	亲和色谱	12	15 μmol/L	GCATC AGTTA GTCAT TACGC TTACG GCCCG ATCCT AACTT GCTAC TGTCC CCTTC CGCCA GTTGT GCCGC GATTG TGAAG TCGTG TCCC	[24]
Co^{2+}	No. 20	亲和色谱	15	(1.1 ± 0.15)mmol/L	GGGCA UACGU UAGGC UGUAG GCGAG GUGGA AGAAA CGCGG UAAUA GCCUC AGCGU AGCAU AUGCA AGCUU CG	[25]
Pd^{2+}	DNA 01	石墨烯氧化物	13	$(4.6\pm1.17)\mu$mol/L	GGGCG GACGC TAGGT GGTGA TGCTG TGCTA CACGT GTTGT	[26]

2.2.2 脱氧核酶(DNAzyme)

脱氧核酶(DNAzyme)是人工合成的一种酶活性的单链 DNA 片段,具有高效的催化活性和结构识别能力[27]。在 1994 年,Breaker 和 Joyce[28] 首次利用"催化洗脱"(catalytic elution)的方法通过 SELEX 技术筛选出一种在 Pb^{2+} 存在的条件下能切割 RNA 的单链 DNA 分子,证明单链 DNA 具有类似于核酶和蛋白质的催化能力,这些具有催化功能的 DNA 分子称为脱氧核酶(DNAzyme 或 deoxyribozyme),又称酶性 DNA 或 DNA 酶。迄今为止,已经通过 SELEX 技术分离出很多种 DNAzyme(图 2.3[29]),这些 DNAzyme 的特异性催化功能取决于 DNAzyme 的序列，在许多情况下还取决于其他辅助因子的存在，例如金属离子和氨基酸[30]。根据功能的不同，DNAzyme 主要分为以下 5 种类型：①具有 RNA 或 DNA 切割活性的 DNAzyme[31-32]；②具有 DNA 连接酶活性的 DNAzyme[33-34]；③具有卟啉金属化酶和过氧化酶活性的 DNAzyme[35-36]；④具有 DNA 激酶活性的 DNAzyme[37]；⑤具有 DNA 戴帽活性的 DNAzyme[38]。这些功能已成功应用于体外[40] 和体内[41] 的各种生物医学应用中。

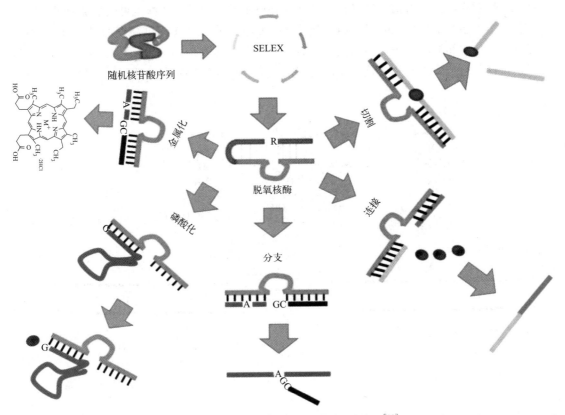

图 2.3　DNAzyme 催化的不同反应示意图[39]

2.2.2.1　具有 RNA 切割活性的脱氧核酶

在上述各种功能的 DNAzyme 中，底物链的 DNA 序列中嵌入单个 RNA 碱基的 RNA 切割活性的 DNAzymes 仍然是目前使用最广泛的 DNAzyme。这类 DNAzyme 不仅可以切割特定 RNA 的位点，还可以切割破坏细胞中的 mRNA，下调蛋白的表达，从而调控细胞的功能。RNA 切割型功能核酸通过金属离子催化核糖上的 $2'$-OH 发生去质子化产生含氧阴离子，进而攻击邻近的磷酸基团导致 RNA 底物的磷酸二酯键水解，产生 $2',3'$-环磷酸盐和 $5'$-OH 基团，实现对 RNA 的切割［图 2.4(a)］[42]。利用 DNAzyme 的催化效应和对金属离子的特异性，实现对相应金属离子的定量分析。在这一类 DNAzyme 中，研究和利用最为广泛的是 8-17 DNAzyme（从约 1×10^{14} 个随机序列体外筛选时第 8 轮循环第 17 个克隆）和 10-23 DNAzyme（从约 1×10^{14} 个随机序列体外筛选时第 10 轮循环第 23 个克隆），由 Santoro 和 Joyce[43] 在 1997 年从 DNA 文库中筛选得到，以二价金属离子作为辅因子，其结构如图 2.4(b) 和图 2.4(c) 所示。这种类型的 DNAzyme 由两条链组成：酶链和底物链。底物链和酶链通过碱基互补配对原则与底物进行杂交形成代表性的 RNA 裂解 DNAzyme，该酶链由一个活性位点、一个酶促区域和两个结合链组成；底物链为一定长度的核酸链且包含一个 rA 碱基作为裂解位点。在金属离子的作用下，DNA 通过正确的方式进行折叠以保证中间过渡态的稳定，进而形成催化活性中心，底物链 DNA 与酶链 DNA 由于其所带负电荷被金属离子的正电荷屏蔽进而更加充分地结合，随后底物链在定点处发生切割断裂，完成酶切催化反应过程，以上两种脱氧核酶的酶切位点为嘌呤-嘧啶和 A、G 碱基。DNAzyme 的这种催化特性对底物链具有高度特异性，甚至互补链中的单个碱基错配也可能显著降低切割效率。相反，大多数 DNAzyme 对于结合链中 DNA 序列的设计表现出高度的灵活性，因此，已经开发出使用相同辅因子的多功能 DNAzyme 以用于多种应用。另外，大多数 DNAzyme 可以通过多种转换方式有效催化底物链的切割，从而允许信号放大以进行敏感的靶标检测。

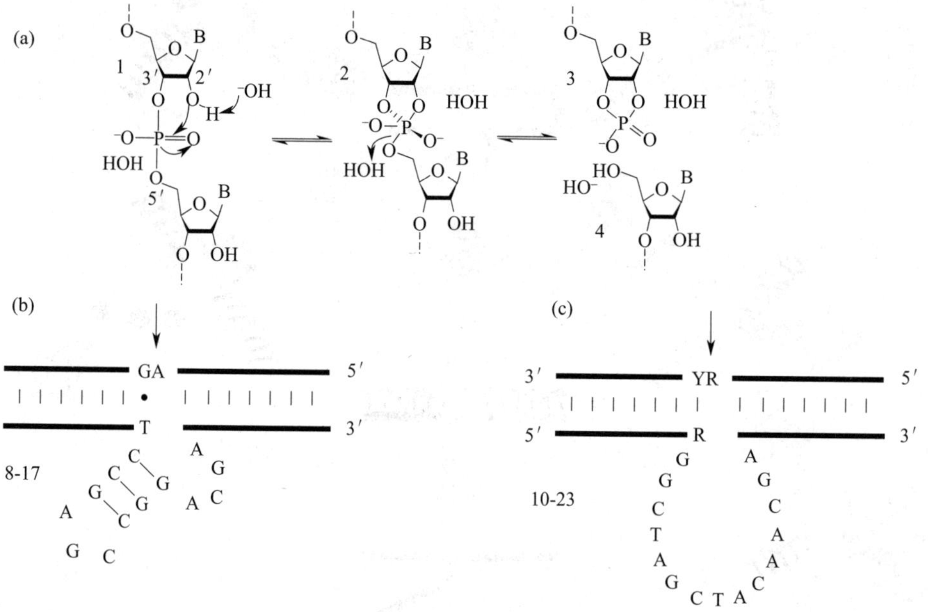

图 2.4 催化机制 (a)、8-17 DNAzyme 的二级结构 (b) 和 10-23 DNAzyme 的二级结构 (c)[44]

目前，通过体外筛选已经获得了许多金属离子特异性的 RNA 切割 DNAzyme，例如 17EV1、Ag10c、EtNa、Ce5、PSCu10、Dy10a、Tm7、Ce13d 以及 Lu12 等脱氧核酶。图 2.5 展示了这些脱氧核酶序列及其二级结构。这些脱氧核酶大多需要金属离子作为辅因子催化其活性，例如 17EV1 需要 Ca^{2+}、Ag10c 需要 Ag^+、EtNa 需要 Na^+、Ce5 需要 Ce^{3+}、PSCu10 需要 Cu^{2+}、Dy10a 需要 Dy^{3+}、Tm7 需要 Tm^{3+}、Ce13d 需要 Ce^{3+}、Lu12 需要 Lu^{3+} 等，其中有许多依赖镧系元素的脱氧核酶。因此，可被用来构建包括 Pb^{2+}[46]、Mg^{2+}[47]、Zn^{2+}[48]、Cu^{2+}[49]、Co^{2+}[50]、Cr^{3+}[51]、Cd^{2+}[52]、UO_2^{2+}[53] 等化学生物传感体系。与传统的酶相比，脱氧核酶具有分子量小、易合成、稳定性高、易标记、可控性强等特点，使其在生物分析领域相对而言具备很大的优势。

2.2.2.2 具有 DNA 切割活性的脱氧核酶

除了催化 RNA 切割外，功能核酸也可以对 DNA 序列进行切割[54]。相比 RNA，DNA 双链结构更为稳定，在自然条件下可以保存更长的时间，所以功能核酸催化 DNA 切割需要

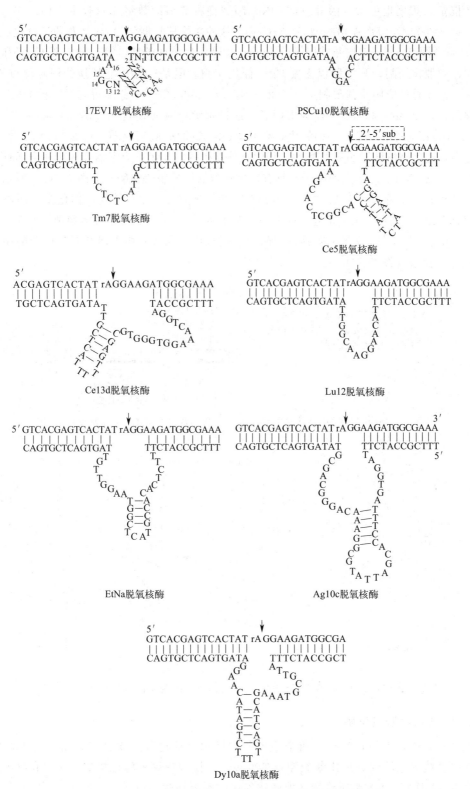

图 2.5　9 种 RNA 断裂活性脱氧核酶二级结构示意图

更高的能量，难度也更大，因此目前 DNA 断裂型脱氧核酶数量相对较少。1996 年，Carmi 等[55]第一次分离出 DNA 切割型 DNAzymes。这种功能核酸催化 DNA 切割通过氧化机制催化 DNA 裂解［图 2.6(a)］，按照辅因子的不同可以划分为两种类型：第一种需要 Cu^{2+} 和抗坏血酸共同作用催化切割，第二种仅需要 Cu^{2+} 催化切割。但是这种功能核酸的切割位点不确定，因此它们在体外的应用受到限制[56-57]。2009 年，Chandra 等[58]分离得到另一种 DNA 切割型功能核酸，它以 Zn^{2+} 和 Mn^{2+} 作为辅因子，通过水解机制实现切割［图 2.6(b)］[59-60]。2017 年，Silverman 课题组报道了一种氧化断裂 DNA 的 RadDz3 脱氧核酶［图 2.7(a)］[61]。该脱氧核酶是在筛选断裂酰胺键脱氧核酶的过程中意外获得的，是第一个不需要氧化还原活性金属离子（如 Cu^{2+} 或 Mn^{2+}）作为辅因子而具有氧化断裂活性的脱氧核酶。如图 2.7(a) 所示，灰色字母表示催化核心序列，包括"茎（stem）"和"环（loop）"结构，催化核心两侧具有与底物识别并结合的臂，通过碱基互补配对与底物结合。当 RadDz3 脱氧核酶与底物结合后，在 Zn^{2+}/Mg^{2+} 作用下，DNA 底物发生断裂，断裂位点在底物中鸟嘌呤脱氧核苷酸中脱氧核糖 4′ 碳原子位置［图 2.7(b)］。

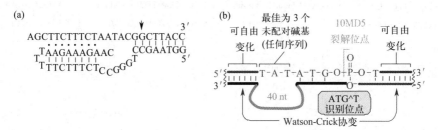

图 2.6 氧化机制的 DNA 切割型 (a)[56] 和水解机制的 DNA 切割型 (b)[58]

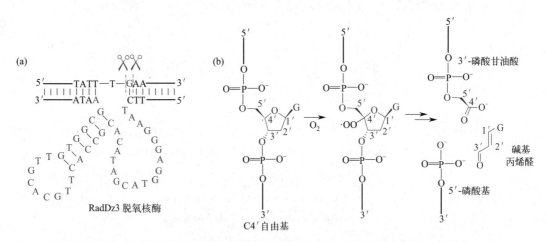

图 2.7 RadDz3 脱氧核酶二级结构图 (a) 和 RadDz3 脱氧核酶断裂位点示意图 (b)

2.2.2.3 连接型脱氧核酶

在自然界中，断裂和连接是两个不可分割且相反的过程，而且多以断裂为主，由此可见，连接型脱氧核酶的数量比断裂型要少得多。连接型脱氧核酶也根据其作用底物不同，主要分为 RNA 连接、DNA 连接和其他底物连接的脱氧核酶。

2003 年，Flynn-Charlebois 等分离得到 RNA 连接型功能核酸[62-63]。该两个核苷酸之间相互连接，既形成天然的 3′-5′磷酸二酯键，又形成非天然的链状、分支状或环状的 2′-5′磷酸二酯键，所以连接 RNA 时也会出现这几种化学键的连接［图 2.8(a)］。但是自然条件下的磷酸二酯键主要是以 3′-5′磷酸二酯键存在。2005 年，Purtha 研究组发现了一种可在自然条件下形成 3′-5′磷酸二酯键的 RNA 连接型功能核酸[64-65]［图 2.8(b)］。除了可实现 RNA 连接外，功能核酸也可以实现 DNA 连接[28-29]。

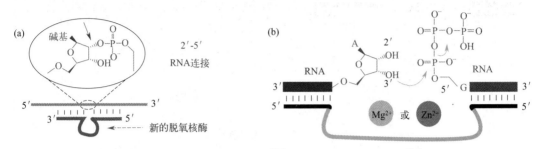

图 2.8 2′-5′RNA 连接 (a)[24] 和 3′-5′RNA 连接 (b)[64]

在连接 RNA 的脱氧核酶中，9DB1 和 7DE5 脱氧核酶（图 2.9）是两种具有连接 3′-5′磷酸二酯键活性的脱氧核酶[66-67]。这两种脱氧核酶是 Silverman 课题组分别以 Mg^{2+} 和 Zn^{2+} 为辅因子筛选获得的。在 Mg^{2+} 和 Zn^{2+} 存在时，这两种脱氧核酶可以快速连接 RNA，形成 3′-5′磷酸二酯键，同时，也能作用多种 RNA 底物。在每轮选择循环中使用 RNA 断裂活性的 8-17 脱氧核酶（断裂 3′-5′磷酸二酯键而不断裂 2′-5′磷酸二酯键）实施适当的选择压力，只有那些在选择循环期间产生 3′-5′磷酸二酯键的脱氧核酶序列被允许存留，因为对于那些序列，连接的 RNA 产物将被作为该轮最后一步的 8-17 脱氧核酶断裂。

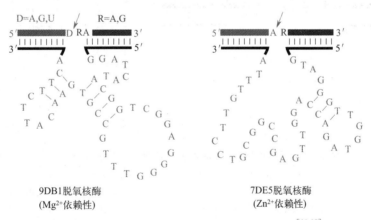

图 2.9 9DB1 和 7DE5 脱氧核酶二级结构示意图[66-67]

在连接 2′-5′磷酸二酯键的脱氧核酶中，9F7 和 7S11 脱氧核酶（图 2.10）是两种典型代表[68-69]。9F7 脱氧核酶利用底物 L3′端核苷酸上的 2′-OH 进攻底物 R5′端脱氧核苷酸上的 5′-三磷酸，使得两条底物连接成套环 RNA，形成特异性位点，6BX22 脱氧核酶也具有相似的作用原理[70]。7S11 脱氧核酶将底物连接成分支 RNA，这是由于该酶与底物形成三螺旋接合体。

E47 脱氧核酶［图 2.11(a)］是 Guenoud 等[71] 筛选获得的一种依赖 Zn^{2+}/Cu^{2+} 具有连接 DNA 活性的小型金属脱氧核酶，利用底物 5′-OH 进攻另一底物 3′-磷酸咪唑基，从而形成 3′-5′磷酸二酯键，使两条底物连接在一起。在研究连接 DNA 的脱氧核酶过程中，

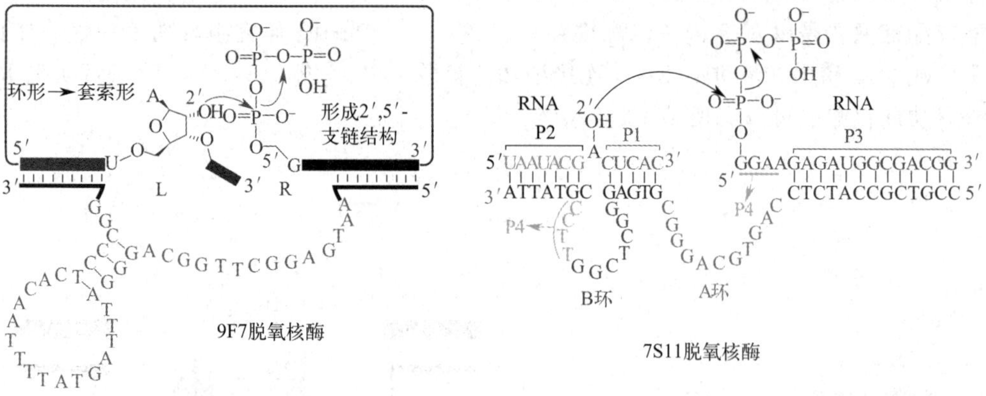

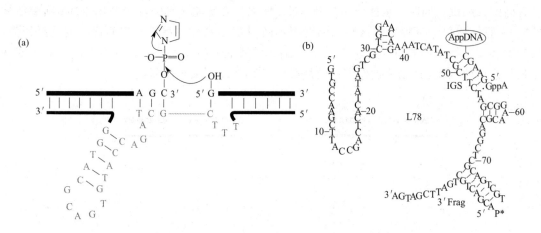

图 2.10　9F7 和 7S11 脱氧核酶二级结构示意图[68-69]

Breaker 课题组[72]在催化自身连接脱氧核酶基础上，设计了一个 DNA 的三联装配复合物[图 2.11(b)]，该复合物包含原脱氧核酶 78 个脱氧核苷酸的催化核心 L78、3′端单独 19 个脱氧核苷酸的 DNA 片段以及 46 个脱氧核苷酸自身腺苷酸化的底物，这个复合物能使两个 DNA 底物通过另一个催化 DNA 进行连接。

图 2.11　两种连接 DNA 活性脱氧核酶二级结构示意图[71-72]

(a) E47 脱氧核酶；(b) L78 脱氧核酶

3′Frag 表示 3′端 19 nt 底物，AppDNA 表示 46 nt 自身腺苷酸化脱氧核酶底物，IGS 表示 DNA 底物识别的内部指导序列，星号表示 32P 标记的磷酸

利用 DNAzyme 进行金属离子的检测逐渐受到关注。对比传统的金属离子检测方法，利用 DNAzyme 进行金属离子检测主要有以下几个优点：

① DNAzyme 可以通过 SELEX 筛选获得，易分离，同时从理论上来说，任何底物都可以通过筛选得到其对应的 DNAzyme；

② 大部分 DNAzyme 分子量都较小，这样的结构更加容易合成，同时也降低了合成的成本；

③ 使用 DNAzyme 进行金属离子检测具备很高的灵敏度，同时也有着较快的反应速率，并且可以应用于多种信号检测方法（荧光、比色和电化学）；

④ 筛选出的 DNAzyme 与其对应的金属辅因子有着非常高的特异性，只有当对应金属

辅因子存在的情况下，DNAzyme 才会展现出催化活性，同时催化活性的大小与对应金属辅因子的浓度有着密切的关系[73]。

2.2.3 碱基错配

自然界中 DNA 稳定存在的主要原因是 π-π 堆叠、氢键、碱基之间互补以及水溶液中亲水/疏水基团间的平衡。金属离子介导的碱基配对是通过过渡金属在核酸双螺旋内部代替原来的氢键形成稳定的配位键，并形成稳定的互补核苷酸链。自然界中存在的核苷酸或者人工合成的核苷酸（如嘧啶和嘌呤衍生物）也可以通过金属离子介导形成稳定的碱基配对，而且这种配对方式往往对某种金属离子具有较高的选择性。

20 世纪 50 年代，Katz 团队的研究结果显示，两个胸腺嘧啶残基去质子后和一个 Hg^{2+} 结合，可形成 Hg（1-methylthyminate）复合物[74]。与该复合物相比，[Ag(1-MeC)](NO_3) 复合物显示 1-Mec 与 $AgNO_3$ 的化学计量比是 1∶1[75]。T-Hg^{2+}-T 及 C-Ag^+-C 均属于配位键（图 2.12）。相关研究表明，T-Hg^{2+}-T 碱基错配（mismatch）比天然的 A-T 配对要稳定，Hg^{2+} 与一个 T-T 错配的特异性结合常数接近 10^6 L/mol[76]。用 ^{1}H NMR 光谱研究 T-Hg^{2+}-T 的形成过程，发现 Hg^{2+} 取代 T 上的亚氨基质子，导致 T-Hg^{2+}-T 碱基配对形成[77]。进一步研究表明，与 T-Hg^{2+}-T 的形成类似，Ag^+ 取代 C 上的亚氨基质子，导致 C-Ag^+-C 碱基配对形成，Ag^+ 与一个 C-C 错配的特异性结合常数在 10^5 L/mol 范围[78]。这种结构不仅能稳定 DNA 双螺旋结构，而且还能提高退火温度[79]。T-Hg^{2+}-T 和 C-Ag^+-C 碱基错配没有解开双螺旋，也没有结合磷酸基团，却可以与核酸碱基紧密结合，因此实现了对 Hg^{2+} 和 Ag^+ 的检测[80]。

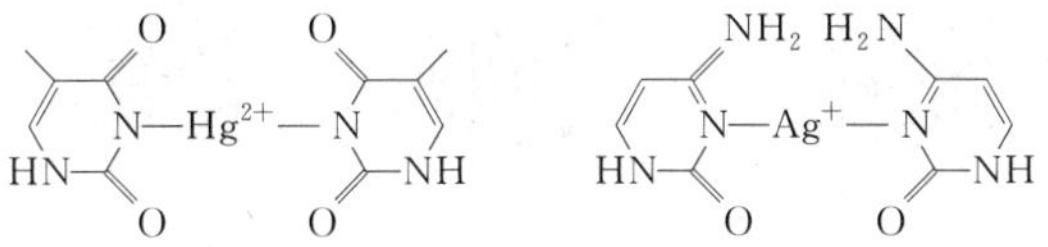

图 2.12　T-Hg^{2+}-T 和 C-Ag^+-C 的结构示意图

2.2.4 G-四链体

近年来，研究人员对人体端粒进行研究时发现，在一定的生理条件下，端粒会弯曲折叠成一种特殊的结构，称之为 G-四链体结构。该结构能抑制端粒酶活性，阻止端粒的缩短，从而使细胞无限增殖并最终形成肿瘤。因此，熟悉和了解 G-四链体的结构及其与配体的作用模式，将有助于合理设计开发抗肿瘤药物，在治疗肿瘤疾病等领域具有重要的意义。Sundpuist 和 Klug 等人模拟原生动物棘毛虫端粒 DNA 的特点，人工合成了一段富含鸟嘌呤（G 碱基）的单链 DNA 序列，并发现该序列在一定条件下也可以形成 G-四链体结构[81]。Kang 等也用大量实验证实了在晶体和溶液中该结构的存在[82]。G-四链体是一种特殊的 DNA 二级结构，这种结构在适配体和目标物结合方面具有很重要的地位。G-四链体是一种高度有序堆叠的核酸结构，可在特定重复的或富含 G 的核酸序列中形成。一个 G-四链体的基本单位是鸟嘌呤四分体，它是由四个 G 碱基通过 Hoogsteen 氢键形成一个方形的稳定平面，两个或两个以上的鸟嘌呤四分体能够通过 π-π* 堆积作用力形成一个 G-四链体主体，连接 G-四链体结构中鸟嘌呤的其他碱基可以作为 G-四链体的环。同样，G-四分体的堆叠会在

G-四链体结构中形成四个大小可以相同也可以不同的沟槽。这些区域都是 G-四链体结合剂可能结合的位点[83]。

G-四链体可以是高度多态的结构，高度依赖于潜在的寡核苷酸序列，如 G-四链体可以由一条、两条、三条或四条独立的 DNA 或 RNA 链，形成单分子（分子内结构，即由一条富 G 链的四个连续 G 片段构成）、双分子（即由两条富 G 链构成，每条链通常含有两个连续的 G 序列）或四分子的 G-四链体（即由四条富 G 序列组合而成，每条链至少含有一个连续的 G 序列）[84]。同时，G-四链体也可以分为分子内 G-四链体（单分子型）和分子间 G-四链体（双分子型和四分子型）两大类。从稳定性来看，一般来说分子内 G-四链体要高于分子间 G-四链体，因为后者的形成速度相对来说比较慢，而且与 DNA 链的浓度有关，但前者的稳定性与 DNA 链的浓度关系不大[85]。此外，分子内 G-四链体可以根据鸟嘌呤四分体数量的不同、股线的相对方位、环区的长度和位置、沟槽的性质形成不同类型的结构[86]，包括四条链方向相同的平行 G-四链体、两两方向相同的反平行 G-四链体以及三条链方向相同的混合式 G-四链体（图 2.13）。

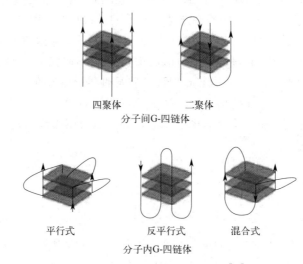

图 2.13　G-四链体结构的分类[83]

与经典的 DNA 双螺旋结构相比，G-四链体结构有一些独特的性质，如它的稳定性对某些离子有强烈的依赖性。这是因为 G-四分体平面中心是四个带负电荷的羧基氧原子，因此在 G4 平面内形成了阴性电荷通道，从而与氧离子进行配位并进一步稳定 G-四链体结构[87]。这个中心通道是所有四链体结构的通用和独有的特征，可螯合半径较小的金属离子，并与其他类型的核酸排列区分开，尤其是核酸双螺旋。金属离子与 G 四链体之间的相互作用取决于其离子半径大小，通常 K^+ 离子半径大而不能容纳在 G4 平面内而存在于平面之间，Na^+ 离子半径小可以在 G4 平面内协调稳定，稳定能力的相对大小为 $K^+ > Na^+$。其他金属离子，如 Hg^{2+}、Ag^+、Rb^+、Cs^+、Sr^{2+}、Tl^+、Ca^{2+}、Pb^{2+}、Ba^{2+} 等，都具有稳定 G-四链体的功能。这一发现，为金属离子检测领域的研究注入了新的活力。同时，研究表明，G-四链体在动力学和热力学上都相当稳定[88-89]。令人关注的是，G-四链体结构还有一种更新颖的性质，就是在特定的条件下，一些 G-四链体复合物具有类似"辣根过氧化物酶"（HRP）的催化活性。它是通过直接的 G-四链体构象的变化或者间接的 G-四链体与氯高铁血红素（Hemin）形成类过氧化物酶活性进行检测，可以对特定金属离子进行定量分析。同时，由于高密度鸟嘌呤堆叠结构的存在，G-四链体的氧化电势远低于两个或多个鸟嘌呤堆积的氧化电势［1.25 V（vs. SCE）］，因此，G-四链体具有很高的电子供体特性[90]。

2.3 功能核酸的体外筛选

2.3.1 指数富集配体系统进化技术

体外人工合成的功能核酸主要分成两大类：一类是能够高特异性识别并结合靶分子的 DNA 或 RNA 分子，称为核酸适配体[91]；另一类是依赖特定分子进行催化反应的具有酶活性的 DNA 分子，称为脱氧核酶[92]。1990 年，Ellington[93] 和 Tuerk 等[94] 通过指数富集配体系统进化技术（systematic evolution of ligands by exponential enrichment，SELEX）筛选获得了核酸适配体。随后，通过该方法筛选出了数千种针对氨基酸、蛋白质、金属离子、有机分子、细菌、病毒和整个细胞的功能核酸。除了传统的 SELEX 技术外，还包括基于磁珠 SELEX（magnetic bead-based SELEX）[95]、毛细管电泳 SELEX（capillary electrophoresis SELEX）[96-97] 和全细胞 SELEX（whole cell-SELEX）[98] 等。与传统的 SELEX 技术相比，新技术筛选周期短、省却烦琐步骤，显著提高了核酸适配体的筛选效率，大大拓宽了应用面。根据筛选过程中是否进行序列的扩增富集，又将现有的筛选技术分为 SELEX 和 Non-SELEX。其中 Non-SELEX 不需要进行 PCR 等核酸序列扩增步骤，经过 2～3 次分离直接得到筛选结果。与 SELEX 技术相比，Non-SELEX 技术可在几天甚至几小时内完成筛选过程，但其局限性在于对毛细管电泳的要求较高，所以只适用于大分子物质的筛选[99-100]。

SELEX 技术为功能核酸在生命科学领域的拓展和应用提供了巨大潜力。一旦确定了功能核酸的序列，就可以开发出多种生物传感器来检测目标分子。以功能核酸为基础的生物传感器可分为荧光传感器、比色法传感器和电化学传感器等，它们在临床致病菌的检测中都显示出了巨大的应用潜力。

2.3.2 核酸适配体的筛选原理

大多数核酸适配体是通过指数富集配体系统进化技术（SELEX）从体外筛选获得的；一小部分核酸适配体是在实验中意外获得的。SELEX 技术实质上是一种组合化学技术，筛选过程类似于达尔文的进化论，经历突变、选择和繁殖等程序来获取最终的目标核酸适配体。SELEX 技术摆脱了对生物系统的依赖，完全是一种在体外进行的组合化学方法。目前普遍使用的 SELEX 技术主要包括常规 SELEX、细胞 SELEX 和基因组 SELEX。

常规 SELEX 技术在核酸适配体的实际筛选工作当中，主要涉及的几个关键步骤如图 2.14 所示[101]，概括起来主要包含七个部分，分别是孵育、分离、洗脱、PCR 扩增、纯化、克隆测序、序列分析等。针对每个筛选环节详细描述如下。

① 构建随机文库：为了满足筛选的需要，一个单链寡核苷酸文库中核酸序列数目一般要求在 10^{13}～10^{15} 数量级范围内，设计出来的文库序列主要由三部分组成，核酸分子的左右两端分别为固定长度的引物序列（已知碱基序列组成），核酸分子链的中间为一段未知的随机序列片段，其中固定序列的作用是作为 PCR 扩增阶段引物的结合位点，随机序列的作

用是提供文库的随机性和多样性,随机序列一般含 20~60 个碱基。特别注意的是,在筛选 RNA 适配体时,文库中引物 5′端要包括 T7 启动子,以识别 DNA 转录成 RNA 时必需的 T7 RNA 聚合酶。

② 在特定的缓冲条件下,将靶标与寡核苷酸文库混匀,之后置于恰当的温度下一起孵育。设计好的文库在使用前均需要经过高温变性,一般温度为 95 ℃即可。

③ 经过一段时间的孵育作用,靶标物质与随机文库中的核苷酸序列充分结合,但是在孵育体系中还有一些核酸分子不能与靶标发生特异性结合,游离在缓冲溶液中,这时需要采取一些措施洗涤分离掉未/弱结合的寡核苷酸。

④ 通过特定的分离方法如高温洗脱将与靶标结合的亲和序列分离出来并进行收集。

⑤ 把收集得到的寡核苷酸作为 PCR 扩增的模板,通过扩增富集核酸文库,以保证后续筛选工作的正常进行。值得一提的是,如果是 RNA 序列作为扩增模板,则首先要进行 RT-PCR 以获得 cDNA,接下来才能进行扩增,然后在体外转录出 RNA,以 RNA 核酸序列作为下一级筛选的文库。

⑥ 将扩增后的双链 DNA 产物再次制成单链 DNA,作为次级文库投入下一轮筛选中。随着筛选轮数的增加,与靶标高亲和性结合的寡核苷酸呈指数级富集,而与靶标未结合/微弱结合的寡核苷酸被淘汰。一般经 6~20 轮的上述筛选程序,即可获得对靶标具有高亲和性的寡核苷酸库。

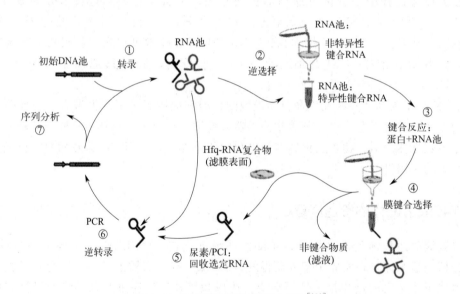

图 2.14　SELEX 筛选流程示意图[101]

⑦ 将富集后的文库进行测序,对得到的序列信息进行分析和二级结构预测,并经过特异性和亲和力鉴定,即可得到满足要求的适配体序列。

由于 SELEX 技术所用的 PCR 聚合酶的保真度低,每一次的合成产物都会有一些变异体,所以寡核苷酸库的容量在筛选过程中实际上得到了增加。以上得到的是 DNA 适配体,如果是制备 RNA 适配体,则需要把起始的 DNA 寡核苷酸库转录为 RNA 寡核苷酸库,再进行筛选。在筛选过程中,需要用 RT-PCR 法,将每次筛选得到的 RNA 链逆转录成 DAN 并扩增,然后将扩增所得的 DNA 再转录为 RNA,再进行下一轮的结合与筛选[102-103]。

2.3.3 DNAzymes 的获取方法与技术原理

1994 年，Breaker 和 Joyce[28] 首次发现单链 DNA 能够催化 RNA 磷酸二酯键的水解，后人将这些具有催化功能的 DNA 片段称为 DNA 酶。从那以后，利用体外筛选技术，研究人员研究发现了一些用于催化各种生物反应的 DNAzymes。催化反应的类型不同，筛选的方法也不完全相同。文库一般由 60 个随机脱氧核苷酸和两端的引物组成。图 2.15 演示了 RNA 切割型 DNAzymes 体外筛选的经典原理图[104]。为了增强位点特异性切割效率，文库中将插入一个核糖-腺嘌呤（ribo-adenine，rA）作为切割位点。另外，用生物素对文库末端进行修饰，随后将其加入链霉亲和素包被的柱子中。在辅助金属离子存在的情况下，一部分催化序列可以折叠成特殊结构并且实现 rA 位点的剪切，然后 DNAzymes 会从柱子上脱离下来。脱离下来的序列再进行 PCR 扩增。不同于核酸适配体筛选，由于生物素和 rA 剪切位点的修饰，所得文库需要进行第二轮 PCR 扩增，从而获得下一轮筛选所需的新文库。经过 5~10 轮的筛选，文库的催化活性达到

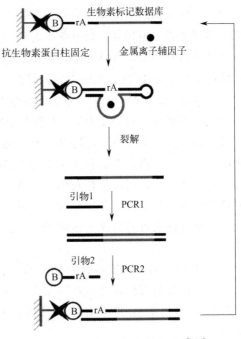

图 2.15 脱氧核酶筛选原理图[104]

一个平台，然后将富集后的核酸序列进行测序。最后对测序所得序列的选择性和催化活性进行考察，从而获得最优的 DNAzymes。

2.4 功能核酸的优点

由于功能核酸的空间结构及其与配体相互作用的多样性，通过 SELEX 技术筛选的靶标也具有多样性，如金属离子、有机小分子、蛋白质、细菌、细胞、病毒等。功能核酸识别靶标的模式与抗体类似，但与蛋白质类的抗体或生物酶相比，功能核酸具有以下优点[105-106]：

① 靶标范围广。理论上，只要寡核苷酸文库中的序列有足够的多样性，就能用 SELEX 技术筛选出针对任何靶标的适配体，如金属离子、酶、氨基酸、生长因子毒素、细胞、细菌、病毒等。

② 筛选的实用性。适配体的筛选可定量、定时、保质，且适配体的变性和复性快速可逆，可长期保存、重复使用及室温运输，相对抗体和其他蛋白分子具有很强的实用性。

③ 获取周期短，易人工合成，可自动化生产。随着 SELEX 技术的不断完善和自动化的实现，适配体的筛选周期越来越短，一般只需 8~15 轮筛选循环，约 2~3 个月时间，而制备单克隆抗体至少需要 3~6 个月。筛选出的适配体可通过 PCR 技术大量人工合成，且合成的适配体纯度高，有极佳的准确性和可重复性，几乎消除了批间误差以及来自表达宿主的生物污染，生产成本低，更具商业可扩展性。

④ 可编程性。功能核酸的序列在设计上高度自由，可以通过人工控制实现不同结构的构建。功能核酸的序列可以进行合理的设计，用于结合等温核酸信号放大技术。

⑤ 更高的亲和性和特异性。功能核酸与靶标的解离常数（dissociation constant，K_d）能达到 nmol/L 甚至 pmol/L，这种亲和性有时甚至比抗体还强，其他任何类型的配基无法比拟。某些靶标的适配体能分辨出靶标结构上细微的差别，能区分—CH_3 或—OH，能区别靶标与突变体、镜像体，能分辨同源蛋白质或几乎完全一样的靶标。如茶碱和咖啡仅仅有一个甲基的区别，茶碱与其适配体的结合力比咖啡因强 10000 倍[107]。L-精氨酸与其特异性适配体的结合力是 D-精氨酸的 12000 倍[108]。

⑥ 易修饰性和稳定性。功能核酸可以简单直接地用生物素、荧光染料、放射性同位素等标记。寡核苷酸特别是 RNA 性质的功能核酸易被生物流体中丰富的核酸酶降解。对其进行精确的位点修饰，既能保持其原有生物活性，还可以提高其稳定性，增加其功能，拓展其实际应用。常见修饰方法有：用 L 型核糖取代 D 型核糖以增强抗核酸酶能力；特异位点修饰以增大适配体，提高生物利用度；嘧啶修饰以延长半衰期；加上报告分子/效应分子，以便检验诊断。功能核酸在相对酸性或碱性条件下可以保持其原有结构。功能核酸能够抵抗热变性，在加热后可重新恢复到其天然结构，这种可逆的变性和复性是大多数蛋白质所缺乏的特性。

⑦ 功能核酸大多数具有靶分子诱导构象变化，无毒性，无免疫原性，组织渗透性好。由于功能核酸具有核苷酸固有的性质，可以与某些 DNA 或 RNA 分子相互嫁接融合，形成具有复合功能的序列，既能对目标物进行特异性识别，同时又能产生可检测的响应信号[109]。

2.5 功能核酸的发展现状及应用

目前获得功能核酸的最常见方法是筛选。而在筛选法里，应用最广泛、发展最迅速的是 SELEX 技术。自 1990 年 SELEX 技术被报道至今，人们在经典 SELEX 技术的基础上加以改进和创新，开发出包括 cell-SELEX、tissue-SELEX、blended SELEX、cross-linking SELEX、multi-stage SELEX、SPR-SELEX 等在内的 30 多种改进 SELEX 技术[110-111]。除筛选之外，人们还根据已有的理论基础或实验发现，设计出一些核酸片段用于科学研究。为方便人们快速查询功能核酸的相关信息，一些研究团队专门创建了在线功能核酸数据库。如由 SELEX 创始人之一 Ellington 团队创建的 Aptamer Database，Cruz-Toledo 等报道的 Aptamer Base，Thodima 等报道的 RiboaptDB 以及 Shazman 等创建的 OnTheFly[111]。通过这些数据库，人们可以查询某种靶标有无对应的功能核酸，有多少种核酸序列可识别该靶标，筛选/报道者是谁，研究成果发表在什么期刊上等信息。表 2.2 列出了部分文献报道的各类靶标的功能核酸，靶标范围涵盖金属离子、有机染料、氨基酸、核苷酸、生物辅酶因子、有机小分子、低聚糖、肽、毒素、酶、生长/转录因子、抗体、蛋白质甚至整个细胞等。图 2.16 概括了功能核酸的潜在应用，主要有预防与诊断疾病，抵抗传染病，充当核糖开关、基因表达调节器、治疗剂、研究工具或分子模拟物，开发生物传感器/芯片等[111-112]。本节重点介绍功能核酸作为分子识别元件，参与构建生物传感器在重金属检测中的应用。

表 2.2 常见的各类靶标的功能核酸[113]

目标物	示例
金属离子	K^+,Hg^{2+},Pb^{2+},UO_2^{2+},Cu^{2+},Zn^{2+},Cd^{2+},Pd^{2+},Pt^{2+},Co^{2+},Mn^{2+}
小分子	可卡因、胆酸、阿斯巴甜、17β-雌二醇
有机分子	卟啉
核苷酸	腺苷三磷酸（腺苷、腺苷一磷酸）
氨基酸	精氨酸、L-酪氨酸酰胺
病理学辅因子	N-甲基卟啉二丙酸 IX(NMM)、血红素（卟啉铁）
有机染料	活性绿 19、磺酰罗丹明 B
肽类	血管加压素、精氨酸-甘氨酸-天冬氨酸(RGD)、神经肽 Y(NPY)
毒素	蓖麻毒素、相思子毒素、微囊藻毒素
酶	人凝血酶、中性粒细胞弹性蛋白酶、HIV-1 核糖核酸酶 H、Taq DNA 聚合酶、HIV-1 逆转录酶、蛋白激酶
生长因子	血小板衍生生长因子 B 链、人碱性成纤维细胞生长因子、人角质形成细胞生长因子
转录因子	核因子 κB(NF-κB)
抗体	人免疫球蛋白 E
RNA	反式激活应答 RNA
低聚糖	纤维二糖、唾液乳糖
药物	R-沙利度胺
病毒蛋白或成分	流感病毒表面糖蛋白、HIV 包膜糖蛋白、糖蛋白
细胞和细菌	炭疽孢子、YPEN-1 内皮细胞、PC12 细胞、Jurkat T 白血病细胞、CCRF-CEM 白血病细胞、小细胞肺癌(SCLC)细胞、B 细胞肿瘤细胞

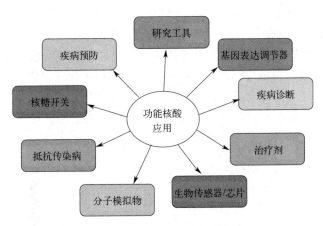

图 2.16 功能核酸的潜在应用

2.6 功能核酸在金属离子检测中的应用

目前基于功能核酸的生物传感器主要是通过检测产物的光学和电学性能变化来实现的，具体包括荧光、比色以及电化学等方法。下面我们将总结近几年来用于金属离子检测的功能核酸传感器的研究工作进展，包括荧光生物传感器、比色生物传感器和电化学生物传感器等。

2.6.1 荧光生物传感器

荧光生物传感器是基于荧光计对输出信号进行检测，是生物传感器中应用最为广泛的方法之一，具有灵敏度高、选择性好、动态线性范围宽、方法简便、重现性好等优点。目前随着手提式荧光计的不断发展，荧光生物传感器朝着高灵敏度、便携式方向发展。荧光生物传感器大体可以分为两种：标记荧光基团的生物传感器和无标记荧光基团的生物传感器。其中，标记荧光基团的生物传感器需要将荧光基团和猝灭基团通过共价键连接在DNA序列上，以满足靶标物质的检测；无标记荧光基团的生物传感器具有制作成本低、周期短等特点，因而受到广泛关注。

2.6.1.1 标记荧光基团的生物传感器

荧光标记型生物传感器根据输出信号的增强或者减弱，分为"signal-on"模式和"signal-off"模式。Magdalena 等[114]设计了一个分子信标检测 Hg^{2+}，分子信标 5′端和 3′端分别标记荧光基团（FAM）和猝灭基团（DABCYL），茎部由 4 对 G-C 碱基和 1 对 T 碱基组成，且 T-T 在茎干中间部分，只有体系中存在 Hg^{2+} 时，分子信标才能形成稳定的发夹结构，FAM 靠近 DABCYL，荧光值降低，据此建立灵敏的检测 Hg^{2+} 的方法。Wang 等[115]将荧光基团标记的 DNA 链和链霉亲和素缀合获得复合物（简称 HDC），并设计了一条标记有猝灭剂且与 HDC 部分互补的 DNA 短链（Q-DNA），当不存在 Hg^{2+} 时，两者杂交、荧光猝灭；而当有 Hg^{2+} 存在时，形成 T-Hg^{2+}-T 错配碱基对，诱导 HDC 折叠成发夹结构，迫使标有猝灭基团的 Q-DNA 链释放出来，从而实现荧光信号的恢复，该基于"signal-on"型探针的传感器的检测限为 1.06 nmol/L（图 2.17）。Zhao 等[116]基于 Pb^{2+} 依赖型 DNAzyme（8-17E DNAzyme）和辅助信号级联扩增的切克内切酶（Nt.BbvCI）构建了一种灵敏度高、选择性好的 Pb^{2+} 检测荧光功能核酸生物传感器。在 Pb^{2+} 存在条件下，8-17E DNAzyme 可以催化底物切割，切割产物可以与分子信标（molecular beacon，MB）杂交互补。MB 由于本身存在的荧光基团与猝灭基团相互靠近，所以本底值很低，而当切割产物结合后可以打开 MB 二级结构释放荧光，同时由于互补双链上含有切克内切酶的识别位点，可以将 MB 切割，释放切割产物与下一轮 MB 结合，可以循环放大输出信号。这种新设计避免了对 DNAzyme 和底物的修饰，并且显著提高了灵敏度，检测限低至 1.0×10^{-10} mol/L。此外，据实验数据分析，该方法的回收率为 96.1%～108%。

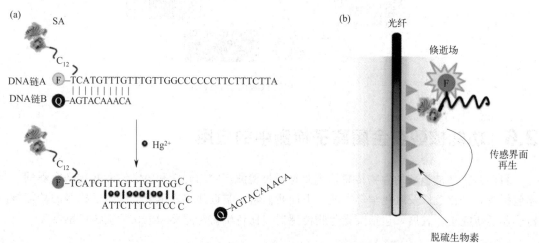

图 2.17 三功能 DNA-蛋白质缀合物的 T-错配驱动的生物传感器
用于 Hg^{2+} 检测的方案（a）和传感表面的示意图（b）[115]

利用荧光生物传感器也可以获得较好的灵敏度，甚至高于大型仪器的检测限。例如，UO_2^{2+} 特异性核酶 39E DNAzyme 和双猝灭基团修饰的不对称底物链结合检测，检出限 (45 pmol/L) 比 ICP-MS 的检出限 (420 pmol/L) 更低[117]。除了具有高灵敏度外，此类生物传感器还具有高选择性，特异性核酶 39E DNAzyme 对 UO_2^{2+} 的选择性较其他金属离子特异性高一百万倍以上。而 8-17 DNAzyme 功能核酸生物传感器对 Pb^{2+} 的选择性较其他金属离子特异性高四万倍[118]。除了在酶链和底物链的终端修饰荧光基团外，也可以在序列的内部进行修饰。当不同的荧光基团和猝灭基团被标记在 8-17 DNAzyme 的不同位置进行检测时，可获得不同荧光信号增强，在最优条件下，荧光信号可以提高 85 倍[119]。

另外，随着新材料的开发，纳米材料因具有良好的荧光特性或猝灭能力而作为猝灭剂受到了研究者的广泛关注。例如：纳米簇[120] 和纳米颗粒[121-122] 等。Cui 等[123] 采用相比有机染料制备及表面功能化更方便、生物相容性和光稳定性更好的纳米材料碳点 (CDs) 标记在富含 T 碱基的寡核苷酸 (ODN) 上，当无 Hg^{2+} 存在时，ODN 通过疏水作用和 π-π 堆积作用吸附在氧化石墨烯 (GO) 表面，使得 CDs 的荧光猝灭；当 Hg^{2+} 存在时，ODN 基于 T-Hg^{2+}-T 结构自杂交成双链体，CDs 的荧光得到恢复，根据荧光变化情况可以测得 Hg^{2+} 的浓度，此传感器检测限为 2.6 nmol/L（图 2.18）。Wu 等[124] 将量子点与 DNAzyme 连接，检测 Pb^{2+} 和 Cu^{2+} 时获得非常高的选择性和灵敏度，Pb^{2+} 检出限为 0.2 nmol/L，Cu^{2+} 检出限为 0.5 nmol/L。将猝灭基团替换成金纳米也能获得较低的检出限，因为金纳米具有比有机染料更好的荧光猝灭能力。研究表明，将金纳米标记到一个荧光基团双标记底物和 8-17 DNAzyme 上能获得更低的检出限 (5 nmol/L)[125]。

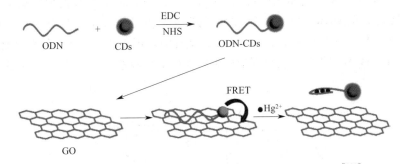

图 2.18　基于石墨烯检测汞离子的荧光传感器原理示意图[123]

2.6.1.2　无标记荧光基团的生物传感器

由于标记荧光基团的生物传感器价格相对昂贵，构建过程复杂，而且增加的荧光基团可能会对功能核酸的活性产生影响。因此，无标记荧光基团的生物传感器受到人们的广泛关注。无标记型功能核酸传感器也可以分为"signal-on"模式和"signal-off"模式两大类。"signal-on"模式中有的基于靶标与功能核酸作用，置换出荧光被猝灭或很低的荧光基团，导致荧光增强；有的基于靶标与功能核酸结合，激活作为信号信使的特定序列，引发可导致荧光增强的反应；有的基于靶标与功能核酸结合钝化猝灭剂；有的基于靶标与功能核酸结合促进低荧光物质与功能核酸作用释放强荧光。"signal-off"模式中有的基于靶标与功能核酸结合取代荧光基团导致荧光降低，有的基于竞争结合分析，有的基于荧光偏振置换试验，还有的基于靶标与功能核酸结合导致猝灭剂重新定位等。主要包括以下几类：DNA 荧光染料、G-四链体与化合物结合发光、金属纳米簇。

联吡啶钌、溴化乙锭（EB）、SYBR Green Ⅰ（SG）等染料分子可以嵌入不同的 DNA 结构中并表现出不同的荧光性质。在水溶液中，这些染料分子的荧光信号很低，一旦嵌入到 DNA 或 RNA 双链区的非水"口袋"环境后，荧光信号大大增强。例如 SG 与单链 DNA 通过静电相互作用结合，而与双链 DNA 通过静电结合和小沟结合两种方式，两种不同结合方式下 SG 荧光信号的强度相差 10 倍以上[126]。Liu 等[127] 以 MSO（mercury specified oligonucleotide，MSO）和 SG 为探针检测 Hg^{2+}。MSO 与 Hg^{2+} 结合后由单链变为发卡结构，SG 能够有效地区分这种结构差异并表现出荧光增强。此方法无需对 MSO 进行标记，简便快速，成本低廉，5 min 内即可实现低至 1.33 nmol/L Hg^{2+} 的检测。基于 Cd^{2+} 特异性适体诱导核酸适体的构象转换，利用两种未标记的寡核苷酸，以荧光染料 SYBR Green Ⅰ 作为信号子（图 2.19），构建了无标记核酸传感器，其检测限为 0.34 μg/L，在湘江水、池塘水、自来水和矿井水检测中的回收率在 98.57%～102.49%之间。该荧光传感器具有良好的选择性，无需对样品进行处理或靶向预富集便可检测实际样品中的 Cd^{2+}[128]。Zhang 等[129] 利用 Cu^{2+} 特异性功能核酸在 Cu^{2+} 存在的条件下，功能核酸发生切割反应，单链形式存在的产物不与荧光染料结合，荧光值较低，而当 Cu^{2+} 不存在时，荧光染料与双链的 Cu^{2+} 功能核酸结合，具有较高的荧光的原理，制备了"signal-off"型无标记荧光生物传感器，检出限为 10 nmol/L。

G-四链体不但可以与 Hemin 结合形成类过氧化物酶催化 ABTS 和 TMB 显色，还可以与鲁米诺、三苯甲烷（TPM）、苯乙烯喹啉（SQ）等结合发荧光。Lu 等[130] 基于 SQ 染料与 G-四链体之间的荧光扰乱和恢复原理，构建了一个无标记的生物传感器，实现了 Ag^+ 和半胱氨酸的定量检测，Ag^+ 的检出限可达 26 nmol/L。Kong 等[131] 发现结晶紫 crystal violet（CV）能够对 G-四链体与单双链 DNA 进行区分，并且发现 CV 具有识别平行和反平行 G-四链体的能力[132]，当 CV 插入到反平行 G-四链体后，可使荧光强度有很大程度的增强。由于富 G 序列与 K^+ 或 Na^+ 作用时会分别形成平行和反平行构象，因此 CV 可以用来检测 K^+。

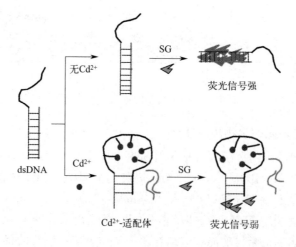

图 2.19　Cd^{2+} 检测原理图[128]

Cu^{2+} 以聚 T 序列为模板，可以形成铜纳米粒子，进而发出红色荧光。基于此原理，Guo 等[133] 实现了 Cu^{2+} 定量检测。该方法不仅操作简单，而且具有快速（1 min 内）、灵敏、检出限低（5.6 μmol/L）等优点。Wang 等[134] 成功构建了一种以 DNA 银纳米簇作为单荧光团、新型、超灵敏和特异性检测 Pb^{2+} 的比率型荧光纳米传感器。以单链 DNA 为模板的银纳米簇发射绿光，通过与互补 DNA 链（ds-DNA-AgNCs）形成双螺旋结构而转变成发红光。ds-DNA-AgNCs 中包含了 Pb^{2+} 依赖的 DNAzyme 构象 rA 切割位点。在铅离子的存在下，特异性的 DNA 片段从 ds-DNA-AgNCs 中释放出来导致 DNA-AgNCs 从红色变为绿色。由于 Pb^{2+} 成功地切割了 rA 位点，从红色到绿色发射的信号比被增大。

2.6.2 比色生物传感器

虽然荧光生物传感器对于金属离子检测能提供较高的灵敏度和选择性，但其仍需要设备进行信号输出，实际应用中即使是体积较小的手提式荧光计也不便于原位和实时监测，而且荧光基团的标记周期和费用相对于比色生物传感器也没有优势。因此，比色生物传感器检测重金属是理想的方法，具有操作简单、价格低廉、实时监测且可通过直接颜色变化进行半定量等特点，对实时原位检测更有意义。该方法是基于靶标与识别元件结合后，生成产物对光产生选择性吸收，进而导致样品发生颜色变化，人们通过肉眼或简单仪器即可确定待测成分与含量。此类基于功能核酸的重金属离子传感器是基于靶标离子加入后与功能核酸作用，由此引起的功能核酸结构的变化，通过传感体系中的信号报告分子体现出来，通过检测传感体系对外呈现的颜色变化，达到对靶标定性定量的目的。依据比色传感器的显色原理及其中传感元件的作用，比色传感器主要可分为两大类。一类是基于贵金属纳米材料局域表面等离子共振效应的传感器，它主要通过调节纳米材料的形貌、距离等因素而使其吸收光谱及溶液颜色发生变化[135]；另一类是基于天然酶或模拟酶催化显色底物发生显色反应的传感器[136]。

比色传感器因其操作简单、灵敏度高、成本低等优点，在化学和生物学分析领域获得极大关注。

2.6.2.1 基于金属纳米粒子的比色生物传感器

具有超高消光系数的贵金属纳米材料，例如金纳米粒子（AuNPs）、银纳米粒子（AgNPs）、铂纳米粒子（PtNPs）及其复合物等，由于其特殊的 LSPR 效应，在比色传感领域引起了广泛关注。研究表明，金纳米粒子的光学性质与颗粒之间的距离密切相关，当颗粒的间距超过其平均直径时，纳米金呈分散状态，宏观上表现为红色；当间距小于平均直径时，呈聚集态，表现为紫色或蓝色。这种颜色差异主要是由聚集或分散态的纳米金具有不同的表面共振频率造成的[137]。Mirkin 课题组利用 DNA 分子调控金纳米粒子之间的距离首次构建了 DNA 比色传感器[138]。此类传感器也可分为两类：一类是靶标的加入导致 AuNPs 聚集，颜色变蓝[139]；另一类则相反，靶标的加入促使 AuNPs 分散，颜色变回红色[140]。

(1) 非修饰型纳米金

Li 等[141] 发现纳米金与 DNA 单链和双链的作用明显不同，单链 DNA 具有很好的柔性，碱基游离在外使得 N 原子有机会与纳米金发生相互作用，通过 Au-N 键吸附在纳米金表面，增加了纳米金的表面电荷密度，大大提高了其耐盐性。而双链 dsDNA 的表面负电荷堆积程度高，并且 dsDNA 的双螺旋结构使 N、S 等原子包埋更深，因此 dsDNA 与纳米金有较强的排斥，不能吸附到纳米金表面。当提高溶液中的盐浓度时，纳米金发生聚集，呈现蓝色。裸 AuNPs 胶体稳定性较差，加盐后容易聚集并变为蓝色；短的单链 DNA 能够被 AuNPs 吸附，而双链或折叠良好的 DNA 不能被吸附[142]，基于这一原理，设计了一系列比色传感器用于检测 K^{+}[143]、Hg^{2+}[144] 等。该方法不需要对颗粒、探针或靶序列进行共价修饰，操作简便快速，整个检测过程可以在 10 min 内完成。Memon 等[145] 设计了一种利用截短的 8-17 DNAzyme 提高 Pb^{2+} 检测灵敏度的纳米比色传感器（图 2.20）。该研究优化了 DNAzyme 底物链的长度，发现较短的 DNAzymes 效果更好，因为被裂解后的底物链更容易释放，起到保护 AuNPs 的作用。在最佳优化条件下，该比色传感器检出限低至 0.2×10^{-9} mol/L。该方法能够实现可视化检测，具有良好的选择性和潜在的实际适用性。

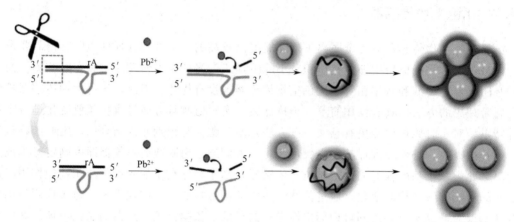

图 2.20　基于截短的 8-17 DNAzyme 高灵敏度检测水中 Pb^{2+} 的无标记比色纳米传感器[145]

（2）修饰型纳米金

纳米金具有很好的生物相容性、化学反应活性以及大的比表面积，通过形成 Au-S 共价键可在纳米金表面同时负载多条功能核酸序列，通过多价效应增强与靶分子间的亲和力和特异性。主要原理是基于靶分子可以诱导功能核酸空间结构发生变化，并借此引起金纳米粒子之间的聚集-分散状态改变，从而呈现不同的颜色，实现对靶分子的快速比色检测[146-147]。

2003 年，Liu 等[148] 报道了首个基于金纳米粒子和 8-17 DNAzyme 的比色传感器，两个延伸的底物臂与 AuNPs 上的 DNA 互补。在酶链存在时，通过酶链-底物链结合形成 AuNPs 聚集而呈蓝色。当 Pb^{2+} 存在时，底物被切割，同时结合温度控制，可以使 AuNPs 呈分散状态而呈红色。初期的比色传感器操作复杂，检测时间长，并且检测限较高（约 100 nmol/L）。

2.6.2.2　基于 G-四链体-Hemin 的类过氧化物酶活性建立的比色生物传感器

基于"Hemin-功能核酸"DNAzyme 固有特性的比色传感器原理是 Hemin 与某些 G-四链体结合后具有类似过氧化物酶的特性，靶标与功能核酸的作用，促使功能核酸形成或失去 G-四链体结构，从而改变酶的活性，影响该酶催化的反应。通过该酶促反应产物颜色的变化，达到检测靶标的目的。常用的 G4 DNAzymes 底物，如：TMB[149]、邻苯二胺（o-phenylenediamine，OPD）[150] 和 2,2′-联氮二（3-乙基苯并噻唑啉-6-磺酸）二铵盐 [2,2′-azinobis(3-ethylbenzothiazoline-6-sulfonic acid) diammonium salt，ABTS][151]。该 DNA 酶与生物酶相比，具有获取方便、成本低、稳定性好等优点。Hao 等[152] 将 T-Hg^{2+}-T 碱基对与杂交链反应（HCR）相结合，建立了一种 Hg^{2+} 的放大比色检测方法。两个发夹组成四分之三和四分之一的辣根过氧化物酶（HRP）模拟 DNAzyme 在非活性配置时被用作功能元件。在 Hg^{2+} 存在下，在 T-Hg^{2+}-T 碱基对的帮助下，其中一个发夹被辅助探针打开，这触发了使用链置换原理的两个发夹的自主交叉打开，导致形成由许多团聚的 Q-quadruplex DNAzyme 单元组成的 DNA 纳米线。由此产生的具有催化活性氯化血红素/G-四链体 HRP

模拟 DNA 酶催化 $ABTS^{2-}$ 被 H_2O_2 氧化成阳离子自由基 $ABTS^{·+}$ 用于比色读数。这种"signal-on"传感器能够以 9.7 pmol/L 的检测限高灵敏度和选择性地检测 Hg^{2+} 水溶液（图 2.21）。

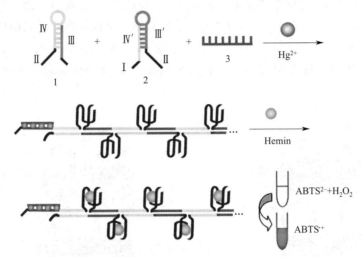

图 2.21　两条功能发夹和辅助探针扩增检测 Hg^{2+} 的比色传感原理图[152]

2.6.3　电化学生物传感器

近年来，电化学生物传感器在痕量重金属离子检测中显示出许多优点，如易于微型化、生产成本低、选择性好、灵敏度高、响应速度快等优点引起了人们的特别关注。这种方法不仅可以在现场对样品进行检测，而且能检测复杂样本体系中金属离子的含量[153]。重金属离子电化学生物传感是将生物识别转换为电信号的过程，通过电信号识别元素。根据有无外加标记物作为电活性指示剂将其分为无标记检测以及标记检测两类。

2.6.3.1　无标记型

当没有标记物存在时，传感器获得的电化学检测信号往往是基于适配体探针与目标物结合前后所导致的传质或电子传递位阻变化[154]。主要分为阻抗增大型和阻抗减小型两种，电极表面的通透性变差不利于探针分子进入电极表面发生氧化还原反应[155]，表现为阻抗增大；电极表面的通透性变好，探针分子进入电极表面的阻力降低，表现为阻抗减小。利用 Pb^{2+} 与 DNA 特异性结合形成的超强 G-四链体结构的稳定性，Gao[156] 等使用硫堇作为信号分子，以石墨烯作为信号增强的平台，构建非标记适配体-电化学生物传感器。该传感器首先基于石墨烯的六角形与碱基的平面结构之间的 π-π 堆积相互作用，将石墨烯组装到电极上，然后通过更强的 π-π 作用进一步将硫堇吸附到石墨烯表面，形成 Pb^{2+} 识别层。当 Pb^{2+} 存在的时候，电极表面的 ssDNA 结构转变为可折叠的 G-四链体结构，石墨烯的亲和力下降，石墨烯-硫堇复合物从感测接口释放，导致传感器的氧化还原信号减小。在最佳实验条件下，峰值电流的衰减与 Pb^{2+} 浓度（$1.6\times10^{-10} \sim 1.6\times10^{-3}$ mol/L）的对数呈良好的线性关系，检出限约为 3.2×10^{-14} mol/L。根据 Hg^{2+} 与 DNA 中的 T 碱基形成 $T-Hg^{2+}-T$ 结构导致电极表面的通透性发生变化，Jia 等[157] 在金电极表面修饰发卡 DNA，加入辅助 DNA 与发卡 DNA 杂交，阻抗变大，加入 Hg^{2+} 后辅助 DNA 与发卡 DNA 解旋，阻抗变小，

利用此种方法对 Hg^{2+} 进行检测。该方法最大的优点在于加入半胱氨酸后传感器可重复利用，检出限达 28 pmol/L。Hu 等[158] 通过电沉积法将金纳米束修饰在玻碳电极表面，再利用 Au-S 键将 Cu^{2+}-DNAzyme 固定在金纳米束上，以 $Fe(CN)_6^{3-}/Fe(CN)_6^{4-}$ 为信号指示剂构建了 Cu^{2+}-DNAzyme 电化学传感器（图 2.22）。当 Cu^{2+} 不存在时，由于电极表面上覆满了 Cu^{2+}-DNAzyme，$Fe(CN)_6^{3-}/Fe(CN)_6^{4-}$ 不容易靠近电极表面，所以阻抗谱上的电荷转移电阻大；而当有 Cu^{2+} 存在时，Cu^{2+}-NAzyme 被 Cu^{2+} 剪切，$Fe(CN)_6^{3-}/Fe(CN)_6^{4-}$ 可以靠近电极表面，电荷转移电阻变小。因此，可以根据电荷转移电阻的大小来检测溶液中 Cu^{2+} 的浓度。

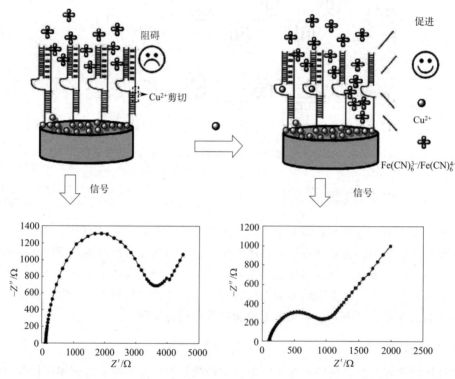

图 2.22　Cu^{2+}-DNAzyme 电化学传感器检测原理示意图[158]

2.6.3.2　标记型

随着如今分子标记技术的日益成熟，标记型电化学传感器逐渐被广泛运用，核酸探针被标记修饰后，传感器的检测更灵敏。标记检测可分为指示剂标记检测和探针标记检测两种。

（1）指示剂标记

指示剂标记是使用具有电化学活性的杂交指示剂作为电化学识别元素。DNA 电化学杂交指示剂是一类能与单链 DNA（ssDNA）和双链 DNA（dsDNA）以不同方式（如沟槽结合、嵌入等）相互作用的电活性物质。常用的杂交指示剂包括蒽环类抗生素（如道诺霉素等）、染料（如亚甲基蓝等）、金属配合物 [如 $Co(bpy)_3^{3+}$ 等] 和金属纳米簇（银纳米簇等）。2008 年，Shen 等[159] 报道了利用 8-17 DNAzyme 和 $[Ru(NH_3)_6]^{3+}$ 的电化学生物传感器。钌混合物与 DNA 的磷酸骨架结合，并且 DNA-金纳米与底物的伸展区域杂交。在无 Pb^{2+} 时，电子从钌混合物转移到电极上，通过金纳米使电化学信号增加；在 Pb^{2+} 存在时，

DNA 金纳米粒子交联的切割底物释放,导致钌混合物的数量降低,并且失去金纳米粒子的放大作用。虽然是关型(signal-off)传感器,但因为采用金纳米信号放大制备,具有选择性高、检出限低(1 nmol/L)等特点。Gao 等[160] 以"GR-5"型 DNAzyme 为识别元件、$Ru(phen)_3^{2+}$ 为信号分子构建了 Pb^{2+} 传感器。这种 Pb^{2+} 传感器的检测范围可达 2~1000 pmol/L,检测限低至 0.9 pmol/L。

(2) 探针标记

① 电活性物质标记。电活性物质标记是指采用人工分子技术将电活性分子直接修饰至信号标签寡核苷酸链末端 3′或 5′处,常用的电活性标记物包括 Fc、亚甲基蓝(MB)或蒽醌(anthraquinone,AQ)等。具体检测机制可以概括为:靶标的引入改变传感界面所附着的电活性分子的电子转移行为,进而产生可记录氧化还原电流的改变。Chen 等[161] 以一个两端分别带有亚甲基蓝和巯基、中部富含 T、具有茎环结构的单链 DNA(ssDNA)为探针 A,将探针 A 以 Au-S 键固定在金电极表面,则亚甲基蓝会靠近电极表面,产生电流信号。在有 Hg^{2+} 和第 2 条一端富含 T 的 ssDNA(探针 B)存在下,探针 A 就会解旋并与探针 B 杂交,同时在两条探针之间形成 T-Hg^{2+}-T 错配结。此时,再加入内切酶定点将 T-Hg^{2+}-T 剪切掉,使亚甲基蓝游离到溶液中,导致亚甲基蓝的峰电流下降。因此,根据亚甲基蓝峰电流的变化就可以实现对 Hg^{2+} 的检测,这种方法不但能使 Hg^{2+} 的检测限低至 0.078 nmol/L,而且目标 DNA 也可以重复利用。2007 年,Plaxco 等[162] 首先将 8-17 型 DNAzyme 用于 Pb^{2+} 的电化学检测。他们在酶链的 5′端接上巯基(—SH),利用 Au-S 键将酶链固定到金电极表面,在酶链的 3′端接上电活性指示剂亚甲基蓝。没有 Pb^{2+} 存在时,底物链可以与酶链杂交形成刚性的双链 DNAzyme,此时亚甲基蓝远离电极,难以在金电极表面产生电流信号;但当 Pb^{2+} 存在时,DNAzyme 在 rA 处被剪断,酶链恢复单链 DNA,亚甲基蓝就可以靠近电极,在金电极表面产生电流信号。因此,亚甲基蓝的电流信号就可以用来表示 Pb^{2+} 的存在和浓度。

② 纳米材料标记。纳米材料,是指其结构单元的尺寸在 1~100 nm 范围之内的一种新型的特殊材料。纳米材料自 20 世纪 70 年代问世以来,凭借其独特的表面效应、导热性质和光学性质等受到人们的广泛关注,被运用到各个领域,掀起了研究热潮。Yang 等[163] 构建了以 Ni^{2+}-DNAzyme 为识别探针、CdSe 量子点为信号分子的 Ni^{2+}-DNAzyme 电化学传感器。Ni^{2+}-DNAzyme 中的 DNA-1 通过 Au-S 键而被固定在金电极表面,并用牛血清白蛋白(BSA)来封闭金电极表面的其他着位点。然后使 DNA-1 与连有氨基的 DNA-2 在电极上杂交,最后通过共价键将 CdSe 量子点连在 DNA-2 的末端而与电极表面接触,从而产生电流信号。当 Ni^{2+} 存在时,DNA-2 被剪断,电极表面的 CdSe 量子点也随之减少,其电流信号就会随着 Ni^{2+} 浓度的增加而减小,由此获得了线性范围宽(20 nmol/L~0.2 mmol/L)的 Ni^{2+}-DNAzyme 电化学传感器,其检测限低至 6.67 nmol/L。另外,也可以将纳米材料酸解,作为信号探针的大量金属离子释放出来从而导致电化学信号增强。如 Tang 等[164] 结合 DNA 辅助的级联杂交反应和量子点信号扩增技术发展了一种无酶、超灵敏的电化学铅离子生物传感器。在 Pb^{2+} 的存在下,DNAzyme 被激活并切割底物链,于是连接探针和信号探针之间的杂交被引发,直接导致长的级联 DNA 结构的形成和大量量子点的组装,通过使用磁珠,在外部磁场作用下除去自由探针。经过酸溶,大量的氧化还原阳离子可以从量子点中释放出来,并最终引起电化学信号的急剧增大。

③ 酶标记。酶可以通过生物素-亲和素法等方式标记至信号标签寡核苷酸链末端,利用

其固有的催化特性催化底物氧化还原过程,实现单位时间内电化学信号的成倍扩增。酶催化反应具有底物消耗量小的优点,随着电化学传感技术的发展,酶标记型传感器一定程度上满足了灵敏、快速的检测需求。碱性磷酸酶(alkaline phosphatase,ALP)、辣根过氧化物酶(horseradish peroxidase,HRP)、葡萄糖氧化酶(glucose oxidase,GOx)、葡萄糖-6-磷酸脱氢酶等酶标记物与电化学结合可用于检测目标分析物。有效的酶标记物应以足够高的反应速率催化其底物上的酶促反应,并表现出较好的稳定性。ALP 和 HRP 等酶满足这些要求,使其成为最常见的酶标记物。Liu 等[165]发展了一种基于 8-17 DNAzyme 切割诱导的无模板依赖聚合和碱性磷酸酶扩增方法用于 Pb^{2+} 的简单、高灵敏度和高选择性检测。Wu 等[166]构建了一种超灵敏的 DNAzyme 电化学生物传感器用于 Pb^{2+} 的检测,该传感器采用 GR-5 DNA 酶-底物复合物和 6-二茂铁-己硫醇(FcHT)同时修饰金电极,辣根过氧化物酶(HRP)被用作电化学标记物,通过 FcHT 介导的 HRP 和过氧化氢(H_2O_2)之间的生物催化循环实现超灵敏检测。

类过氧化氢酶类的一个主要特征就是具有氯化血红素(Hemin)和富含腺嘌呤的核酸链形成的四链体结构(G4)组成的复合物。当 Hemin 嵌入 G4 结构中,该复合物(Hemin/G4)会具有辣根过氧化物酶的催化活性[167]。把 Hemin/G4 与一些底物结合会触发一些氧化还原反应发生,并发生电子转移。Zhou 等[168]基于 Pb^{2+} 的脱氧核酶和 Hemin/G4 及硫堇构建了一个检测 Pb^{2+} 的电化学生物传感器。Hemin/G4 复合物具有过氧化物酶活性,可以催化硫堇的氧化态与还原态之间的转换从而产生电子转移,他们还通过金钯双金属纳米粒子进行信号放大,实现灵敏度的提高。

参考文献

[1] Serganow A, Nudler E. A decade of riboswitches [J]. Cell, 2013, 152: 17-24.

[2] Watson J D, Crick F H C. Molecular structure of nucleic acids: A structure for deoxyribose nucleic acid [J]. JAMA, 1993, 269 (15): 1966-1967.

[3] Tjong V, Tang L, Zauscher S. "Smart" DNA interfaces [J]. Chemical Society Reviews, 2014, 5 (43): 1612-1626.

[4] Liu J, Cao Z, Lu Y. Functional nucleic acid sensors [J]. Chemical Reviews, 2009, 109 (5): 1948-1998.

[5] Zhao W, Ali M M, Brook M, et al. Cheminform abstract: Rolling circle amplification in nanotechnology an biodetection with functional nucleic acid [J]. Cheminform, 2008, 39: 6330-6337.

[6] Tang J, Breaker R R. Structrural diversity of self-cleaving ribozymes [J]. Proceedings of the National Academy of Sciences of the United States of America, 2000, 97 (11): 5784-5789.

[7] Smirnov I, Sharer R H. Lead is unusually effective in sequenc-specific folding of DNA [J]. Journal of Molecular Biology, 2000, 296 (1): 1-5.

[8] Ono A, Cao S Q, Togashi H, et al. Specific interactions between silver (Ⅰ) ions and cytosine-cytosine pairs in DNA duplexes [J]. Chemical Communications, 2008 (39): 4825-4827.

[9] Ono A, Togashi H. Highly selective oligonucleotide-based sensor for mercury (Ⅱ) in aqueous solutions [J]. Angewandte Chemie International Edition, 2004, 43 (33): 4300-4302.

[10] Li Y, Lu Y. Functional nucleic acids for analytical applications [M]. Springer Link, 2009.

[11] Xu W, He W, Du Z, et al. Functional nucleic acid nanomaterials: development, properties, and applications [J]. Angewandte Chemie International Edition, 2019, 60 (13): 6890-6918.

[12] Liu C, Li Y, Liu J, et al. Recent advances in the construction of functional nucleic acids with isothermal amplifica-

tion for heavy metal ions sensor [J]. Microchemical Journal, 2022, 175: 107077.
[13] Clark S L, Remcho V T. Aptamers as analytical reagents [J]. Electrocphoresis, 2002, 23 (9): 1335-0340.
[14] Tuerk C, Gold L. Systeatic evolution of ligands by exponential enrichment: RNA ligands to bacteriophage T4 DNA polymerase [J]. Science, 1990, 249 (4968): 505-510.
[15] Ellinglon A D, Szostak J W. In vitro selection of RNA molecules that bind specific ligands [J]. Nature, 1990, 346: 818-822.
[16] Chen A, Yang S. Replacing antibodies with aptamers in lateral flow immunoassay [J]. Biosensors & Bioelectronics, 2015, 71: 230-242.
[17] Liu J W, Cao Z H, Lu Y. Functional nucleic acid sensors [J]. Chemical Review, 2009, 109: 1948-1998.
[18] Tombelli S, Minunni M, Mascini M. Analytical applications of aptamers [J]. Biosensors & Bioelectronics, 2005, 20: 2424-2434.
[19] Guo W, Zhang C, Ma T, et al. Advances in aptamer screening and aptasensors' detection of heavy metal ions [J]. Journal of Nanobiotechnology, 2021, 19: 166-185.
[20] Kim M, Um H J, Bang S, et al. Arsenic removal from vietnamese groundwater using the arsenic-binding DNA aptamer [J]. Environmental Science & Technology, 2009, 43: 9335-9340.
[21] Wu Y, Zhan S, Wang L, et al. Selection of a DNA aptamer for cadmium detection based on cationic polymer mediated aggregation of gold nanoparticles [J]. Analyst, 2014, 139: 1550-1561.
[22] Wang H, Cheng H, Wang J, et al. Selection and characterization of DNA aptamers for the development of light-up biosensor to detect Cd(Ⅱ)[J]. Talanta, 2016, 154: 498-503.
[23] Chen Y, Li H, Gao T, et al. Selection of DNA aptamers for the development of light-up biosensor to detect Pb(Ⅱ) [J]. Sensors and Actuators B: Chemical, 2018, 254: 214-221.
[24] Rajendran M, Ellington A D. Selection of fluorescent aptamer beacons that light up in the presence of zinc [J]. Analytical and Bioanalytical Chemistry, 2008, 390: 1067-1075.
[25] Wrzesinski J, Ciesiolka J. Characterization of structure and metal ions specificity of Co^{2+}-binding RNA aptamers [J]. Biochemistry, 2005, 44: 6257-6268.
[26] Cho Y S, Lee E J, Lee G H, et al. Aptamer selection for fishing of palladium ion using graphene oxide-adsorbed nanoparticles [J]. Bioorganic & Medicinal Chemistry Letters, 2015, 25: 5536-5539.
[27] Li Y F, Sen D. Toward an efficient DNAzyme [J]. Biochemistry, 1997, 36 (18): 5589-5599.
[28] Breaker R R, Joyce G F. A DNA enzyme that cleaves RNA [J]. Chemistry & Biology, 1994, 1 (4): 223-229.
[29] Mcconnell E M, Cozma I, Mou Q, et al. Biosensing with DNAzymes [J]. Chemical Society Reviews, 2021, 50: 8954-8994.
[30] Silverman S K. Catalyic DNA: Scope, applications, and biochemistry of deoxyribozymes [J]. Trends in Biochemical Sciences, 2016, 41 (7): 595-609.
[31] Breaker R R, Joyce G F. A DNA enzyme with Mg^{2+}-dependent RNA phosphoesterase activity [J]. Chemistry & Biology, 1995, 2: 655-660.
[32] Chandra M, Sachdeva A, Silverman S K. DNA-catalyzed sequence-specific hydrolysis of DNA [J]. Nature Chemical Biology, 2009, 5: 718-720.
[33] Flynn-Charlebois A, Wang Y, Prior T K, et al. Deoxyribozymes with 2′-5′ RNA ligase activity [J]. Journal of the American Chemical Society, 2003, 125: 2444-2454.
[34] Cuenoud B, Szostak J W. A DNA metalloenzyme with DNA ligase activity [J]. Nature, 1995, 375: 611-614.
[35] Li Y, Sen D. A catalytic DNA for porphyrin metallation [J]. Nature Structural & Molecular Biology, 1996, 3: 743-747.
[36] Travascio P, Li Y, Sen D. DNA-enhanced peroxidase activity of a DNA aptamer-hemin complex [J]. Chemistry & Biology, 1998, 5: 505-517.
[37] Li Y, Breaker R R. Phosphorylating DNA with DNA [J]. Proceedings of the National Academy of Sciences of the United States of America, 1999, 96: 2746-2751.
[38] Li Y, Liu Y, Breaker R R. Capping DNA with DNA [J]. Biochemistry, 2000, 39 (11): 3106-3114.

[39] Kumar S, Jain S, Dilbaghi N, et al. Advanced selection methodologies for DNAzymes in sensing and healthcare applications [J]. Trends in Biochemical Sciences, 2019, 44 (3): 190-213.

[40] Baum D A, Silverman S K. Deoxyribozymes: Useful DNA catalysts in vitro and in vivo [J]. Cellular and Molecular Life Sciences, 2008, 65 (14): 2156-2174.

[41] Potaczek D P, Unger S D, Zhang N, et al. Development and characterization of DNAzyme candidates demonstrating significant efficiency against human rhinoviruses [J]. Journal of Allergy and Clinical Immunology, 2019, 143 (4): 1403-1415.

[42] Soukup G A, Breaker R R. Relationship between internucleotide linkage geometry and the stability of RNA [J]. RNA, 1999, 5 (10): 1308-1325.

[43] Santoro S W, Joyce G F. A general purpose RNA-cleaving DNA-enzyme [J]. Proceedings of the National Academy of Sciences of the United States of America, 1997, 94 (9): 4262-4266.

[44] 聂绩, 周颖琳, 张新祥. 脱氧核酶传感器研究进展 [J]. 大学化学, 2013, 28 (2): 1-10.

[45] Khachigian L M. Catalytic DNAs as potential therapeutic agents and sequence-specific molecular tools to dissect biological function [J]. The Journal of Clinical Investigation, 2000, 106 (10): 1189-1195.

[46] Wang F, Zhang Y, Lu M, et al. Near-infrared band Gold nanoparticles-Au film "hot spot" model based label-free ultratrace lead(II) ions detection via fiber SPR DNAzyme biosensor [J]. Sensors and Actuators B: Chemical, 2021, 337: 129816.

[47] Cheng Y, Huang Y, Lei J, et al. Design and biosensing of Mg^{2+}-dependent DNAzyme-triggered ratiometric electrochemiluminescence [J]. Analytical Chemistry, 2014, 86: 5158-5163.

[48] Xing S, Lin Y, Cai L, et al. Detection and quantification of tightly bound Zn^{2+} in blood serum using a photocaged chelator and a DNAzyme fluorescent sensor [J]. Analytical Chemistry, 2021, 93, 5856-5861.

[49] Xu S, Dai B, Xu J, et al. An electrochemical sensor for the detection of Cu^{2+} based on gold nanoflowers-modifed electrode and DNAzyme Functionalized Au@MIL-101 (Fe) [J]. Electroanalysis, 2019, 31: 1-10.

[50] Nelson K E, Ihms H E, Mazumdar D, et al. The importance of peripheral sequences in determining the metal selectivity of an in vitro-selected Co^{2+}-dependent DNAzyme [J]. ChemBioChem, 2012, 13: 381-391.

[51] Skotadis E, Aslanidis E, Tsekenis G, et al. Hybrid nanoparticle/DNAzyme electrochemical biosensor for the detection of divalent heavy metal ions and Cr^{3+} [J]. Sensors, 2023, 23: 7818-7833.

[52] Chen J, Pan J, Liu C. Versatile sensing platform for Cd^{2+} detection in rice samples and its applications in logic gate computation [J]. Analytical Chemistry, 2020, 92 (8): 6173-6180.

[53] Feng M, Gu C, Sun Y, et al. Enhancing catalytic activity of uranyl-dependent DNAzyme by flexible linker insertion for more sensitive detection of uranyl ion [J]. Analytical Chemistry, 2019, 91: 6608-6615.

[54] 王丽达. 基于功能性核酸的生物分析及传感器研究 [D]. 北京: 清华大学, 2016.

[55] Carmi N, Shultz L A, Breaker R R. In vitro selection of self-cleaving DNAs [J]. Chemistry & Biology, 1996, 3 (12): 1039-1046.

[56] Liu J W, Brown A K, Meng X L, et al. A catalytic beacon sensor for uranium with parts-per-trillion sensitivity and millionfold selectivity [J]. Proceedings of the National Academy of Sciences of the United States of America, 2007, 104 (7): 2056-2061.

[57] Sidorov A V, Grasby J A, Williams D M. Sequence-specific cleavage of RNA in the absence of divalent metal ions by a DNAzyme incorporating imidazolyl and amino functionalities [J]. Nucleic Acids Research, 2004, 32 (4): 1591-1601.

[58] Carmi N, Balkhi S R, Breaker R R. Cleaving DNA with DNA [J]. Proceedings of the National Academy of Sciences of the United States of America, 1998, 95 (5): 2233-2237.

[59] Sreedhara A, Li Y F, Breaker R R. Ligating DNA with DNA [J]. Journal of the American Chemical Society, 2004, 126 (11): 3454-3460.

[60] Hoadley K A, Purtha W E, Wolf A C, et al. Zn^{2+}-dependent deoxyribozymes that form natural and unnatural RNA linkages [J]. Biochemistry, 2005, 44 (25): 9217-9231.

[61] Lee Y, Klauser P C, Brandsen B M, Zhou C, et al. DNA-catalyzed DNA cleavage by a radical pathway with well-

defined products [J]. Journal of the American Chemical Society, 2017, 139 (1): 255-261.

[62] Purtha W E, Coppins R L, Smalley M K, et al. General deoxyribozyme-catalyzed synthesis of native 3'-5' RNA linkages [J]. Journal of the American Chemical Society, 2005, 127 (38): 13124-13125.

[63] Wang W, Billen L P, Li Y F. Sequence diversity, metal specificity, and catalytic proficiency of metal-dependent phosphorylating DNA enzymes [J]. Chemistry & Biology, 2002, 9 (4): 507-517.

[64] Zhang J J, Lu Y. Biocomputing for portable, resettable, and quantitative point-of-care diagnostics: Making the glucose meter a logic-gate responsive device for measuring many clinically relevant targets [J]. Angewandte Chemie International Edition, 2018, 57 (31): 9702-9706.

[65] Zhang J J, Xing H, Lu Y. Translating molecular detections into a simple temperature test using a target-responsive smart thermometer [J]. Chemical Science, 2018, 9 (16): 3906-3910.

[66] Peng H Y, Newbigging A M, Wang Z X, et al. DNAzyme-mediated assays for amplified detection of nucleic acids and proteins [J]. Analytical Chemistry, 2018, 90 (1): 190-207.

[67] Baum D A, Silverman S K. Deoxyribozymes: Useful DNA catalysts in vitro and in vivo [J]. Cellular and Molecular Life Sciences, 2008, 65 (14): 2156-2174.

[68] Zhou W H, Ding J S, Liu J W. Theranostic DNAzymes [J]. Theranostics, 2017, 7 (4): 1010-1025.

[69] Potaczek D P, Unger S D, Zhang N, et al. Development and characterization of DNAzyme candidates demonstrating significant efficiency against human rhinoviruses [J]. Journal of Allergy and Clinical Immunology, 2019, 143 (4): 1403-1415.

[70] Zhang J J. RNA-cleaving DNAzymes: Old catalysts with new tricks for intracellular and in vivo applications [J]. Catalysts, 2018, 8 (11): 550.

[71] Zuo P, Yin B C, Ye B C. DNAzyme-based microarray for highly sensitive determination of metal ions [J]. Biosensors & Bioelectronics, 2009, 25 (4): 935-939.

[72] Wang F, Orbach R, Willner I. Detection of metal ions (Cu^{2+}, Hg^{2+}) and cocaine by using ligation DNAzyme machinery [J]. Chemistry-A European Journal, 2012, 18 (50): 16030-16036.

[73] Silverman S K. Catalyic DNA: Scope, applications, and biochemistry of deoxyribozymes [J]. Trends in Biochemical Sciences, 2016, 41 (7): 595-609.

[74] Katz S. Mechanism of the reaction of polynucleotides and Hg^{II} [J]. Nature, 1962, 194: 569-569.

[75] Marzilli L G, Kistenmacher T J, Rossi M. An extension of the role of O_2 of cytosine residues in the binding of metal ions. Synthesis and structure of an unusual polymeric silver(I) complex of 1-methylcytosine [J]. Journal of the American Chemical Society, 1977, 99 (8): 2797-2798.

[76] Torigoe H, Ono A, Kozasa T. Hg^{II} ion specifically binds with T:T mismatched base pair in duplex DNA [J]. Chemistry-A European Journal, 2010, 16 (44): 13218-13225.

[77] Miyake Y, Togashi H, Tashiro M, et al. Mercury^{II}-mediated formation of thymine-Hg^{II}-thymine base pairs in DNA duplexes [J]. Journal of the American Chemical Society, 2006, 128 (7): 2172-2173.

[78] Torigoe H, Miyakawa Y, Ono A, Kozasa T. Thermodynamic properties of the specific binding between Ag^+ ions and C:C mismatched base pairs in duplex DNA [J]. Nucleosides, Nucleotides and Nucleic Acids, 2011, 30 (2): 149-167.

[79] Ono A, Cao S, Togashi H, et al. Specific interactions between silver(I) ions and cytosine-cytosine pairs in DNA duplexes [J]. Chemical Communications, 2008, 39: 4825-4827.

[80] Tong D, Duan H, Zhuang H, et al. Using T-Hg-T and C-Ag-T: A four-input dual-core molecular logic gate and its new application in cryptography [J]. RSC Advances, 2014, 4 (11): 5363-5366.

[81] Guschlbauer W, Chantot J F, Thiele D J. Four-stranded nucleic acid structures 25 years later: From guanosine gels to telomer DNA [J]. Journal of Biomolecular Structure & Dynamics, 1990, 8 (3): 491-511.

[82] 李彦明, 张映, 关志刚. 遗传物质的基础——DNA结构的多态性 [J]. 生物学通报, 2004, 39 (9): 22-25.

[83] Yan Y, Tan J, Ou T, et al. DNA G-quadruplex binders: A patent review [J]. Expert Opinion on Therapeutic Patents, 2013, 23 (11): 1495-1509.

[84] Burge S, Parkinson G, Hazel P, et al. Quadruplex DNA: Sequence, topology and structure [J]. Nucleic Acids

Research, 2006, 34 (19): 5402-5415.

[85] Rachwal P A, Findlow I S, Werner J M, et al. Intramolecular DNA quadruplexes with different arrangements of short and long loops [J]. Nucleic Acids Research, 2007, 35 (12): 4214-4222.

[86] Tu G E, Reid G E, Zhang J G, et al. C-terminal extension of truncated recombinant proteins in escherichia coli with a 10Sa RNA decapeptide [J]. The Journal of Biological Chemistry, 1995, 270: 9322-9326.

[87] Balagurumoorthy P, Brahmachari S K. Structure and stability of human telomeric sequence [J]. Journal of Biological Chemistry, 1994, 269 (34): 21858-21869.

[88] Keiler K C, Waller P R H, Saner R T. Role of a peptide-tagging system in degradation of proteins translated from damaged mRNA [J]. Science, 1996, 271 (5251): 990-993.

[89] Komine Y, Kitabatake M, Yokogawa T, et al. A tRNA-like structure is present in 10Sa RNA, a small stable RNA from Escherichia coli [J]. Proceedings of the National Academy of Sciences of the United States of America, 1994, 91 (20): 9223-9227.

[90] Choi J, Park J, Tanaka A, et al. Hole trapping of G-quartets in a G-quadruplex [J]. Angewandte Chemie International Edition, 2013, 52 (4): 1134-1138.

[91] You K M, Lee S H, Im A, et al. Aptamers as functional nucleic acids: In vitro selection and biotechnological applications [J]. Biotechnology and Bioprocess Engineering, 2003, 8 (2): 64-75.

[92] Miyske Y, Togashi H, Tashiro M, et al. Mercury(II)-mediated formation of thymine-Hg-II-thymine base pairs inDNAduplexes [J]. Journal of the American Chemical Society, 2006, 128 (7): 2172-2173.

[93] Ellington A D, Szostak J W. Invitro selection of RNA molecules that bind specific ligands [J]. Nature, 1990, 346 (6287): 818-822.

[94] Tuerk C, Gold L. Systematic evolution of ligands by exponential enrichment-RNA ligands to bacteriophage-T4 DNA-polymerase [J]. Science, 1990, 249 (4968): 505-510.

[95] Bruno J G. In vitro selection of DNA to chloroaromatics using magnetic microbead-based affinity separation and fluorescence detection [J]. Biochemical and Biophysical Research Communications, 1997, 234 (1): 117-120.

[96] Mendonsa S D, Bowser M T. In vitro evolution of functional DNA using capillary electrophoresis [J]. Journal of the American Chemical Society, 2004, 126 (1): 20-21.

[97] Mendons S D, Bowser M T. In vitro selection of high-affinity DNA ligands for human IgE using capillary electrophoresis [J]. Analytical Chemistry, 2004, 76 (18): 5387-5392.

[98] Daniels D A, Chen H, Hiche B J, et al. A tenascin-C aptamer identified by tumor cell SELEX: systematic evolution of ligands by exponential enrichment [J]. Proceedings of the National Academy of Sciences of the United States of America, 2003, 100 (26): 15416-15421.

[99] Berezovski M, Musheev M, Drabovich A, et al. Non-SELEX selection of aptamers [J]. Journal of the American Chemical Society, 2006, 128 (5): 1410-1411.

[100] Berezovski M V, Musheev M U, Drabovich A P, et al. Non-SELEX: Selection of aptamers without intermediate amplification of candidate oligonucleotides [J]. Nature Protocols, 2006, 1 (3): 1359-1369.

[101] Zhuo Z, Yu Y, Wang M, et al. Recent advances in SELEX technology and aptamer applications in biomedicine [J]. International Journal of Molecular Sciences, 2017, 18 (10): E2142.

[102] Tan S Y, Acquah C, Sidhu A, et al. SELEX modifications and bioanalytical techniques for aptamer-target binding charactrerization [J]. Critical Reviews in Analytical Chemistry, 2016, 46 (6): 521-537.

[103] Hamada M. In silico approaches to RNA aptamer design [J]. Biochimie, 2018, 145: 8-14.

[104] Peng T, Deng Z, He J, et al. Functional nucleic acids for cancer theranostics [J]. Coordination Chemistry Reviews, 2020, 403: 213080.

[105] Micura R, Höbartner C. Fundamental studies of functional nucleic acids: Aptamers, riboswitches, ribozymes and DNAzymes [J]. Chemical Society Reviews, 2020, 49: 7331-7353.

[106] Huang J, Su X, Li Z. Metal ion detection using functional nucleic acids and nanomaterials [J]. Biosensors & Bioelectronics, 2017, 96: 127-139.

[107] Jenison R D, Gill S C, Pardi A, et al. High-resolution molecular discrimination by RNA [J]. Science, 1994, 263

(5152): 1425-1429.

[108] Geiger A, Burgstaller P, von der Eltz H, et al. RNA aptamers that bind L-arginine with sub-micromolar dissociation constants and high enantioselectivity [J]. Nucleic Acids Research, 1996, 24 (6): 1029-1036.

[109] Teller C, Shimron S, Willner I. Aptamer-DNAzyme hair-pins for amplified biosensing [J]. Analytical Chemistry, 2009, 81 (21): 9114-9119.

[110] Zhou W, Huang P J J, Ding J, et al. Aptamer-based biosensors for biomedical diagnostics [J]. Analyst, 2014, 139 (11): 2627-2640.

[111] Darmostuk M, Rimpelová S, Gbelcová H, Ruml T. Current approaches in SELEX: An update to aptamer selection technology [J]. Biotechnology Advances, 2015, 33: 1141-1161.

[112] Santosh B, Yadava P K. Nucleic acid aptamers: Research tools in disease diagnostics and therapeutics [J]. BioMed Research International, 2014, 2014: 1-13.

[113] Liu J, Cao Z, Lu Y. Functional nucleic acid sensors [J]. Chemical Reviews, 2009, 109 (5): 1948-1998.

[114] Magdalena S, Anthony A M, Agata C, et al. Mercury/homocysteine ligation-induced ON/OFF-switching of a T-T mismatch-based ligonucleotide molecular beacon [J]. Analytical Chemistry, 2012, 84 (11): 4970-4978.

[115] Wang R, Zhou X, Shi H, et al. T-T mismatch-driven biosensor using triple functional DNA-protein conjugates for facile detection of Hg^{2+} [J]. Biosensors & Bioelectronics, 2016, 78: 418-422.

[116] Zhao Y X, Lin Q I, Yang W J, et al. Amplified fluorescence detection of Pb^{2+}, using Pb^{2+}-dependent DNAzyme combined with nicking enzyme-mediated enzymatic recycling amplification [J]. Chinese Journal of Analytical Chemistry, 2012, 40 (8): 1236-1240.

[117] Liu J, Brown A K, Meng X, et al. A catalytic beacon sensor for uranium with parts-per-trillion sensitivity and millionfold selectivity [J]. Proceedings of the National Academy of Sciences of the United States of America, 2007, 104 (7): 2056-2061.

[118] Lan T, Furuya K, Lu Y. A highly selective lead sensor based on a classic lead DNAzyme [J]. Chemical Communications, 2010, 46 (22): 3896-3898.

[119] Chiuman W, Li Y. Efficient signaling platforms built from a small catalytic DNA and doubly labeled fluorogenic substrates [J]. Nucleic Acids Research, 2007, 35 (2): 401-405.

[120] Wang J, Zhang Z Y, Gao X, et al. A single fluorophore ratiometric nanosensor based on dual-emission DNA-templated silver nanoclusters for ultrasensitive and selective Pb^{2+} detection [J]. Sensors and Actuators B: Chemical, 2019, 282: 712-718.

[121] Khan M A, Meena S, Alam M A, et al. A solvent sensitive coumarin derivative coupled with gold nanoparticles as selective fluorescent sensor for Pb^{2+} ions in real samples [J]. Spectrochimica Acta Part A: Molecular and Biomolecular Spectroscopy, 2020, 243: 118810.

[122] Huang L N, Chen F, Zong X, et al. Near-infrared light excited UCNP-DNAzyme nanosensor for selective detection of Pb^{2+} and in vivo imaging [J]. Talanta, 2021, 227: 122156.

[123] Cui X, Zhu L, Wu J, et al. A fluorescent biosensor based on carbon dots-labeled oligodeoxyribonucleotide and graphene oxide for mercury(II) detection [J]. Biosensors & Bioelectronics, 2015, 63: 506-512.

[124] Wu C S, Oo M K K, Fan X. Highly sensitive multiplexed heavy metal detection using quantum-dot-labeled DNAzymes [J]. ACS Nano, 2010, 4 (10): 5897-5904.

[125] Kim J H, Han S H, Chung B H. Improving Pb^{2+} detection using DNAzyme-based fluorescence sensors by pairing fluorescence donors with gold nanoparticles [J]. Biosensors & Bioelectronics, 2011, 26 (5): 2125-2129.

[126] Zipper H, Brunner H, Bernhagen J, et al. Investigations on DNA intercalation and surface binding by SYBR Green I, its structure determination and methodological implications [J]. Nucleic Acids Research, 2004, 32 (12): e103.

[127] Wang J, Liu B. Highly sensitive and selective detection of Hg^{2+} in aqueous solution with mercury-specific DNA and SYBR Green I [J]. Chemical Communications, 2008, 39: 4759-4761.

[128] Zhou B, Yang X Y, Wang Y S, et al. Label-free fluorescent aptasensor of Cd^{2+} detection based on the conformational switching of aptamer probe and SYBR Green I [J]. Microchemical Journal, 2019, 144: 377-382.

[129] Zhang L, Zhang Y, Wei M, et al. A label-free fluorescent molecular switch for Cu^{2+} based on metal ion-triggered DNA-cleaving DNAzyme and DNA intercalator [J]. New Journal of Chemistry, 2013, 37 (4): 1252-1257.

[130] Lu Y J, Ma N, Li Y J, et al. Styryl quinolinium/G-quadruplex complex for dual-channel fluorescent sensing of Ag$^+$ and cysteine [J]. Sensors and Actuators B: Chemical, 2012, 173 (10): 295-299.

[131] Kong D M, Ma Y E, Wu J, et al. Discrimination of G-quadruplexes from duplex and single-stranded DNAs with fluorescence and energy-transfer fluorescence spectra of crystal violet [J]. Chemistry — A European Journal, 2009, 15 (4): 901-909.

[132] Kong D M, Ma Y E, Guo J H, et al. Fluorescent sensor for monitoring structural changes of G-quadruplexes and detection of potassium ion [J]. Analytical Chemistry, 2009, 81 (7): 2678-2684.

[133] Guo Y, Cao F, Lei X, et al. Fluorescent copper nanoparticles: recent advances in synthesis and applications for sensing metal ions [J]. Nanoscale, 2016, 8 (9): 4852-4863.

[134] Wang J, Zhang Z, Gao X, et al. A single fluorophore ratiometric nanosensor based on dual-emission DNA-templated silver nanoclusters for ultrasensitive and selective Pb^{2+} detection [J]. Sensors and Actuators B: Chemical, 2019, 282: 712-718.

[135] Tang L H, Li J H. Plasmon-based colorimetric nanosensors for ultrasensitive molecular diagnostics [J]. ACS Sensors, 2017, 2 (7): 857-875.

[136] Dong H J, Fan Y Y, Zhang W, et al. Catalytic mechanisms of nanozymes and their applications in biomedicine [J]. Bioconjugate Chemistry, 2019, 30 (5): 1273-1296.

[137] Wang Z X, Ma L N. Gold nanoparticle probes [J]. Coordination Chemistry Reviews, 2009, 253 (11-12): 1607-1618.

[138] Elghanian R, Storhoff J J, Mucic R C, et al. Selective colorimetric detection of polynucleotides based on the distance-dependent optical properties of gold anoparticles [J]. Science, 1997, 277 (5329): 1078-1081.

[139] Zhao W, Chiuman W, Brook M A, Li Y. Simple and rapid colorimetric biosensors based on DNA aptamer and noncrosslinking gold nanoparticle aggregation [J]. ChemBioChem, 2007, 8 (7): 727-731.

[140] Liu J, Lu Y. Fast colorimetric sensing of adenosine and cocaine based on a general sensor design involving aptamers and nanoparticles [J]. Angewandte Chemie International Edition, 2006, 118 (1): 96-100.

[141] Li H X, Rothberg L J. Label-free colorimetric detection of specific sequences in genomic DNA amplified by the polymerase chain reaction [J]. Journal of the American Chemical Society, 2004, 126 (35): 10958-10961.

[142] Li H, Rotheberg L. Colorimetric detection of DNA sequences based on electrostatic interactions with unmodified gold nanoparticles [J]. Proceedings of the National Academy of Sciences of the United States of America, 2004, 101 (39): 14036-14039.

[143] Wang L H, Liu X F, Hu X F, et al. Unmodified gold nanoparticles as a colorimetric probe for potassium DNA aptamers [J]. Chemical Communications, 2006, 36: 3780-3782.

[144] Li L, Li B X, Qi Y Y, et al. Label-free aptamer-based colorimetric detection of mercury ions in aqueous media using unmodified nanoparticles as colorimetric probe [J]. Analytical Bioanalytical Chemistry, 2009, 393 (8): 2051-2057.

[145] Menmon A G, Zhou X H, Xing Y P, et al. Label-free colorimetric nanosensor with improved sensitivity for Pb^{2+} in water by using a truncated 8-17 DNAzyme [J]. Frontiers of Environmental Science & Engineering, 2019, 13 (1): 12.

[146] Huang Z J, Chen J M, Luo Z W, et al. Label-free and enzyme-free colorimetric detection of Pb^{2+} based on RNA cleavage and annealingcolorimetric detection of Pb^{2+} based on RNA cleavage and annealingaccelerated hybridization chain reaction [J]. Analytical Chemistry, 2019, 91 (7): 4806-813.

[147] Zhang J, Wang L H, Pan D, et al. Visual cocaine detection with gold nanoparticles and rationally engineered aptamer structure [J]. Small, 2008, 4 (8): 1196-1200.

[148] Liu J, Lu Y. A colorimetric lead biosensor using DNAzyme-directed assembly of gold nanoparticles [J]. Journal of the American Chemical Society, 2003, 125 (22): 6642-6643.

[149] 李宸葳, 林晟豪, 杜再慧, 等. 铅离子功能核酸比色生物传感器的构建及应用 [J]. 分析化学, 2019, 47 (9):

1427-1432.

[150] Liu B, Bing Z, Chen G, et al. An omega-like DNA nanostructure utilized for small molecule introduction to stimulate formation of DNAzyme-aptamer conjugates [J]. Chemical Communications, 2014, 50 (15): 1900-1902.

[151] Chen J L, Zhang Y Y, Cheng M P, et al. Highly active G-quadruplex/hemin DNAzyme for sensitive colorimetric determination of lead(Ⅱ)[J]. Microchimica Acta, 2019, 186: 786.

[152] Hao Y L, Guo Q Q, Wu H Y, et al. Amplified colorimetric detection of mercuric ions through autonomous assembly of G-quadruplex DNAzyme nanowires [J]. Biosensors & Bioelectronics, 2014, 52: 261-264.

[153] Liao X, Luo J, Wu J, et al. A sensitive DNAzyme-based electrochemical sensor for Pb^{2+} detection with platinum nanoparticles decorated $TiO_2/\alpha-Fe_2O_3$ nanocomposite as signal labels [J]. Journal of Electroanalytical Chemistry, 2018, 829: 129-137.

[154] 黄海平, 朱俊杰. 适配体电化学生物传感器研究进展 [J]. 分析科学学报, 2011, 27 (3): 386-392.

[155] Gong J L, Sarkar T, Badhulika S, et al. Label-free chemiresistive biosensor for mercury(Ⅱ) based on single-walled carbon nanotubes and structure-switching DNA [J]. Applied Physics Letters, 2013, 102 (1): 013701.

[156] Gao F, Gao C, He S, et al. Label-free electrochemical lead(Ⅱ) aptasensor using thionine as the signaling molecule and graphene as signal-enhancing platform [J]. Biosensors & Bioelectronics, 2016, 81: 15-22.

[157] Jia J, Ling Y, Gao Z F, et al. A regenerative electrochemical biosensor for mercury(Ⅱ) by using the insertion approach and dual-hairpin-based amplification [J]. Journal of Hazardous Materials, 2015, 295: 63-69.

[158] Hu W, Min X, Li X, et al. DNAzyme catalytic beacons-based a label-free biosensor for copper using electrochemical impedance spectroscopy [J]. RSC Advances, 2016, 6 (8): 6679-6685.

[159] Shen L, Chen Z, Li Y, et al. Electrochemical DNAzyme sensor for lead based on amplification of DNA-Au bio-bar codes [J]. Analytical Chemistry, 2008, 80 (16): 6323-6328.

[160] Gao A, Tang C X, He X W, et al. Electrochemiluminescent lead biosensor based on GR-5 lead-dependent DNAzyme for Ru (phen)$_3^{2+}$ intercalation and lead recognition [J]. Analyst, 2013, 138 (1): 263-268.

[161] Chen D M, Gao Z F, Jia J, et al. A sensitive and selective electrochemical biosensor for detection of mercury(Ⅱ) ions based on nicking endonuclease-assisted signal amplification [J]. Sensors and Actuators B: Chemical, 2015, 210: 290-296.

[162] Xiao Y, Rowe A A, Plaxco K W. Electrochemical detection of parts-per-billion lead via an electrode-bound DNAzyme assembly [J]. Journal of the American Chemical Society, 2007, 129 (2): 262-263.

[163] Yang Y, Yuan Z, Liu X P, et al. Electrochemical biosensor for Ni^{2+} detection based on a DNAzyme-CdSe nanocomposite [J]. Biosensors & Bioelectronics, 2016, 77: 13.

[164] Tang S, Lu W, Gu F, et al. A novel electrochemical sensor for lead ion based on cascade DNA and quantum dots amplification [J]. Electrochimica Acta, 2014, 134: 1-7.

[165] Liu S, Wei W, Sun X, et al. Ultrasensitive electrochemical DNAzyme sensor for lead ion based on cleavage-induced template-independent polymerization and alkaline phosphatase amplification [J]. Biosensors & Bioelectronics, 2016, 83: 33-38.

[166] Wu J, Wei S, Lu Y, et al. Ultrasensitive DNAzyme-based electrochemical biosensor for Pb^{2+} based on FcHT-mediated biocatalytic amplification [J]. International Journal of Electrochemical Science, 2018, 13: 9630-9641.

[167] Yuan Y, et al. An ultrasensitive electrochemical aptasensor with autonomous assembly of hemin-G-quadruplex DNAzyme nanowires for pseudo triple-enzyme cascade electrocatalytic amplification [J]. Chemical Communications, 2013, 49 (66): 7328-7330.

[168] Zhou Q, Lin Y, Lin Y, et al. Highly sensitive electrochemical sensing platform for lead ion based on synergetic catalysis of DNAzyme and Au-Pd porous bimetallic nanostructures [J]. Biosensors & Bioelectronics, 2016, 78: 236-243.

第3章

基于DNAzyme构象转变构建的 Pb^{2+} 电化学生物传感器

3.1 引言

随着现代工业的迅猛发展，环境污染已是民生之患、民生之痛，尤其是重金属污染问题。重金属污染是指由重金属或其化合物造成的环境污染。重金属离子，特别是汞、镉、铅、铜（Hg^{2+}、Cd^{2+}、Pb^{2+}、Cu^{2+}）等具有显著的生物毒性。它们在水体中不能被微生物降解，只能发生各种化学形态的相互转化和迁移[1]。其污染具有隐蔽性、表聚性、持久性与不可逆性等特点，不仅影响农作物的生长发育、产量、品质等，而且能够通过生物链的累积进入人体，严重威胁着人们的身体健康及生命安全。因此，重金属的定量检测在药物、食品、临床和环境检测方面非常重要。铅离子（Pb^{2+}）属于重金属离子，能引起人体的各种神经毒性反应，包括记忆力减退、易怒、贫血和智力障碍。儿童由于处于生长发育期，受到 Pb^{2+} 的毒害尤为严重[2]。因此，建立一种灵敏度高、特异性强、简便快速的痕量铅离子检测方法具有重要意义[3-4]。

在过去的几年中，基于脱氧核酶（DNAzyme）构建的生物传感器用于金属离子的分析已发展成为一种强有力的检测手段。DNAzyme是通过体内选择或指数富集配体的系统进化（systematic evolution of ligands by exponential enrichment，SELEX）技术，经体外筛选得到的具有催化功能的DNA片段，具有易于合成和修饰、稳定性好及对环境污染小等特点，因而在金属离子检测中的应用备受关注[5]。在众多的DNAzyme中，以RNA为切割位点DNAzyme因其相对容易分离、尺寸小、反应速率快[6]等特点而得以广泛应用。

由于DNAzyme活性与某些金属离子密切相关，即可以在金属离子的作用下，发生特异性断裂，利用DNAzyme的这种特殊的性质，华裔科学家Lu等[7-8]设计出了多种对 Pb^{2+} 具有高度敏感性、特异性的传感器用于环境中 Pb^{2+} 的检测。越来越多的研究者设计出了新型的 Pb^{2+} 传感器体系[9-12]，Ferhan等以 Pb^{2+} 依赖性的DNAzyme作为目标识别元素，DNA功能化的金纳米粒子作为信号元素，通过催化金纳米粒子的团聚设计了 Pb^{2+} 的比色传感器[13]。Zhao和Li等研究小组设计了基于单链DNAzyme可在较宽温度范围内工作的 Pb^{2+} 荧光传感器[14-15]，Shen等则将接枝亚甲基蓝（MB）到DNAzyme上，设计了通过切割底物链实现信号变化的 Pb^{2+} 电化学传感器[16]，还有基于 Pb^{2+} 特异性的"8-17" DNAzyme的电化学发光传感器[17-18] 和借助纳米粒子采用动态光散射技术[19]，也都实现了

对 Pb^{2+} 的检测。

本章将介绍利用二茂铁（Fc）作为信号标记设计一条单链 DNAzyme 用于 Pb^{2+} 的快速检测。二茂铁因其好的稳定性、优良的氧化还原可逆性以及可合成各种多功能的 Fc 衍生物[20]而获得了大量的关注。首先将二茂铁标记到带有氨基的 DNAzyme 末端，另一端通过 Au 键的结合固定到电极上，由于碱基的互补配对，标记有二茂铁的一端折回来形成"发夹"结构，二茂铁靠近电极表面，电化学信号增强，当溶液中含有 Pb^{2+} 时，酶的活性被激活，促使底物链断裂，标记二茂铁的一端 DNA 游离到溶液中，电化学信号减弱，通过对电化学信号的变化来实现对铅离子的检测。实验结果表明，该传感器制备简单，性能良好，选择性高，有望用于实际环境中 Pb^{2+} 的检测。

3.2 实验部分

3.2.1 实验仪器和试剂

仪器：电化学测试系统：CHI 660D 电化学工作站（上海辰华仪器公司）；三电极体系为直径 2 mm 的金电极（作为工作电极）、铂电极（作为辅助电极）、饱和甘汞电极（作为参比电极）；电解池为 25 mL 的烧杯。

试剂：二茂铁甲酸、1-乙基-(3-二甲基氨基丙基)碳酰二亚胺盐酸盐、N-羟基硫代琥珀酰亚胺购于上海晶纯生化科技股份有限公司；三羟甲基氨基甲烷醋酸盐（Tris-Ac）、6-巯基己醇、β-巯基乙醇购于百灵威科技有限公司；磷酸二氢钾（KH_2PO_4）、磷酸氢二钠（Na_2HPO_4）购于中国国药集团。所用试剂均为分析纯，实验过程中使用的水均为超纯水且经高温高压灭菌处理。

人工合成的核酸序列由大连宝生物工程有限公司（Dalian TaKaRa Biological Engineering Technology and Services Co., Ltd., Dalian）合成，高效液相色谱（HPLC）纯化，序列如下：

5′-(NH_2C_6)-GTAGAGAAGGrATATCACTCATTTTTTTTTTGAGTGATAAAGCTGGCCGAGCCTCTTCTCTAC-(SH)-3′。

3.2.2 二茂铁标记-NH_2 修饰的 DNA 探针

首先，通过琥珀酰亚胺耦合的方法[20]，将二茂铁标记物连接到 5′端为 NH_2 的 DNA 探针上。2.90 mg 的二茂铁甲酸加入 2.5 mL 10 mmol/L 的 PBS 中（pH=8.0，0.5 mol/L NaCl），超声溶解，1 mg EDC 和 2.80 mg NHS 加入上述溶液中，将溶液置于 37 ℃下孵化 15 min，接着将 3.5 μL β-巯基乙醇加入溶液中制得活化液。紧接着，将 100 μL 10 μmol/L 的 DNAzyme 和 100 μL 的活化液等体积混合置于 37 ℃下孵化 2 h。

3.2.3 金电极表面的处理及电化学生物传感器的构建

金电极每次使用前均做如下处理：首先浸入 piranha 溶液中［食人鱼洗液，98% H_2SO_4：30% H_2O_2＝3∶1（V/V）］浸泡 30 min，取出用去离子水清洗，依次用 0.3 μm

和 0.05 μm 粒径的 Al₂O₃ 抛光粉打磨电极表面各 5 min，然后在去离子水、无水乙醇、去离子水中分别超声清洗 3 min，最后用超纯水将电极表面冲洗干净后待用。DNA 探针在使用前先进行退火处理：将 DNA 链置于 90 ℃ 水浴中培育 5 min，再让其缓慢降至室温。DNA 探针的固定采取自组装的方法[21-25]，即通过—SH 基团与 Au 的共价作用力，将 3′端修饰了巯基基团（—SH）的 DNA 探针固定在金电极表面，形成稳定、有序的自组装单分子膜。

首先，用灭菌水将 DNA 稀释至 0.25 μmol/L，取 12 μL 滴加到处理好的金电极表面，再将电极置于 4 ℃ 下组装 24 h，探针上的巯基与金电极通过 S-Au 的反应自组装在电极表面。将修饰电极浸入 300 μL 50 μmol/L 的 6-巯基己醇中 30 min，使其形成 DNA 单分子层同时提高其组装的质量。接着用 50 mmol/L Tris-Ac 缓冲溶液（pH 7.5）清洗电极，去除物理吸附的一些探针，确保稳定的背景电流。

3.2.4 铅离子的电化学检测

将清洗好的电极置于 Tris-Ac 缓冲溶液中（pH 7.5，50 mmol/L NaCl），采用循环伏安法（CV）和微分脉冲伏安法（DPV）进行电化学检测，检测完之后，将电极浸泡在不同浓度 Pb^{2+} 溶液中孵化 50 min，将电极取出清洗后，再次进行电化学检测。

所有电化学检测均在 CHI 660D 型电化学工作站上室温下进行。实验采用三电极系统，修饰了探针的金电极为工作电极，铂电极为辅助电极，饱和甘汞电极为参比电极。测试底液为含有 50 mmol/L NaCl 的 Tris-Ac（pH 7.5）缓冲溶液。

3.3 结果与讨论

3.3.1 传感器设计原理

本传感器体系的设计机理是基于 DNAzyme 对铅离子的浓度依赖和二茂铁标记底物链断裂作为信号表达。图 3.1 描述了铅离子电化学传感器构象转变的过程，体系由一条 DNA 链

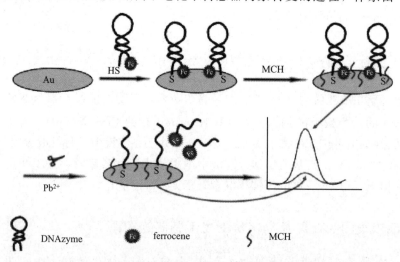

图 3.1　基于 DNAzyme 的 Pb^{2+} 传感器的示意图

组成，包含两个部分，一是 3′ 端巯基标记具有 32 个碱基序列的特异性酶链，二是 5′ 端二茂铁标记的含 20 个碱基序列的底物链，酶链与底物链通过 10 个胸腺嘧啶（T）连接成一条 DNA 链，切割位点有一个腺嘌呤核酸核苷（rA），其余碱基全部为脱氧核糖核苷酸。首先，通过退火反应使酶链与底物链进行有效的杂交，然后在金电极上固定该 DNA 链，由于底物链与酶链的杂交使整条 DNA 链折叠成"发卡"结构，致使 5′ 端二茂铁标记物接近电极表面，发生了电子的传递，产生强的氧化还原峰电流。当加入铅离子时，DNAzyme 在铅离子作用下底物链被切断，二茂铁标记的一端则从电极表面释放下来，氧化还原峰电流随之显著降低。峰电流下降与铅离子的浓度在一定范围内成线性关系，从而可测定溶液中的铅离子。

3.3.2 传感器的电化学响应

由图 3.2 可知该传感器对铅离子响应的电化学变化特性。在金电极表面固定 DNA 链后，二茂铁表现出强的氧化还原电流，循环伏安图［图 3.2(a)］曲线 a 中，在 0.329 V 和 0.260 V 可以看到一对较好的典型的二茂铁氧化还原峰。当与 0.1 μmol/L Pb^{2+} 在 37 ℃下孵化 25 min 后，由曲线 b 可知，二茂铁的氧化还原峰消失，表面 Pb^{2+} 存在下，底物链确实被切割致使二茂铁标记物游离到溶液中，峰电流下降直至消失。微分脉冲伏安图［图 3.2(b)］则进一步表明了相同的结论，在 0.304 V 处有一显著的还原峰信号，当加入 0.1 μmol/L Pb^{2+} 后，还原峰电流显著下降，这些现象进一步表明 DNA 链折叠形成发卡结构，而切割之后，二茂铁游离到溶液中，远离金电极表面，从而表现出峰电流明显地下降。

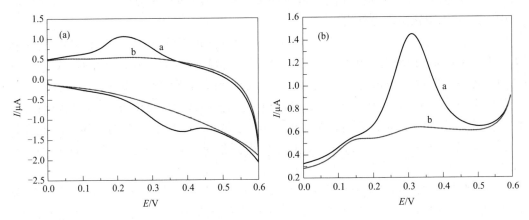

图 3.2　HS-DNA-Fc 修饰电极的循环伏安图（a）和微分脉冲伏安图（b）
a—0 μmol/L Pb^{2+}；b—0.1 μmol/L Pb^{2+}
50 mmol/L Tris-Ac（pH=7.5）缓冲溶液

3.3.3 实验条件的优化

图 3.3 为该传感器在 50 mmol/L Tris-Ac（pH 7.5）底液中不同扫速下的循环伏安图。由图可知，扫描速率从 40 mV/s 变化到 180 mV/s 时，氧化还原峰电流随扫速的增大而增大，且与扫速成正比线性关系，表明电化学反应为电极表面吸附氧化还原活性物质的反应[26]。二茂铁标记的 DNA 探针在电极表面的覆盖率（$\varGamma$）可以通过循环伏安曲线对应二茂铁中心氧化的峰面积进行估计。采用方程

$$\Gamma = Q/nFA$$

式中，Q 为二茂铁氧化峰面积；n 为参与反应的电子摩尔数（$n=1$）；F 为法拉第电流常数；A 为电极的面积（$A=0.0314\ cm^2$）。在本实验中 $\Gamma=0.217\ nmol/(L\cdot cm^2)$。

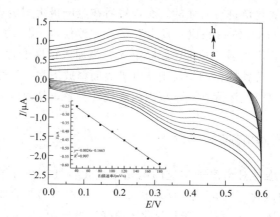

图 3.3　HS-DNA-Fc 修饰电极在不同扫描速率下的循环伏安图
扫描速率（mV/s）分别为（从 a 到 h）40、60、80、100、120、140、160、180；
插图为氧化峰电流与扫描速率的线性关系图

在该铅离子电化学传感器中，铅离子的浓度是通过 DNAzyme 对底物链进行切割致使标记 Fc 的一端 DNA 链游离至溶液中发生峰电流下降来进行定量的。为了获得同一浓度铅离子的最佳响应电流，对影响电流信号大小的主要实验因素如 DNAzyme 的浓度、测试底液的 pH、孵化时间和孵化温度进行优化。

图 3.4(a) 考察了 DNAzyme 的浓度对还原电流信号的影响。由图可以看出：DNAzyme 的浓度由 0.1 μmol/L 增大到 0.25 μmol/L 时，体系检测的电流信号会随着 DNAzyme 浓度的增加而增加。当 DNAzyme 浓度超过 0.25 μmol/L 时，电流信号开始下降，电流信号降低可能是因为 DNAzyme 链的浓度比较大，就会有比较多的链发生错位杂交，产生较强的位阻作用，使得 Fc 无法靠近电极表面。在 DNAzyme 浓度为 0.25 μmol/L 时，体系的电流信号达到最大，表明实验中 DNAzyme 浓度已经达到饱和，所以实验中 DNAzyme 的浓度为 0.25 μmol/L。

在本实验体系的设计中，DNAzyme 的切割反应具有 pH 依赖性，因为在不同 pH 条件下，DNAzyme 表现出不同的活性[27-29]，所以测试底液的 pH 值也是一个重要的影响因素。在铅离子加入前后分别检测了体系的电流信号，I_0 和 I 分别表示体系加入铅离子前后的电流响应值，电流之比 $(I_0-I)/I_0$ 用于衡量最优的 pH 值。对 pH 从 5.5 到 8.5 的测试底液进行了考察，如图 3.4(b)，从图中可知，当 pH 值在 5.5～7.5 范围内时，电流信号随着 pH 值的增加而增大，当 pH 大于 7.5 时，电流信号开始降低。在底物链的催化切割反应中，氢氧化铅使得底物链上 rA 位置上的 2′-羟基处去除了一个质子，换言之，在弱碱性的测试底液中获得较低电流比的原因可归结为铅离子与 DNAzyme 的活性复合物的结合增加。据此，后续对铅离子的检测都是在测试底液 pH 为 7.5 中进行的。

本实验的电流信号变化是基于结构中底物链被铅离子切割后，因而铅离子加入后的反应时间也是影响实验灵敏度的一个重要因素。如果反应时间太短，则底物链的切割反应不完全，Fc 标记的一端底物链不能更多地释放到溶液中，影响检测的灵敏度；而如果反应时间

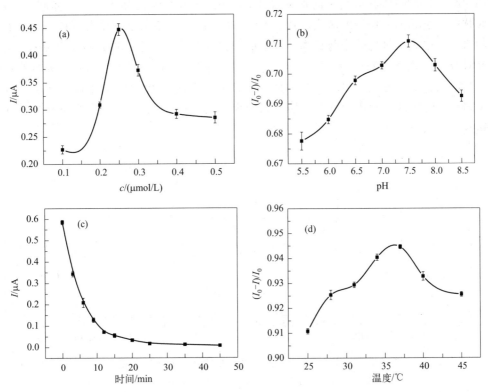

图 3.4 DNAzyme 浓度（a）、测试底液 pH（b）、孵化时间（c）、孵化温度（d）对传感器的影响
I_0 和 I 分别为加入 Pb^{2+} 前后的峰电流值；缓冲溶液：50 mmol Tris-Ac（pH=7.5），50 mmol/L NaCl

太长，则切割反应完全后再增加反应时间也无任何意义。在本实验中，考察了 DNA 探针修饰电极在含有 0.1 μmol/L Pb^{2+} 的测试底液中从 0 min 到 45 min 进行不同时间的孵化，如图 3.4(c) 所示，电流响应信号随着孵化时间的延长而降低，在约 25 min 的孵化时间后，电流响应达到稳定值，表明体系中加入 Pb^{2+} 反应 25 min 后，底物链被切割完全，同时有最多的 Fc 标记的一端底物链从酶链上释放下来，导致电流信号达到饱和。所以本实验控制 Pb^{2+} 孵化时间为 25 min。

DNA 探针形成"发夹"结构自组装在电极上时，当溶液中存在铅离子时，底物链的 rA 位置会发生切割反应，底物链会被切割成两部分，Fc 标记含 10 个碱基的一端会游离到溶液中。无论切割与否底物链的解离都会导致电流信号的下降，所以温度控制在稳定 DNAzyme 链的双链结构和底物链的连接上就显得尤为重要。本实验考察了电流之比 $(I_0-I)/I_0$ 在孵化温度为 25~45 ℃ 范围内的变化，用于优化铅离子催化切割反应的最佳温度。如图 3.4(d) 所示，在 25~37 ℃ 范围内随着孵化温度的升高，电流之比随之增大，当温度超过 37 ℃ 时，电流之比开始下降，所以 37 ℃ 为本实验铅离子催化切割反应的最佳温度。

3.3.4 Pb^{2+} 的定量检测

微分脉冲伏安法在检测低浓度的氧化还原探针时具有更高的灵敏度。在最优的实验条件下，考察不同浓度铅离子的电流响应，结果如图 3.5(a) 所示，图中的 DPV 曲线代表加入不同浓度 Pb^{2+} 之后体系的电流响应信号变化，从中可以看出，电流响应信号随着 Pb^{2+} 浓度的增加而减小。说明随着铅离子的加入，DNAzyme 中底物链逐渐被切断，释放 Fc 标记的一端底物链，引起电流信号的减小。在 0.5~5000 nmol/L 铅离子浓度范围内，随着铅离子浓度的增加，电流信号的减小与铅离子浓度的增大没有线性关系；但是将峰电流减小与铅离子浓度对数通过线性方程 $y=-0.05977\lg[Pb^{2+}]+0.3014$（$R^2=0.9939$）进行线性模拟时，得到的结论是，电流信号的减小值与铅离子浓度的对数在铅离子浓度范围为 0.5~5000 nmol/L 内呈良好的线性关系，如图 3.5(b)。经 3σ 规则计算，该传感器对铅离子的检出限达到 0.25 nmol/L。

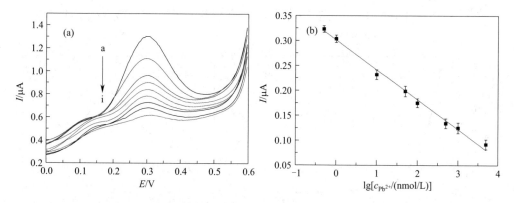

图 3.5　铅离子电化学传感器在不同 Pb^{2+} 浓度的 DPV 响应曲线（a）以及峰电流与 Pb^{2+} 浓度的线性关系（b）
从 a 到 i 浓度（nmol/L）分别为 0、0.5、1、10、50、100、500、1000、5000

3.3.5　铅离子传感器的选择性

对金属离子传感器而言，选择性是考察传感器性能的一个重要指标。为确定该传感器对铅离子具有高选择性和特异性识别，本实验考察了传感器对其他金属离子的响应，如图 3.6 所示。在相同的实验条件下，通过加入浓度为 50 μmol/L 的不同金属离子 Mn^{2+}、Hg^{2+}、Zn^{2+}、Cu^{2+}、Ca^{2+}、Mg^{2+}、Cr^{2+}、Cd^{2+}、Ag^+、Fe^{3+}、Ni^{2+} 和 Co^{2+}，代替 Pb^{2+} 滴加到电极表面与 DNAzyme 进行反应，结果显示，与 0.1 μmol/L 的 Pb^{2+} 相比，只观察到电流

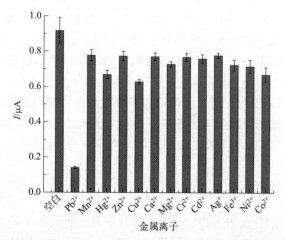

图 3.6　电化学传感器在浓度为 50 μmol/L 的不同金属离子条件下的 DPV 响应值

信号出现较小的变化，说明该传感器对 Pb^{2+} 具有很好的选择性，其他金属离子造成的干扰可忽略，并可用于实际样品中 Pb^{2+} 的检测。

3.3.6 在实际样品中的应用

为了考察本章提出的铅离子传感器能否用于实际样品的分析检测，在本实验中准备了采集到的湖水样品，在优化的实验条件下，将采集到的湖水样品过滤后进行检测，实验结果如表 3.1 所示，通过 DPV 的峰电流信号计算 Pb^{2+} 的浓度，得到湖水样品中 Pb^{2+} 的回收率为 96%～104%，相对标准偏差为 1.50%～4.67%，结果表明传感器在初步的实际应用中具有一定的可行性。

表 3.1 水样中铅离子的检测结果

样品编号	加入量/($\mu mol/L$)	测定量/($\mu mol/L$)	回收率/%	相对标准偏差/%
1	0.1	0.096	96%	3.72%
2	0.5	0.50	100%	1.50%
3	1	1.04	104%	4.67%

3.4 本章小结

在本章中，利用 DNAzyme 与金属离子的特异性识别，构建了基于构象转变核酸探针的铅离子传感器。该传感器是基于 DNAzyme 在 Pb^{2+} 作用下，底物链发生特异性断裂，Fc 作为信号表达物质游离至溶液中，引起电流信号的变化，以此来达到检测 Pb^{2+} 的目的。该传感器具有高灵敏度、高选择性和低检测限等优点。同时，二茂铁作为标记物实现了低成本、易操作和信号稳定的目标。在本研究的基础上，有望研究出更多、更简便的传感器来检测其他金属离子。

参考文献

[1] Guidotti T L, Ragain L. Protecting children from toxic exposure：Three strategies [J]. Pediatric Clinics of North America，2007，54（2）：227-235.
[2] Trautwein A X. Bioorganic chemistry. Weinhen：Wiley-VCH，1997.
[3] Merian E. Metals and their compounds in the environment. Weinhen：Wiley-VCH，1991.
[4] Lu Y. DNAzymes——a new class of enzymes with promise in biochemical, pharmaceutical, and biotechnological [J]. Chemistry——A European Journal，2002，8（20）：4588-4596.
[5] Li J, Zheng W, Kwon A H. In vitro selection and charcterization of a highly efficient Zn(Ⅱ) dependent [J]. Nucleic Acids Research，2000，28（2）：481-488.
[6] Liu J W, Cao Z H, Lu Y. Functional nucleic acid sensors [J]. Chemical Reviews，2009，109（5）：1948-1998.
[7] Liu J W, Lu Y. FRET study of a trifluorophore-labeled DNAzyme [J]. Journal of the American Chemical Society，2002，124（51）：15208-15216.
[8] Liu J W, Lu Y. Improving fluorescent DNAzyme biosensors by combining inter-and intramolecular quenchers [J]. Analytical Chemistry，2003，75（23）：6666-6672.

[9] Xiao Y, Rowe A A, Plaxco K W. Electrochemical detection of parts-per-billion lead via an electrode-bound DNAzyme assembly [J]. Journal of the American Chemical Society, 2007, 129 (2): 262-263.

[10] Elbaz J, Shlyahovsky B, Willner I. A DNAzyme cascade for the amplified detection of Pb^{2+} ions or L-histidine [J]. Chemical Communications, 2008, 44 (13): 1569-1571.

[11] Wang H, Kim Y, Liu H, et al. Engineering a unimolecular DNA-catalytic probe for single lead ion monitoring [J]. Journal of the American Chemical Society, 2009, 131 (23): 8221-8226.

[12] Xiang Y, Tong A, Lu Y. Abasic site-containing DNAzyme and aptamer for label-free fluorescent detection of Pb^{2+} and adenosine with high sensitivity, selectivity, and tunable dynamic range [J]. Journal of the American Chemical Society, 2009, 131 (42): 15352-15357.

[13] Ferhan A R, Guo L H, Zhou X D, et al. Solid-phase colorimetric sensor based on gold nanoparticle-loaded polymer brushes: Lead detection as a case study [J]. Analytical Chemistry, 2013, 85 (8): 4094-4099.

[14] Zhao X H, Kong R M, Zhang X B, et al. Graphene-DNAzyme based biosensor for amplified fluorescence "turn-on" detection of Pb^{2+} with a high selectivity [J]. Analytical Chemistry, 2011, 83 (13): 5062-5066.

[15] Li H, Zhang Q, Cai Y, et al. Single-stranded DNAzyme-based Pb^{2+} fluorescent sensor that can work well over a wide temperature range [J]. Biosensors & Bioelectronics, 2012, 34 (1): 159-164.

[16] Shen L, Chen Z, Li Y H, et al. Electrochemical DNAzyme sensor for lead based on amplification of DNA-Au biobar codes [J]. Analytical Chemistry, 2008, 80 (16): 6323-6328.

[17] Ma F, Sun B, Qi H L, et al. A signal-on electrogenerated chemiluminescent biosensor for lead ion based on DNAzyme [J]. Analytica Chimica Acta, 2011, 683 (2): 234-241.

[18] Zhu X, Lin Z Y, Chen L F, et al. A sensitive and specific electrochemiluminescent sensor for lead based on DNAzyme [J]. Chemical Communications, 2009, 45 (40): 6050-6052.

[19] Miao X M, Ling L S, Shuai X T. Ultrasensitive detection of lead(Ⅱ) with DNAzyme and gold nanoparticles probes by using a dynamic light scattering technique [J]. Chemical Communications, 2011, 47 (14): 4192-4194.

[20] van Staveren D R, Metzler-Nolte N. Bioorganometallic chemistry of ferrocene [J]. Chemical Reviews, 2004, 104 (12): 5931-5986.

[21] Yang J, Zhang C H. Progress and difficulty in DNA self-assembly technology [J]. Chinses Journal of Computers, 2008, 31 (12): 2138-2148.

[22] Okahata Y, Matsunobu Y, Ijiro K, et al. Hybridization of nucleic acid immobilized on a quartz crystal microbalance [J]. Journal of the American Chemical Society, 1992, 114 (21): 8299-8300.

[23] Xu X H, Bard A J. Immobilization and hybridization of DNA on an aluminum(Ⅲ) alkanebisphosphonate thin film with electrogenerated chemiluminescent detection [J]. Journal of the American Chemical Society, 1995, 117 (9): 2627-2631.

[24] 陆琪, 庞代文, 胡深, 等. DNA 修饰电极的研究——Ⅶ. 共价键合和吸附 DNA-SAM/Au 修饰电极的制备及表征 [J]. 中国科学 (B辑), 1999, 29 (4): 341-347.

[25] 白燕, 马丽, 刘仲明, 等. DNA 电化学传感器的研制 [J]. 传感器技术, 2002, 21 (9): 62-64.

[26] Bard A J, Faulkner L R. Electrochemical Methods. New York: Wiley, 2001.

[27] Niazov T, Pavlov V, Xiao Y, et al. DNAzyme-functionalized Au nanoparticles for the amplified detection of DNA or telomerase activity [J]. Nano Letters, 2004, 4 (9): 1683-1687.

[28] Yin B C, Ye B C, Tan W, et al. An allosteric dual-DNAzyme unimolecular probe for colorimetric detection of copper(Ⅱ) [J]. Journal of the American Chemical Society, 2009, 131 (41): 14624-14625.

[29] Fu R, Li T, Lee S S, et al. DNAzyme molecular beacon probes for target-induced signal-amplifying colorimetric detection of nucleic acids [J]. Analytical Chemistry, 2010, 83 (2): 494-500.

第4章 基于二茂铁标记DNAzyme构建的 Pb^{2+} 电化学生物传感器

4.1 引言

几十年来，环境中铅离子的来源已经发生了明显的变化，过去含铅的电器产品、油漆、管道、杀虫剂等已有了替代品，使得这些途径的铅离子排放减少，但是由于铅仍用于一些军事和工业上，以及随着城镇化进程的加快，汽车数量增多，排放的铅也随之增加，散布于植被、土壤，甚至进入了水源。鉴于铅在环境中的使用以及造成的严重后果，以及铅的化学性质稳定，难以被降解，探索一种高灵敏度、可靠的痕量检测铅的分析方法是当务之急。实验室最常用的检测铅的方法有原子吸收光谱和电感耦合等离子体质谱（ICP-MS），主要是因为两者比较简单及灵敏度高，分析的检测限已达到 1 nmol/L[1-5]，但是在现场检测中仍受到限制。因此，开发一种便携式、价格便宜同时具有高灵敏度和高选择性的传感器非常重要。

目前，通过体内选择或体外指数富集配体系统进化（SELEX）技术可对 DNAzyme 进行分离。DNAzyme 能被不同的分析物切割，其中包括金属离子，DNAzyme 含有一个核糖腺苷（rA）的切割位点。将修饰 DNAzyme 的随机序列固定住，然后让其与含有铅离子的洗脱液反应，DNAzyme 在 rA 位置被切割，因为 rA 容易水解。切割之后的 DNAzyme 片段数量用来确定铅离子诱导特定序列的切割反应。最丰富的片段通过 PCR 反应进行扩增，重塑包括 rA 的相应序列，再次进行铅离子的切割反应，在更严格的条件下，通过负向选择标准使特异性进一步增大，直到只有少量反应序列保留下来。这个过程重复很多次，直到单个序列能够有效选择性地识别铅离子。就此，对 DNAzyme 进行测序，序列包含任意碱基的酶链和被铅离子切割的 rA 碱基的互补底物链。

基于此，要构建有一个有效的可痕量检测铅离子的传感器是可行的，研究者们设计了基于分子信标标记的 DNAzyme 电化学传感器用于铅离子的检测，这样可以规避荧光传感的一些弊端，如荧光基团受污染、噪声污染、光源不稳定等因素造成的荧光背景信号增大和信号不稳定，相对稳定的分子信标、低成本、简便等优势使其可以避免这些问题。DNAzyme 在电极表面固定的有效率直接影响检测的灵敏度，电极表面的相互作用也会对 DNAzyme 的活性造成影响。为此，人们应用生物素-链霉亲和素的方法将 DNAzyme 固定到金电极上，然而这种方法使 DNAzyme 的活性受到了限制。Au-硫醇化学固定法吸引了人们的目光，有机硫醇可以很容易地自组装在金电极上形成密集的单分子层，末端带有巯基的 DNA 直接固定在了电极上，但它们通常不形成单分子层，具体的结构取决于寡核苷酸长度，尤其是含氮碱基的排布。Au-硫醇固定法，碱基会沿着 DNA 骨架与电极表面相互作用。Tarlov 研究小组[6] 开发了一种可解决多层吸附问题的方法，简而言之，就是将修饰了 DNA 的电极浸入巯基己醇溶液中，能够有效地防止 N-Au 键的生成，而被 S-Au 键取代，同时有助于增加 DNA 分子间的距离，给互补的 DNA 链足够的空间。

本章中，借鉴 Tarlov 小组固定 DNAzyme 的方法，构建了基于铅离子依赖性 DNAzyme 的电化学传感器，用于铅离子的检测，具有高的灵敏度和选择性。

4.2 实验部分

4.2.1 实验仪器和试剂

仪器：所有电化学测试均在 CHI 660D 型电化学工作站（上海辰华仪器有限公司）上进行，在室温下采用三电极系统进行检测。金电极（直径为 2 mm，上海辰华仪器有限公司）作为工作电极，铂电极作为辅助电极，KCl 饱和甘汞电极作为参比电极，采用循环伏安法（CV）和微分脉冲伏安法在 0~0.6 V 范围内进行电流信号的检测。

试剂：二茂铁甲酸、1-乙基-(3-二甲基氨基丙基)碳酰二亚胺盐酸盐、N-羟基硫代琥珀酰亚胺购于上海晶纯生化科技股份有限公司；三羟甲基氨基甲烷（Tris）、N-(2-羟乙基)哌嗪-N'-2-乙烷磺酸（HEPES）、醋酸、6-巯基己醇、β-巯基乙醇购于百灵威科技有限公司；磷酸二氢钾（KH_2PO_4）、磷酸氢二钠（Na_2HPO_4）购于中国国药集团。所用金属离子溶液均为其硝酸盐配制，所用试剂均为分析纯，使用前无需进一步纯化。10 mmol/L Na_2HPO_4-KH_2PO_4（PBS，pH=8.0）含 0.5 mol/L NaCl 的缓冲液用于二茂铁的标记。DNA 核酸链用灭菌后的高纯水溶解后得到母液，储存于 4 ℃下备用。实验过程中使用的水均为超纯水且经高温高压灭菌处理。本章所使用 DNA 具体序列见表 4.1。

表 4.1 实验所用的核酸探针序列

核酸探针	序列(5'到 3')
DNA 1	CTCAAGACAATGGATGCGTGAGCGCTCACAAAACCGTTT
DNA 2	(NH_2C_6)TTTTTTTTTTAAACGGTTT/rA/TGTCTTGAG(SH)

4.2.2 二茂铁标记-NH_2 修饰的寡核苷酸链

二茂铁标记-NH_2 修饰的 DNA 探针见第 3 章 3.2.2。

4.2.3 金电极表面的处理及电化学生物传感器的构建

金电极表面的处理见第 3 章 3.2.3。

先将 DNA1 和 DNA2 在 HEPES 缓冲液中杂交并进行退火处理：50 μL 1.5 μmol/L 的 DNA2 和 50 μL 3 μmol/L 的 DNA 1 在 2×HEPES 缓冲液（40 mmol/L）中杂交 2 h，然后将其放置在 90 ℃水浴中温育 5 min，再让其在 2 h 内缓慢降至室温。取 10 μL 滴加在处理好的电极表面，放置在 37 ℃下组装 16 h，最后将自组装好的修饰电极倒置在 50 mmol/L Tris-Ac

缓冲溶液中（pH＝7.4，50 mmol/L NaCl）室温下搅拌清洗 15 min 以除去吸附的 DNA 探针，便于下一步的电化学检测。

4.2.4 铅离子的电化学检测

将清洗好的电极置于 Tris-Ac 缓冲溶液中（pH＝7.4，50 mmol/L NaCl）采用循环伏安法（CV）和微分脉冲伏安法（DPV）进行电化学检测，检测完之后，将电极浸泡在含不同浓度 Pb^{2+} 溶液中孵化 50 min，将电极取出清洗后，再次进行电化学检测。

所有电化学检测均在 CHI 660D 型电化学工作站上室温下进行。实验采用三电极系统，修饰了探针的金电极为工作电极，铂电极为辅助电极，饱和甘汞电极为参比电极。测试底液为含有 50 mmol/L NaCl 的 Tris-Ac（pH＝7.4）缓冲溶液。

4.3 结果与讨论

4.3.1 传感器设计原理

本实验中，设计了两条 DNA 链用于构建铅离子诱导 DNAzyme 中核糖核酸（rA）水解致使电活性基团脱落引起电化学信号变化的铅离子电化学传感器。如图 4.1 所示，先将二茂铁通过琥珀酰亚胺偶合的方法标记到 DNA2 的 5′端，然后固定 DNA2 到电极上，这时的 DNA2 因为比较密集加上没有很好的支撑物，所以很可能彼此间层叠交错地附着在电极表面。将电极浸泡在巯基己醇（MCH）中，促使多余的 DNA 链离去形成单分子层。当加入一条互补的 DNA1 时，MCH 的存在给 DNA1 争取了一定的空间，DNA2 与 DNA1 通过碱基互补配对，标记有二茂铁的一端由于连接有 10 个胸腺嘧啶碱基（T），比较柔软，受一定的重力影响而垂坠下来，二茂铁靠近电极表面，发生电子传递，仪器能够捕捉到强的电化学信号。当溶液中引入铅离子后，铅离子的诱导作用，促使 rA 位置水解，二茂铁一端的

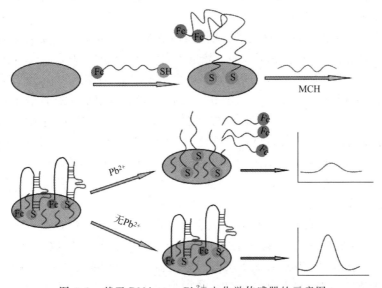

图 4.1　基于 DNAzyme Pb^{2+} 电化学传感器的示意图

DNA 链随之游离掉落到溶液中，仪器能够检测到的电化学信号显著下降，加入铅离子浓度的差异直接导致电化学信号变化的差异，从而可以对铅离子进行定量检测。

循环伏安（CV）法和微分脉冲伏安（DPV）法用于检测铅离子切割前后电化学信号的变化。图 4.2(a) 给出了在 50 mmol/L Tris-Ac 缓冲溶液中 DNAzyme 被 0.5 μmol/L 铅离子切割前后的典型 CV 图。切割前，可以观察到一对明显的二茂铁氧化还原峰（$E_{pa}=0.372$ V，$E_{pc}=0.236$ V）。当溶液中存在铅离子时，发生切割反应，二茂铁的电化学信号明显下降，氧化还原峰也随之消失。图 4.2(b) 是微分脉冲伏安（DPV）曲线，它的更高的灵敏度可检测到更强的二茂铁信号变化。

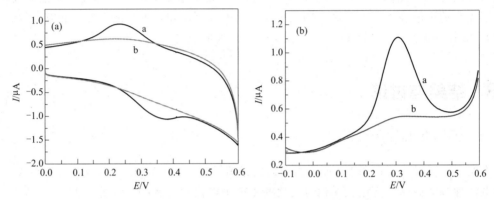

图 4.2 DNAzyme 修饰电极的循环伏安图（a）和微分脉冲伏安图（b）
a—0 μmol/L Pb^{2+}；b— 0.5 μmol/L Pb^{2+}
50 mmol/L Tris-Ac（pH=7.4）缓冲溶液

4.3.2 优化主要实验参数

实验参数如 DNAzyme 的浓度、底物链的浓度、测试底液的 pH 值、反应时间、反应温度等直接影响检测的灵敏度，所以要对这些条件进行逐一优化。优化时改变某一参数的值，其他参数保持不变，结果如图 4.3。

在互补的 DNA1 未加入前，标记了二茂铁的 DNA2 在电极上的密度会影响电化学信号。密度小很可能会导致后来的检测信号小；而密度太大则容易在电极表面形成堆叠，不利于后面的进一步杂交，也不能使检测信号充分放大。在电极上固定不同浓度标记了二茂铁的 DNA2，如图 4.3(a)。在浓度低时，标记了二茂铁的 DNA2 的量是有限的，所以电化学信号比较小，随着浓度的增大，电化学信号增强，而当浓度超过一定值时，会因堆叠造成的位阻而使电子无法传递到电极表面，电化学信号也就随之降低。实验得知，在浓度为 0.5 μmol/L 时，检测到的信号最强，所以选择 DNA2 的浓度为 0.5 μmol/L。固定 DNA2 的浓度，加入不同浓度的 DNA1，使之与 DNA2 杂交。浓度低时，不能与 DNA2 充分杂交；浓度高时，位阻效应也不利于杂交，同时也造成了浪费，图 4.3(b) 中，最佳浓度为 1.2 μmol/L。

在不同的 pH 中，铅离子以不同的形式存在，同时，酶的活性也受 pH 的影响。因此，在铅离子诱导的切割反应中，测试底液的 pH 值是一个重要参数。图 4.3(c) 中，以 $(I_0-I)/I_0$ 为纵坐标，I_0 为铅离子切割前的电流值，I 为切割之后的电流值，pH 为横坐标，由图可知电流值随着 pH 从 4.4 到 7.4 的增大而增大，之后又逐渐减小，在弱碱性条件下，铅离子诱导使 DNAzyme 的活性达到最大，在 pH 值达到 9 以上时，铅离子的加入容易

形成 $Pb(OH)_2$ 而不利于切割反应的进行。

为了确保反应的灵敏度和准确性,加入铅离子后的孵化时间也是一个重要实验因素。一方面,如果孵化时间太短,切割反应则不能进行完全;另一方面,孵化时间过长,切割反应早已完成,过长的时间会影响检测的效率。在本章实验中,考察了 DNA 探针修饰电极在含有 0.5 $\mu mol/L$ Pb^{2+} 的测试底液中 0~60 min 不同时间的孵化,如图 4.3(d) 所示,电化学信号随着孵化时间的延长而下降,在前 20 min 内下降尤为明显,之后逐步趋于缓和,在约 50 min 的孵化时间后,电化学信号趋于饱和不再下降,表明体系中切割反应进行 50 min 后,底物链被完全切割,与此同时,Fc 标记一端的 DNA 链游离到溶液中的量也最多,使电化学信号不再发生变化。所以本实验中,选择 Pb^{2+} 的孵化时间为 50 min。DNA1 与 DNA2 通过碱基互补序列进行杂交,为使酶切反应能够快速进行,孵化温度也是一个重要因素。温度过高,未加铅离子的情况下两条链就会发生自动解离,造成电化学信号下降;温度过低,酶的活性受到抑制。所以,孵化温度的控制在稳定 DNA 的双链结构和增加酶活性上尤为重要。本实验考察了不同孵化温度下电化学信号的变化,得到铅离子催化切割反应的最佳温度为 37 ℃。

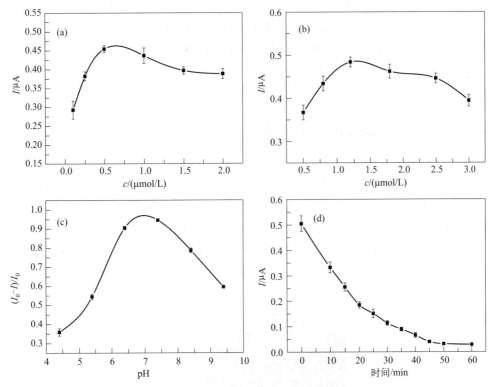

图 4.3 底物链浓度 (a)、DNAzyme 浓度 (b)、测试底液 pH (c) 和孵化时间 (d) 对传感器的影响
I_0 和 I 分别为加入 Pb^{2+} 前后的峰电流值;缓冲溶液为 50 mmol/L Tris-Ac (pH=7.4),50 mmol/L NaCl

4.3.3 Pb^{2+} 的定量检测

优化的实验条件下,通过微分脉冲伏安法对不同浓度的铅离子进行检测。结果如图 4.4(a)。不存在铅离子的情况下,DPV 显示较大的峰电流,表明二茂铁一端靠近金电极的表面,发生氧化还原反应过程,在电极表面发生大量的电子转移,因而检测到很强的电化学信号。当

加入 0.2～1000 nmol/L 的目标铅离子后，酶切反应开始发生，二茂铁游离到溶液中的数量也随铅离子浓度的加大而增多，表现出电化学信号的逐渐降低。在 0.2～1000 nmol/L 浓度范围内，电流与铅离子浓度对数呈线性关系，如图 4.4（b）。线性方程：$y=-0.1437\lg[Pb^{2+}]+0.5018$（$R^2=0.9954$），在这个方程下计算得到的检测限为 0.11 nmol/L（$S/N=3$），低于很多其他检测方法。实验表明，该传感器灵敏度较高，可以用于铅离子的检测。

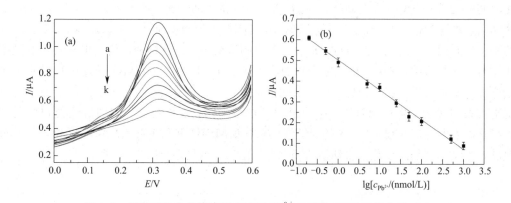

图 4.4　铅离子电化学传感器在不同 Pb^{2+} 浓度的 DPV 响应曲线（a）
以及峰电流与 Pb^{2+} 浓度的线性关系（b）
浓度（nmol/L）分别为（a～k）0、0.2、0.5、1、5、10、25、50、100、500 和 1000
误差棒为三次平行实验的标准偏差

4.3.4　电化学传感器对铅离子的选择性

选择性是衡量一个传感器性能好坏的重要因素，所以通过比较铅离子及环境中其他金属离子与 DNAzyme 作用所导致的电化学信号的变化来考察所构建的传感器的选择性。金属离子包括 Hg^{2+}、Co^{2+}、Ca^{2+}、Zn^{2+}、Al^{3+}、Cd^{2+}、Ni^{2+}、Ag^+ 和 Fe^{3+}。在图 4.5 中，对加入不同浓度的这些金属离子所造成的电化学信号变化进行了比较，结果显示，除铅离子以外，其他金属离子在浓度为 5～50 μmol/L 之间也导致了峰电流有一定程度的下降，但铅离

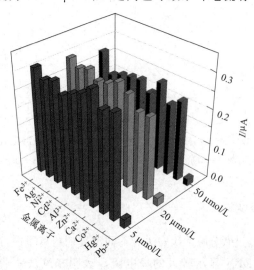

图 4.5　所构建的电化学传感器在不同浓度的不同金属离子干扰下的 DPV 响应值

子的下降最为明显。因此，所提出的方法能够满足对铅进行选择性测定的要求。更重要的是，此方法能够应用于实际水样的检测。

4.3.5 在实际样品中的应用

为了检验该传感器在环境水样分析中的潜在应用价值，将它应用于水龙头水样的分析。首先收集一定量的水龙头水，煮沸 10 min 以除去水中的氯，采用标准加入法评价该传感器的实用性。往水样中加入不同量的铅离子，得到不同浓度的含铅水样，通过电化学检测到的信号算出总的铅含量。结果如表 4.2 所示。得到的回收率为 97.7%～102.0%。

表 4.2 水样中铅离子的检测

样品编号	加入量/(μmol/L)	测定量/(μmol/L)	回收率/%	相对标准偏差/%
1	0.01	0.0102	102.0%	3.8%
2	0.05	0.0493	98.6%	2.8%
3	0.1	0.0977	97.7%	3.0%
4	0.5	0.501	100.2%	3.0%

4.4 本章小结

本章中，基于 DNAzyme 对铅离子的活性依赖这一原理，构建了具有高灵敏度、高选择性的电化学铅离子传感器。该传感器对目标离子显示出很高的灵敏度，对铅离子的检测限达到 0.11 nmol/L。这一检测限远低于日常饮用水中限制的铅含量。该传感器制备简单、灵敏度高、成本低、效率高，对铅的检测范围达到 0.2～1000 nmol/L。同时，该传感器也为其他新传感器的开发提供了一个平台。

参考文献

[1] Ma R, Mol W V, Adams F. Determination of cadmium, copper and lead in environmental samples. An evaluation of flow injection on-line sorbent extraction for flame atomic absorption spectrometry [J]. Analytica Chimica Acta, 1994, 285 (1): 33-43.

[2] Liu J, Chen H, Mao X, et al. Determination of trace copper, lead, cadmium, and iron in environmental and biological samples by flame atomic absorption spectrometry coprecipitation preconcentration carrier coupled to flow injection on-line using ddtc-nickelas coprecipitate [J]. International Journal of Environmental Analytical Chemistry, 2000, 76 (4): 267-282.

[3] Ochsenkühn-Petropoulou M, Ochsenkühn K M. Comparison of inductively coupled plasma-atomic emission spectrometry, anodic stripping voltammetry and instrumental neutron-activation analysis for the determination of heavy metals in airborne particulate matter [J]. Analytical Chemistry, 2001, 369 (7-8): 629-632.

[4] Elfering H, Andersson J T, Poll K G. Determination of organic lead in soils and waters by hydride generation inductively coupled plasma atomic emission spectrometry [J]. Analyst, 1998, 123 (4): 669-674.

[5] Fang Z, Sperling M, Welz B J. Flame atomic absorption spectrometric determination of lead in biological samples using a flow injection system with on-line preconcentration by coprecipitation without filtration [J]. Journal of Analytical Atomic Spectrometry, 1991, 6 (4): 301-306.

[6] Petrovykh D Y, Kimura-Suda H, Whitman L J, et al. Quantitative analysis and characterization of DNA immobilized on gold [J]. Journal of the American Chemical Society, 2003, 125 (17): 5219-5226.

第 5 章

基于滚环扩增反应和银纳米簇构建的 Pb^{2+} 电化学生物传感器

5.1 引言

铅是一种有毒重金属，会导致人体出现神经障碍、记忆力衰退、脑出血等，其广泛应用会导致严重的环境污染和重大公共卫生问题[1]。传统的检测方法如原子吸收光谱（AAS）[2]、电感耦合等离子体质谱（ICP-MS）[3]等均能够达到要求的准确度和精密度，而且技术已非常成熟，但耗时长，仪器设备昂贵，而电化学生物传感器具有出色的选择性、灵敏度、仪器使用简便、成本低而且分析迅速的特点，为检测 Pb^{2+} 提供了一个很好的平台。

DNAzyme 是一种单链核苷酸，是通过体外分子进化而得到的，可以通过进化过程改变其结构和功能[4]，如折叠成独特的空间结构，作为识别元件，具有高催化活性，可以放大信号。然而单一的信号放大技术很难对目标进行高灵敏检测，因此需多种信号放大技术集合以提高检测灵敏度[5]。滚环扩增（RCA）是一种酶促等温扩增方法，是一种单向核酸复制过程，以环形单链为模板，将特殊的 DNA 或 RNA 聚合酶（比如 Phi 29 DNA 聚合酶、T7 RNA 聚合酶）和脱氧核糖核苷三磷酸 dNTPs 结合在一起，在两者的帮助下，核酸链不断扩增延伸，最后变成分子量大于几百 bp 甚至几千 bp 的重复序列[6]。与其他信号放大策略相比，RCA 具有很多优势，该反应只需在常温下进行，简单、稳定，已被广泛用于蛋白质、小分子物质、DNA、RNA 的检测[7-8]。

银纳米簇是由几十个原子组成的一类稳定的聚合物，在金属原子和纳米粒子之间充当"桥梁"作用，作为一种新型纳米材料不断被探索并应用于各个领域。DNA-AgNCs 具有良好的发光功能和分子识别功能，具有原料容易获取、量子产率高、荧光可调节、体积小等优点[9]，被广泛应用于生物化学、医学成像等领域。AgNCs 作为一种电活性物质，可催化过氧化氢（H_2O_2）产生电化学信号，被广泛应用于电化学生物传感器中。

本章设计了一种基于 RCA 和 DNA-AgNCs 双信号放大策略的电化学生物传感器，用于快速、灵敏地检测 Pb^{2+}。该体系包括 Pb^{2+} 与 DNAzyme 的特异性反应、引物触发的 RCA 反应，DNA-AgNCs 与 RCA 产物的杂交并利用其催化活性电催化 H_2O_2。在 DNAzyme 特异性识别 Pb^{2+} 后，释放的 DNAzyme 被引物退火和环化，在 Phi 29 DNA 聚合酶和 dNTPs 下启动 RCA 反应，这样就产生多个重复序列串联的 ssDNA。然后 RCA 偶联 DNA-AgNCs，

催化 H_2O_2 反应，产生良好的 DPV 信号，提供更高的灵敏度和更宽的线性范围，从而实现对 Pb^{2+} 的检测。

5.2 实验部分

5.2.1 实验仪器和试剂

仪器：使用 Autolab PGSTAT302N 电化学工作站对目标物进行循环伏安（CV）分析、电化学阻抗谱（EIS）分析、微分脉冲伏安（DPV）分析。电极系统采用三电极系统，金电极（$d=3$ mm）为工作电极，铂电极（Pt）为辅助电极，饱和甘汞电极（SCE）为参比电极。JEM-2100 显微镜（日本 JEOL）用于银纳米簇的透射表征。在 WIX-EP300 电泳仪（北京韦克斯科技）上进行凝胶电泳表征，在 Bio-rad ChemDoc XRS（美国 Bio-Rad）上进行成像分析。荧光光谱用 F-7000 荧光光谱仪（日本 Hitachi）测量，紫外-可见光谱采用日立 UV-2600i 分光光度计（日本岛津）测量。实验过程中使用的水均为超纯水且经高温高压灭菌处理。

试剂：铅标准溶液购自北京北方伟业计量技术研究院（中国北京）；六氰铁酸钾（Ⅲ）[$K_3Fe(CN)_6$]、六氰亚铁酸钾（Ⅱ）[$K_4Fe(CN)_6$] 购自天津丰川化学试剂有限公司（中国天津）；Phi 29 DNA 聚合酶、BSA、10×Phi 29 DNA 聚合酶反应缓冲液、脱氧核糖核苷三磷酸（dNTPs）、T4 DNA 连接酶和 10×T4 DNA 连接酶反应缓冲液购自 New England Bio-labs（中国北京）；二水合磷酸二氢钾（$KH_2PO_4 \cdot 2H_2O$）、十二水合磷酸氢二钠（$Na_2HPO_4 \cdot 12H_2O$）由广东光华科技有限公司（中国广东）提供；三羟甲基氨基甲烷（Tris）购自梯希爱化成工业发展有限公司（中国上海）；硼氢化钠（$NaBH_4$）购自国药集团化学试剂有限公司。本研究使用的其他试剂均为分析纯试剂（AR），购自国药集团化学试剂有限公司（中国北京）。

本研究中涉及的寡核苷酸链由 Takara Biotechnology Co., Ltd.（中国大连）合成并通过高效液相色谱纯化，DNA 序列列于表 5.1 中。

表 5.1 本实验设计的 DNA 序列表

名称	序列(5′-3′)
S1	5′-AAA CGG TTT rA TGT CTT GAG-3′
S2	5′-PO$_4$-GTC ATG TAC TTC AGC TCA AGA CAA TGG ATG CGT GAG CGC TCA CAA AAC CGT TTA GAC AGA TGC TGT A-3′
S3	5′-SH-GAC AAC CTA CGC TGA AGT ACA TGA CTA CAG CAT CTG TCT A-3′
S4	5′-CCC CCC CC TGC TGT AGT CAT GT CC CCC CCC-3′

5.2.2 DNA-AgNCs 的制备

首先对 DNA 模板进行前处理，取 15 μL 200 μmol/L S4 和 30 μL 90 mmol/L 的 $Mg(NO_3)_2 \cdot 6H_2O$，加入 195 μL 15.4 mmol/L 的磷酸盐缓冲溶液（PB，pH 7.0）中，将混合液放入 95 ℃ 的金属浴锅中高温变性 5 min 后，迅速放在冰块上淬火 10 min，于 4 ℃ 下暂时保存。

采用经典的 $NaBH_4$ 还原法制备以 DNA 为模板合成的 AgNCs[10]。在淬火结束的混合溶液中加入 30 μL 600 μmol/L 的 $AgNO_3$ 溶液，在漩涡振荡仪上剧烈振动 3 min，在 4 ℃下避光反应 30 min 后，加入新鲜制备的 30 μL 600 μmol/L $NaBH_4$ 溶液，在漩涡振荡仪上剧烈振动 3 min，4 ℃下避光反应 5 h。DNA、$AgNO_3$ 和 $NaBH_4$ 的最终浓度比为 1∶6∶6。

5.2.3 金电极表面的处理及电化学生物传感器的构建

金电极表面的处理见第 3 章 3.2.3。

首先，将 10 μL 4 μmol/L 底物链 S1 和 10 μL 4 μmol/L 酶链 S2 的混合物放入 95 ℃的水浴锅中加热 5 min，然后缓慢降至室温，形成双链结构。然后在上述溶液中加入不同浓度的 Pb^{2+}，在 37 ℃下反应 60 min。在此过程中，Pb^{2+} DNAzyme 被激活，Pb^{2+} 特异性识别并将底物链在"rA"位点切割成两个片段，释放出酶链，作为挂锁探针。然后在金电极表面滴入 10 μL 2 μmol/L 含有巯基标记的引物链 S3，在 30 ℃下孵育 12 h，得到 S3/Au。用缓冲液洗涤，室温下用 MCH 封闭 30 min，获得 MCH/S3/Au 电极。用缓冲液清洗电极，在电极上滴入 10 μL 杂交液（包含 5 μL 挂锁探针、1 μL 10×T4 连接酶缓冲溶液、1 μL 20 U/mL T4 DNA 连接酶、3 μL 蒸馏水），在 37 ℃反应 1 h，使引物链与挂锁探针杂交并得到环状模板，获得 S2/MCH/S3/Au 电极。缓冲液清洗后，在电极上滴入 10 μL RCA 反应溶液（1 μL 10×Phi 29 聚合酶缓冲溶液、4 μL 200 μmol/L dNTPs、4 μL 100 μg/mL BSA、1 μL 15 U/mL Phi 29 聚合酶），置于 30 ℃下 80 min，发生滚环扩增反应。缓冲液清洗电极后，滴入 10 μL 以 DNA 为模板合成的银簇，37 ℃下孵育 30 min，得到 DNA-AgNCs/S2/MCH/S3/Au 电极。将用缓冲液清洗后的电极作为工作电极用于目标物 Pb^{2+} 的检测。

5.2.4 凝胶电泳实验

首先配制 1×TBE 缓冲溶液。取适量溶液倒入电泳槽内，然后称取 1.05 g 琼脂糖于 35 mL 1×TBE 缓冲溶液中，用微波炉加热溶解后，用移液枪吸取 2 μL 核酸染料加入其中，立即摇匀并无气泡后倒入模具中，并插入齿梳，待琼脂糖充分冷却凝结后，小心地将梳子垂直拔出。每个样品孔中加入 5 μL DNA 样品和 1.2 μL 上样缓冲液的混合液。恒定电压为 80 V，持续 70 min，在全自动凝胶成像系统上观察记录。

5.2.5 电化学测量

在电化学工作站中，在含有 5 mmol/L $Fe(CN)_6^{3-}$/$Fe(CN)_6^{4-}$ 的 0.1 mol/L KCl 溶液中进行 CV 和 EIS 表征，频率设置为 0.1 Hz~100 kHz，电位振幅设置为 10 mV。在 −0.2~0.6 V 范围进行 CV 分析，扫描速率设定为 0.1 V/s。微分脉冲伏安法（DPV）检测在 10 mmol/L PBS 缓冲溶液（pH 7.5，包含 10 mmol/L Na_2HPO_4、2 mmol/L KH_2PO_4、187 mmol/L NaCl、2.7 mmol/L KCl、10 mmol/L $MgCl_2$、3 mmol/L H_2O_2）中进行，设置扫描电位范围为 −0.9~0.0 V，扫描速率为 0.1 V/s。

5.3 结果与讨论

5.3.1 传感器设计原理

基于滚环扩增信号放大技术和银纳米簇构建 Pb^{2+} 电化学生物传感器，其设计原理如图 5.1 所示。首先底物链和酶链形成双链，然后 Pb^{2+} 依赖的 DNAzyme 因目标物的加入而被启动，此时底物链在 rA 位点被切割成两个片段，释放出酶链作为挂锁探针。巯基化的 DNA 核酸链 S3 作为引物链通过金-巯键的结合，被负载到金电极表面。然后用 MCH 封闭结合位点，防止特异性吸附。在金电极表面引入挂锁探针，在 T4 DNA 连接酶作用下，引物链 S3 和挂锁探针发生杂交反应并得到环状模板，借助 Phi 29 DNA 聚合酶和 dNTPs 激活 RCA 反应，从而产生多个长的串联的重复序列 DNA。用传统的 $NaBH_4$ 还原法独立合成核苷酸链包裹的 AgNCs。其中，核苷酸链 S4 由富 C 序列和识别序列组成，用于原位合成 AgNCs，识别序列用于与 RCA 合成的长重复 DNA 链杂交。利用具有良好电催化活性的 AgNCs 作为催化材料，催化 H_2O_2 在电极表面产生定量检测 Pb^{2+} 的电化学信号。以此构建一种灵敏的电化学生物传感器用来检测 Pb^{2+}。

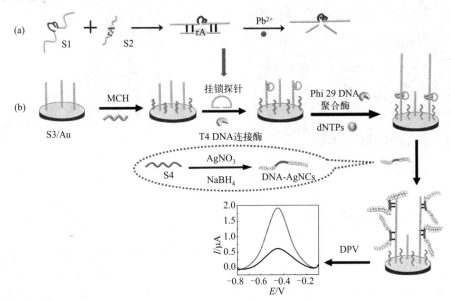

图 5.1　Pb^{2+} 电化学生物传感器的设计原理示意图

5.3.2 DNA-AgNCs 的表征

由于 DNA-AgNCs 具有优异的发光性能，利用其紫外-可见吸收光谱和荧光光谱证明 DNA-AgNCs 成功合成。如图 5.2(a) 所示，266 nm 处的峰 a 表示 DNA 模板的吸收，439 nm 处的峰 b 表明利用 DNA 模板合成了银纳米团簇，符合其荧光光谱 [图 5.2(b) 曲线 a]。在可见光和 365 nm 紫外光下，合成的 DNA-AgNCs 分别为透明和亮红色（插图）。此外 DNA-AgNCs 的荧光光谱显示，以最大紫外吸收峰 439 nm 作为激发波长，DNA-AgNCs 在 523 nm 处有最大发射波长。

透射电镜也证明了 DNA-AgNCs 的形成，图 5.2(c) 清楚地表明所形成的银纳米团簇呈球形，具有良好的分散性，相应的粒径统计直方图显示了其良好的正态分布，计算出 AgNCs 的平均粒径为 2.9 nm [图 5.2(d)]。

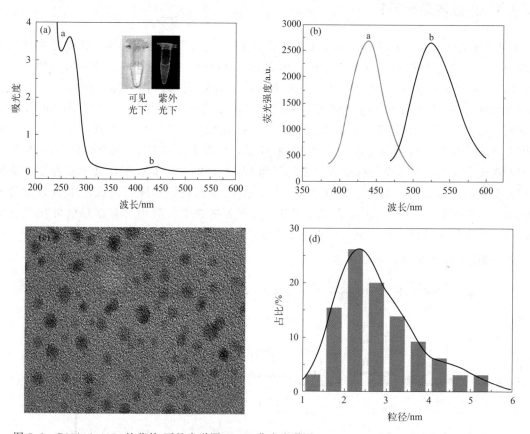

图 5.2　DNA-AgNCs 的紫外-可见光谱图（a）、荧光光谱图（b）、TEM 图（c）和粒径分布图（d）

5.3.3　琼脂糖凝胶电泳表征

为了验证滚环扩增反应是否成功进行，用凝胶电泳实验进行表征。如图 5.3 所示，泳道 1 表示 20 bp DNA Marker，泳道 8 表示 200 bp DNA Marker。泳道 2 和泳道 3 分别表示相应的底物链和酶链，其中泳道 3 出现两个条带，是因为下面的条带是线性存在的酶链，上面的条带是酶链之间自杂交产物。从第 4 泳道观察到，有新的 DNA 条带出现，表明底物链和酶链发生杂交反应形成双链。泳道 5 引入 Pb^{2+} 之后，泳道 4 中新条带的亮度降低，表明加入 Pb^{2+} 对底物链进行了切割，释放出挂锁探针。泳道 6 为引物链 S3。泳道 7 顶部出现明显的条带，表明形成了一个大分子量的 DNA，证明 RCA 反应的发生。

5.3.4　电化学表征

为了证明修饰电极的逐步组装成功，采用循环伏安（CV）和交流阻抗（EIS）检测 $[Fe(CN)_6]^{3-}/Fe(CN)_6^{4-}$ 在电极表面逐步修饰过程中的峰电流变化规律。由图 5.4(a) 可知，在裸露的 Au 电极表面，由于没有生物分子的阻碍，$Fe(CN)_6^{3-}/Fe(CN)_6^{4-}$ 的阳极和阴

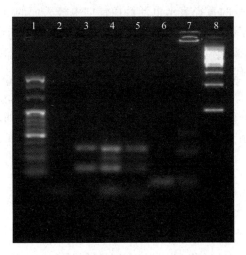

图 5.3 RCA 产物的凝胶电泳分析图（AGE）

样品在 3% 的琼脂糖凝胶电泳中进行实验。泳道 1：20 bp DNA Maker；泳道 2：S1；泳道 3：S2；
泳道 4：S1+S2；泳道 5：S1+S2+Pb^{2+}；泳道 6：S3；泳道 7：RCA 产物；泳道 8：200 bp DNA Marker

极峰电流均最高（曲线 a）。随着 S3 和 MCH 的交替固定，峰电流逐渐减小（曲线 b 和 c），这是因为 S3 和 MCH 的修饰使得电极表面的活性位点减少，阻碍了电活性探针与电极表面的接触。当挂锁探针存在并与引物链 S3 杂交形成闭环后，$[Fe(CN)_6]^{3-}/Fe(CN)_6^{4-}$ 与链之间的静电排斥作用显著增加，峰电流继续减小（曲线 d）。曲线 e 显示峰电流继续下降，表明 RCA 反应已被成功启动。当 DNA-AgNCs 与 RCA 产物偶联时，峰电流减小，原因是在电极表面存在较多带负电荷的 dsDNA，对 $[Fe(CN)_6]^{3-}/Fe(CN)_6^{4-}$ 存在静电斥力（曲线 f）。结果表明，修饰电极制备成功。

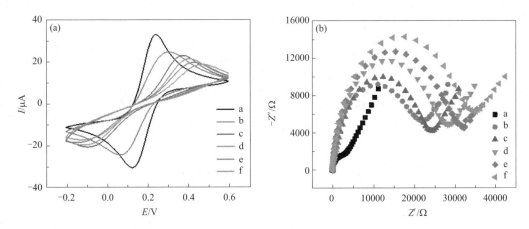

图 5.4 不同组装过程中电极的 CV（a）和 EIS（b）图

a—裸 Au 电极；b—Au/S3；c—Au/S3/MCH；d—Au/S3/MCH/S2；
e—Au/S3/MCH/S2/RCA；f—Au/S3/MCH/S2/RCA/DNA-AgNCs

EIS 和 CV 在含有 5 mmol/L $Fe(CN)_6^{3-}/Fe(CN)_6^{4-}$ 的 0.1 mol/L KCl 溶液中进行，
频率范围为 0.1 Hz～100 kHz，电位振幅为 10 mV；扫描电位为 −0.2～0.6 V，扫描速率为 0.1 V/s

通过电化学阻抗谱对电极改性过程进行了分析。典型的交流阻抗谱中的半圆形部分表明电子转移受限过程,该部分的直径表示电活性探针向电极表面的电子转移电阻(R_{et})。如图 5.4(b) 所示,与裸金电极相比(曲线 a),在 S3 和 MCH 交替组装后,电子转移电阻增加(曲线 b 和 c),这归因于寡核苷酸与 $[Fe(CN)_6]^{3-}/Fe(CN)_6^{4-}$ 都带了相同的电荷,同种电荷相斥,电阻增加。引入挂锁探针后,阻抗值大幅度增加(曲线 d),证明挂锁探针已经结合到电极表面。在 RCA 之后,阻抗值进一步增加,这归因于大量长单链多核苷酸的产生(曲线 e)。最后引入 DNA-AgNCs 后观察到电子转移电阻增加(曲线 f),证明 DNA-AgNCs 与 RCA 反应产物进行了杂交。这些现象与循环伏安法所表现的现象一致,证明该电化学生物传感器的可行性。

5.3.5　可行性研究

为了证明该电化学传感策略的可行性,进行了 DPV 测量。如图 5.5 所示。在没有 Pb^{2+} 的情况下,酶链 S2 和底物链 S1 形成的双工结构不能被破解,挂锁探针无法被释放,RCA 反应不能进行,因此只有很小的背景电流。在 100 nmol/L Pb^{2+} 存在下,有很明显的电化学响应峰。这是因为目标物的存在使双链被切割并释放出挂锁探针。借助 Phi 29 DNA 聚合酶和 dNTPs 激活 RCA 反应,实现扩增策略,从而产生多个长的串联的重复序列 DNA。利用在反应过程中可以高效率催化 H_2O_2 的特性,将其引入 RCA 反应产物的活性位点,使电化学响应信号得到增强。由此证明所设计的 Pb^{2+} 传感策略是可行的。

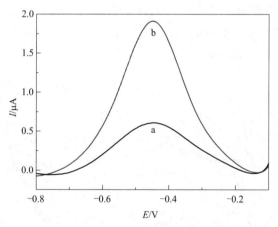

图 5.5　Pb^{2+} 传感策略的可行性研究 DPV 图
a—0 nmol/L Pb^{2+};b—100 nmol/L Pb^{2+}

5.3.6　实验条件的优化

为了提高该电化学生物传感器检测 Pb^{2+} 的灵敏度,对一些重要的实验条件进行了优化,包括 Pb^{2+} 切割时间、T4 DNA 连接酶的浓度、Phi 29 DNA 聚合酶的浓度、RCA 的反应时间、DNA-AgNCs 与 RCA 产物的杂交时间。利用检测到的峰电流信号评价了该电化学生物传感器检测 Pb^{2+} 的最佳实验条件。

Pb^{2+} 与双链的反应时间是一个关键,因为它决定着触发 RCA 的引物链数量,所以本实

验对 Pb^{2+} 切割双链的时间进行了优化。如图 5.6(a) 所示，电流响应受到 Pb^{2+} 切割时间的影响，在 20~100 min 的反应时间内，开始电流稳定上升，但持续到 60 min 后，电流趋于稳定，说明此时 DNA 双链和 Pb^{2+} 已被消耗完全。因此，本实验选择 60 min 作为最佳切割时间。

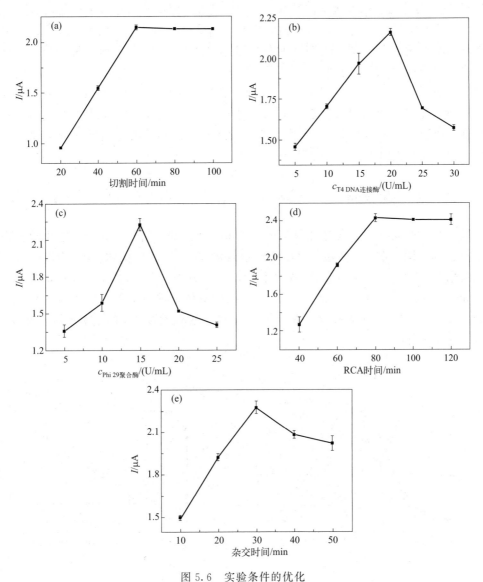

图 5.6 实验条件的优化

(a) Pb^{2+} 的切割时间；(b) T4 DNA 连接酶的浓度；(c) Phi 29 DNA 聚合酶的浓度；
(d) RCA 的反应时间；(e) DNA-AgNCs 与 RCA 产物的杂交时间

T4 DNA 连接酶对滚环扩增过程有一定的影响，因为它可以促进环状模板的形成，所以对 T4 DNA 连接酶的浓度进行了优化。如图 5.6(b) 所示，在 5~30 U/mL 的浓度区间，酶的浓度为 20 U/mL 时信号达到最大值。因此选择 20 U/mL 作为最佳的 T4 DNA 连接酶浓度，以获得较高的灵敏度。

Phi 29 DNA 聚合酶在 RCA 反应中起着关键作用，只有酶的存在 RCA 才能顺利进行，且决定着 RCA 反应产物分子量的大小,因此对它进行优化。如图 5.6(c) 所示,Phi 29 DNA 聚合酶浓度从 5 U/mL 增加到 25 U/mL 的过程中,峰电流先增加后减小,浓度为 15 U/mL 时峰电流最大,过量的酶抑制了 RCA 的进行,使其产量降低,峰电流下降。因此选择 15 U/mL 作为最佳的 Phi 29 DNA 聚合酶浓度。

RCA 反应时间是影响电化学信号的一个重要参数,因此对其进行了优化。如图 5.6(d) 所示,从反应开始到反应 80 min 这个过程中峰电流受时间因素影响较大,80 min 后随着时间的增加,峰电流变化平缓,说明此时反应已达到平衡,RCA 产物不再增加。因此选择 80 min 作为最佳 RCA 反应时间。

此外,还研究了 DNA-AgNCs 与 RCA 产物的杂交时间,如图 5.6(e) 显示,反应到达 30 min 之前,电流呈现增加的状态,30 min 时电流响应最大,之后增加反应时间,峰电流反而降低,说明此时银簇在 RCA 产物上的负载达到了饱和。因此选择 30 min 作为 DNA-AgNCs 与 RCA 产物的最佳杂交时间。

5.3.7　Pb^{2+} 的定量检测

在最佳的实验条件下,通过测量不同浓度 Pb^{2+} 的 DPV 信号,评价该电化学生物传感器的分析性能。图 5.7(a) 描述了该生物传感器对 Pb^{2+} 浓度变化的 DPV 响应,可以观察到,电流信号随着 Pb^{2+} 浓度的增加而不断增加。此外,图 5.7(b) 显示,在 0.001~10000 nmol/L 范围内,峰电流信号与 Pb^{2+} 浓度的对数呈现一个良好的线性关系,线性回归方程为 $I = 0.27 \lg c_{Pb^{2+}} + 1.36$ ($R^2 = 0.9956$),通过计算,理论最低检出限为 0.34 pmol/L ($S/N = 3$)。

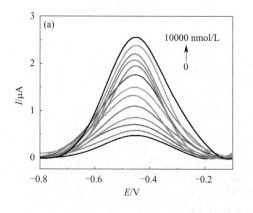 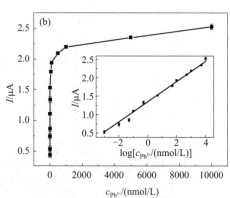

图 5.7　传感器对不同 Pb^{2+} 浓度 [浓度 (nmol/L) 分别为 0、0.001、0.01、0.05、0.1、0.5、5、50、100、500、1000、5000、10000] 的 DPV 响应 (a) 和峰值电流与 Pb^{2+} 浓度之间的关系 (b)
插图为 DPV 峰值与 Pb^{2+} 浓度的对数的曲线图

此外,为了突出该生物传感器的优点,将该生物传感器与其他检测 Pb^{2+} 的生物传感器的性能进行了比较。如表 5.2,结果表明,该生物传感器相比较于以往报道的生物传感器,有较低的检测限和较宽的线性范围。因此,该生物传感器可用于 Pb^{2+} 的定量检测。

表 5.2　所构建电化学生物传感器与已报道方法检测 Pb^{2+} 性能的比较

技术方法	检测策略	线性范围/(nmol/L)	检出限/(pmol/L)	参考文献
微分脉冲伏安法	多孔碳-铂纳米粒子/催化发夹自组装	0.05～1000	18	[11]
微分脉冲伏安法	脱氧核酶/DNA 延伸反应	0.01～100	30	[12]
微分脉冲伏安法	脱氧核酶/催化发夹自组装	0.04～3000	27	[1]
微分脉冲伏安法	脱氧核酶/磁性纳米复合物	0.05～1000	15	[13]
荧光法	磁珠辅助 DNA 级联反应	0.01～1000	3.0	[14]
光电化学法	脱氧核酶-TiO_2/Au/CdS 量子点	0.0005～10	0.13	[15]
计时电流法	G-四链体/金纳米粒子	0.01～200	4.2	[16]
方波伏安法	脱氧核酶/核酸外切酶Ⅲ/靶循环	0.01～8000	2.74	[17]
表面增强拉曼光谱	脱氧核酶/催化发夹自组装	0.001～100	0.42	[18]
微分脉冲伏安法	脱氧核酶/银纳米簇/滚环扩增	0.001～10000	0.34	所构建传感器

5.3.8　生物传感器的选择性与重复性

通过对 Pb^{2+} 和其他不同金属离子如 Fe^{3+}、Ca^{2+}、Mg^{2+}、Ni^{2+}、Co^{2+}、Al^{3+}、Hg^{2+}、Cu^{2+}、Mn^{2+} 的峰电流进行对比，探讨该传感器的选择性。如图 5.8(a) 所示，与空白溶液相比，所提出的生物传感器对 5 nmol/L Pb^{2+} 表现出显著的电流响应，而对浓度为 Pb^{2+} 的 50 倍的其他干扰离子几乎没有响应。Pb^{2+} 和所有浓度为 Pb^{2+} 的 50 倍的干扰离子的混合溶液的峰值电流与单独 Pb^{2+} 的峰值电流相似。结果表明，即使在干扰离子浓度很高的情况下，该生物传感器对 Pb^{2+} 仍具有高度特异性。

此外，为了考察所制备的传感器的重复性，在相同条件下，用 5 根制备的电极分析相同浓度的 Pb^{2+}，相对标准偏差为 3.6%，表明该方法具有良好的重复性。

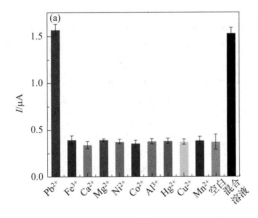
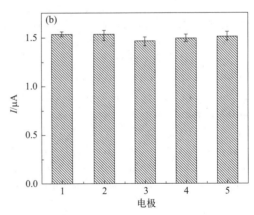

图 5.8　生物传感器在 Pb^{2+} 分析中的选择性研究（干扰金属离子浓度为 250 nmol/L，Pb^{2+} 浓度为 5 nmol/L，干扰金属离子与 5 nmol/L Pb^{2+} 混合 (a)，以及 5 nmol/L Pb^{2+} 的五根电极的重复性 (b)

5.3.9　在实际样品中的应用

为了探讨该传感器的实际应用能力，将该方法应用于河水（盘龙江上游）、湖水（滇池上游）中 Pb^{2+} 的检测。实际水样以 12000 r/min 的速度离心 3 min，然后过滤除去不溶性杂质。在最佳条件下，采用标准加入法对前处理的水样进行检测。实验结果如表 5.3 所示，实验测得水样的 RSD 为 1.9%～4.6%，回收率为 93.6%～106.3%，结果证明该传感器可以

用于 Pb^{2+} 的实际检测。

表 5.3 实际水样中 Pb^{2+} 的测定结果

样品	加入量/(nmol/L)	测定量/(nmol/L)	回收率/%	相对标准偏差(RSD)/%
河水	0.1	0.1063	106.3	4.6
	10	9.46	94.6	1.9
	100	104.4	104.4	2.8
湖水	0.1	0.1019	101.9	3.5
	10	9.36	93.6	3.4
	100	99.2	99.2	2.7

5.4 本章小结

综上所述，我们构建了一种高灵敏度、高选择性的电化学生物传感器。DNAzyme 识别 Pb^{2+} 和 RCA 技术的结合不仅提高了信号放大的效率，而且挂锁探针的产生让 RCA 级联扩增同时进行。此外，银簇良好的电催化活性，使得电化学信号明显增加。在信号放大策略下，该传感器对 Pb^{2+} 的检测具有很高的灵敏度，且检测下限为 0.34 pmol/L，并且具有良好的选择性和重复性。通过实际样品的检测，验证了所研制的生物传感器系统精度高、稳定性好，为环境监测提供了一种新的技术手段。

参考文献

[1] Huang X Y, Li J L, Zhang Q Y, et al. A protease-free and signal-on electrochemical biosensor for ultrasensitive detection of lead ion based on GR-5 DNAzyme and catalytic hairpin assembly [J]. Journal of Electroanalytical Chemistry, 2018, 816 (816): 75-82.

[2] Omeje K O, Ezema B O, Okonkwo F, et al. Quantification of heavy metals and pesticide residues in widely consumed nigerian food crops using atomic absorption spectroscopy (AAS) and gas chromatography (GC) [J]. Toxins, 2021, 13 (12): 870.

[3] Luo R X, Su X H, Xu W C, et al. Determination of arsenic and lead in single hair strands by laser ablation inductively coupled plasma mass spectrometry [J]. Scientific Reports, 2017, 7 (1): 3426.

[4] Torabi S F, Wu P, McGhee C E, et al. In vitro selection of a sodium-specific DNAzyme and its application in intracellular sensing [J]. Proceedings of the National Academy of Sciences of the United States of America, 2015, 112 (19): 5903-5908.

[5] Wang Y R, Sun W Y, Zhang M R, et al. Target-swiped DNA lock for electrochemical sensing of miRNAs based on DNAzyme-assisted primer-generation amplification [J]. Microchimica Acta, 2021, 188 (8): 255.

[6] Yap S H K, Chien Y H, Tan R, et al. An advanced handheld microfiber-based sensor for ultra-sensitive lead ion detection [J]. ACS Sensors, 2018, 3 (12): 2506-2512.

[7] Gao F L, Du Y, Yao J W, et al, A novel electrochemical biosensor for DNA detection based on exonuclease III-assisted target recycling and rolling circle amplification [J]. RSC Advances, 2015, 5: 9123-9129.

[8] 刘青杰, 陈德清. 滚环 DNA 扩增技术及其应用 [J]. 辐射研究与辐射工艺学报, 2007, 1: 5-9.

[9] 王君旸, 刘争, 张茜, 等. DNA 银纳米簇在功能核酸荧光生物传感器中的应用 [J]. 高等学校化学学报, 2022, 43 (06): 13-27.

[10] Guo Y, Yu W, Su L, et al. A functional oligonucleotide probe from an encapsulated silver nanocluster assembled by

rolling circle amplification and its application in label-free sensors [J]. RSC Advances, 2016, 6 (92): 88967-88973.

[11] Jin H L, Zhang D, Liu Y, et al. An electrochemical aptasensor for lead ion detection based on catalytic hairpin assembly and porous carbon supported platinum as signal amplification [J]. RSC Advances, 2020, 10 (11): 6647-6653.

[12] Zhang L, Deng H, Yuan R, et al. Electrochemical lead(II) biosensor by using an ion-dependent split DNAzyme and a template-free DNA extension reaction for signal amplification [J]. Microchimica Acta, 2019, 186 (11): 709.

[13] Weng C Y, Li X Y, Lu Q Y, et al. label-free electrochemical biosensor based on magnetic biocomposites with DNAzyme and hybridization chain reaction dual signal amplification for the determination of Pb^{2+} [J]. Microchimica Acta, 2020, 187 (10): 575.

[14] Zhang Y, Wang J, Chen S, et al. A novel magnetic beads-assisted highly-ordered enzyme-free localized DNA cascade reaction for the fluorescence detection of Pb^{2+} [J]. Sensors and Actuators B: Chemical, 2021, 342: 130040.

[15] Meng L X, Liu M Y, Xiao K, et al. Sensitive photoelectrochemical assay of Pb^{2+} based on DNAzyme-induced disassembly of the "Z-scheme" TiO_2/Au/CdS QDs system [J]. Chemical Communications, 2020, 56: 8261-8264.

[16] Xu S, Chen X, Peng G, et al. An electrochemical biosensor for the detection of Pb^{2+} based on G-quadruplex DNA and gold nanoparticles [J]. Analytical & Bioanalytical Chemistry, 2018, 410 (23): 1-9.

[17] Zhang D, Yu X, Wu L, et al. Ultrasensitive electrochemical detection of Pb^{2+} based on DNAzyme coupling with exonuclease III-Assisted target recycling [J]. Journal of Electroanalytical Chemistry, 2020, 882: 114960.

[18] Wu Y, Fu C C, Xiang J, et al. "Signal-on" SERS sensing platform for highly sensitive and selective Pb^{2+} detection based on catalytic hairpin assembly [J]. Analytica Chimica Acta, 2020, 1127: 106-113.

第6章

基于T-Hg^{2+}-T在石墨烯表面杂交的Hg^{2+}电化学生物传感器

6.1 引言

作为一种广泛使用的重金属离子,水溶性汞离子(Hg^{2+})是一种高毒性的环境污染物[1-3]。甲基化形成的有机汞通过食物链富集于人体内,严重危害人类的免疫系统和神经系统,并且带来一些致命的疾病,如水俣病、肺水肿、发绀和肾病综合征[4-8]。Hg^{2+}已经被列为全球环境监测系统(GEMS)的主要监测污染物,世界卫生组织(WHO)和美国环保署(US EPA)也在饮用水中设置了最高含量,分别为30 nmol/L和10 nmol/L。因此,灵敏识别及快速检测水溶液中微量的Hg^{2+}对环境监测、临床诊断、生命科学等领域[9-10]具有十分重要的意义。

自从胸腺嘧啶(T)被证实具有较强亲和力和高选择性,可与Hg^{2+}形成T-Hg^{2+}-T形式,将ssDNA折叠成稳定的dsDNA[11-13]以来。利用共轭聚合物[14]、有机荧光团[15]、寡核苷酸[11]、DNA酶[16]、蛋白质[17]、细胞[18]、AuNPs[19-20]和GO[21],通过光学、化学和生物学机制实现Hg^{2+}检测和定量的方法层出不穷。其中,使用氧化还原标记寡核苷酸的电化学传感器通常是基于分析物诱导的构象开关[22-23]、链解离[24]或表面杂交[25-26]等,改变氧化还原标记物与电极之间的距离,实现测定。用量小、步骤少、灵敏度高、生物相容性好是电化学传感器广泛用于现场监测Hg^{2+}的重要优势。

石墨烯作为二维碳材料,由于高导电性、大比表面积、快电子转移、生物相容性等优势[27-29],已在许多领域得到了应用。具体地讲,石墨烯具有高荧光猝灭效率、良好的化学缀合能力、独特的两亲性质和低的制备成本[30-32],常被用在可穿戴和便携式传感器的制作中。研究表明,DNA分子能与多个伯胺通过不同的疏水性、静电或氢键相互作用[33-34]吸附在石墨烯表面羧基和酚基上。不同结构的DNA与石墨烯片面之间具有不同的相互作用。ssDNA可通过范德华力、π-π堆叠和/或氢键相互作用力被吸附,双链和三链DNA通过静电和/或氢键相互作用结合到石墨烯表面,其相互作用力远远小于前者[33]。

在此,我们提出了一个基于GR修饰电极的简单灵敏、可选择性地检测水溶液中Hg^{2+}的方法。二茂铁(Fc)标记的富含T碱基的ssDNA直接固定在GR表面,实现了标记信号的放大。在Hg^{2+}存在的情况下,它能与目标探针通过T-Hg^{2+}-T形式杂交,使得Fc标记的寡核苷酸由ssDNA转变成dsDNA,Fc标记的核酸远离电极表面,降低了氧化还原电流,

实现了水溶液中 Hg^{2+} 的测定,并成功地应用于环境样品中 Hg^{2+} 的测定。

6.2 实验部分

6.2.1 实验仪器和试剂

寡核苷酸由 Takara 生物工程有限公司(中国大连)合成,并通过 HPLC 纯化,冻干。探针 DNA 在 5′末端修饰烷基(探针 DNA:5′-(NH_2C_6-CTT GCT TTC TGT-3′)。目标 DNA 序列是 5′-TCT GTT TGC TTG-3′,它在 Hg^{2+} 存在下与探针 DNA 完全互补。寡核苷酸溶解在 10 mmol/L 磷酸盐缓冲液(PBS,pH 7.4)中获得 DNA 储备液,然后储存在 -18 ℃下避免变性失活。实验过程中使用的水均为超纯水且经高温高压灭菌处理。

石墨粉购自国药集团化学试剂有限公司(中国上海)。N-hydroxysulfosuccinimide(sulfo-NHS)、1-乙基-3-(3-二甲基氨基丙基)碳酰二亚胺盐酸盐(EDC)、二茂铁甲酸购自 Sigma-Aldrich 化学公司。所有金属离子标准溶液和其他试剂从国药集团化学试剂有限公司(中国上海)购得,未进一步纯化。超纯水(≥18.2 MΩ·cm)用于整个实验。

10 mmol/L PBS(pH 7.4,0.5 mol/L NaCl)用作清洗缓冲液,50 mmol/L Tris-HCl(pH 7.4,0.3 mol/L NaCl)用作杂交和检测缓冲液。所有实验均在室温下进行。

6.2.2 石墨烯溶液的制备

6.2.2.1 氧化石墨烯的制备

氧化石墨烯(GO)使用 Hummers 法[34]稍作修改后制备:取 5.0 g 1000 目天然鳞片石墨粉于 2 L 烧杯中,加入 120 mL 浓硫酸(冰浴),将 2.5 g 硝酸钠和 15 g 高锰酸钾研细并混合均匀,在一定搅拌速度下缓慢加入石墨粉硫酸混合液中,温度控制在 5 ℃以下,搅拌反应 2 h。转入 35 ℃的恒温水浴中维持 1 h,缓慢加入 240 mL 水,升温至 95 ℃维持 0.5 h 后用温水稀释至 700 mL,加入适量 6% H_2O_2,趁热过滤,用 1 mol/L 盐酸充分洗涤滤饼至滤液中无 SO_4^{2-},将制备的 GO 置于 50 ℃真空干燥箱中过夜,密封保存。

6.2.2.2 还原石墨烯的制备

GR 的制备采用水合肼为还原剂,化学还原法制备。简单地说,将 300 mg GO 放入装有 300 mL 水的三颈烧瓶中,超声 2 h 至无颗粒状物质。加入 3 mL 肼溶液,变为黑色悬浮液,然后在 95 ℃回流 24 h 后过滤,将滤饼用水和甲醇进行数次洗涤,最后在 60 ℃下干燥保存。将合成的 GR 超声处理 20 h 均匀分散于超纯水中。使用 Hitachi Model H-7650 型透射电子显微镜(TEM)进行微观特征表征。

6.2.3 二茂铁标记-NH_2 修饰的寡核苷酸

二茂铁标记-NH_2 修饰的 DNA 探针见第 3 章 3.2.2。

6.2.4 金电极表面的处理及电化学生物传感器的构建

玻碳电极表面的处理：玻碳电极（GCE，$d=3$ mm，CH 仪器公司，中国上海），首先浸泡在食人鱼洗液中（H_2SO_4/H_2O_2，3∶1 的体积比）1 h，并用超纯水洗涤。随后，将电极用 0.3 μm 和 0.05 μm Al_2O_3 粉末进行了仔细抛光，并依次在超纯水、无水乙醇中超声 2 次，N_2 吹干待用。

在此之后，将 6 μL GR 分散液滴到 GCE 表面，室温干燥，得到的 GR/GCE 电极。滴加 15 μL 含有 1 μmol/L 探针 DNA 的 10 mmol/L PBS 缓冲液（pH 7.4，0.5 mol/L NaCl）并保持倒置实现 Fc 标记探针 DNA 的固定化。自组装过程在 4 ℃下进行 12 h（记为 Fc-DNA/GR/GCE）。

6.2.5 Hg^{2+} 的检测

为了检测 Hg^{2+}，Fc-DNA/GR/GCE 传感器用清洗缓冲液彻底洗涤，以除去电极上未结合的 Fc-DNA。在 25 ℃下与含有不同浓度 Hg^{2+} 以及 0.1 μmol/L 目标 DNA 的杂交缓冲液杂交 1.5 h，随后用清洗缓冲液漂洗，记为 Hg^{2+}-dsDNA/GR/GCE。固定过程用 CV、DPV 和 EIS 对每个步骤进行监测。

6.2.6 电化学测量

所有电化学测量，包括微分脉冲伏安（DPV）、循环伏安（CV）和电化学阻抗谱（EIS）均在室温下用 CHI 660D 电化学分析仪（上海，中国）进行。使用的三电极系统包括一个饱和 KCl 甘汞参比电极（SCE）、铂电极和工作电极（玻碳电极）。CV 在 50 mmol/L 的 Tris-HCl 缓冲液（pH 7.4，0.3 mol/L NaCl）中进行，电势范围 0～0.6 V，扫描速度为 0.1 V/s。DPV 记录在 50 mmol/L 的 Tris-HCl 缓冲液（pH 7.4，0.3 mol/L NaCl）中，电势范围 0～0.5 V，4 mV 的电势增幅和 0.1 s 的脉冲周期。EIS 在 5 mmol/L $Fe(CN)_6^{3-}/Fe(CN)_6^{4-}$ 和 0.1 mol/L KCl 中进行，频率范围 0.1 Hz～100 kHz，以 5 mV 作为增幅，起始电势为 0.24 V。DPV 曲线是基线校正扣除背景后得到的。

6.3 结果与讨论

6.3.1 传感器设计原理

图 6.1 展示了基于石墨烯的 Hg^{2+} 电化学 DNA 传感器的设计原理。Hg^{2+} 和富含 T 碱基的寡核苷酸之间特异性结合，诱导 DNA 构象发生变化，从 ssDNA 变为 dsDNA。在不存在 Hg^{2+} 的情况下，ssDNA 呈柔性无规则卷曲的构象，信号物质 Fc 接近 GR 表面，能有效地转移电子，"打开"信号。加入 Hg^{2+}，标记 Fc 的富含 T 碱基的探针 DNA 与目标 DNA 之间经由 Hg^{2+} 介导的 T-Hg^{2+}-T 碱基配对进行杂交。得到的 dsDNA 具有刚性，构象重组后的信号物质 Fc 由于 dsDNA 与 GR 之间的弱相互作用而远离电极，造成氧化还原电流减小，类似于信号的"关闭"，此时由于 dsDNA 从 GR 表面释放到溶液中，电极又相当于恢复到

GR/GCE 状态，实现了修饰电极的循环使用。

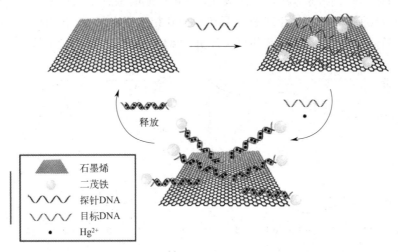

图 6.1 基于石墨烯检测 Hg^{2+} 的电化学 DNA 传感器设计原理示意图

6.3.2 GR 表征

GR 的表面形貌和结构通过 SEM 和 TEM（图 6.2）进行表征。从图 6.2(a) 可以看出通过还原氧化石墨得到的石墨烯呈褶皱的薄片状，正是这种不规则的自然褶皱提供了巨大的比表面积，使得其在电化学传感器的应用上非常有益。而图 6.2(b) 则明显地显示了薄片状具有尖锐的边缘和褶皱的形貌。GR 表现出的褶皱性质有利于维持高的表面积。

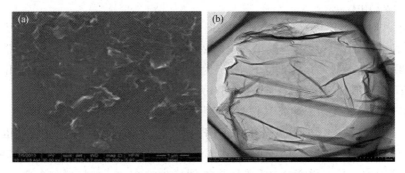

图 6.2 石墨烯的 SEM 图（a）和 TEM 图（b）

6.3.3 Hg^{2+}-dsDNA/GR/GCE 的电化学特性

传感器的典型伏安特性如图 6.3(a) 所示，无 Hg^{2+} 时，CV 图中一对强氧化还原峰出现在 0.296 V 和 0.352 V，峰电位差（ΔE_p）为 56 mV（vs. SCE）。表明 GR 和 ssDNA 之间的疏水力和 π-π 堆积相互作用使 Fc 标记的 DNA 探针以灵活的方式吸附在 GR 表面上，从而表现出 Fc 的电化学信号，同时也表明 Fc 单电子可逆的氧化还原过程［图 6.3(a) 中曲线 1］。在 1 μmol/L Hg^{2+} 存在下，ssDNA 与目标 DNA 通过 T-Hg^{2+}-T 形式杂交。由于 GR 和 dsDNA 之间的弱相互作用，Fc 脱离 GR 表面，大大减小了氧化还原峰电流［图 6.3(a) 曲线 2]。结果表明传感器对 Hg^{2+} 响应灵敏。采用 DPV 进一步进行了高分辨率测定，如图 6.3。不存在 Hg^{2+} 时［图 6.3(b) 中曲线 1］，Fc 标记的探针 DNA 在 0.344 V（vs. SCE）处显示出显著的还原峰电流［用 15 次重复实验得到相对标准偏差（RSD）约为 1.7%］，加入 1 μmol/L Hg^{2+} 后，峰电流响应下降为原有的 83%［图 6.3(b) 中曲线 2］。

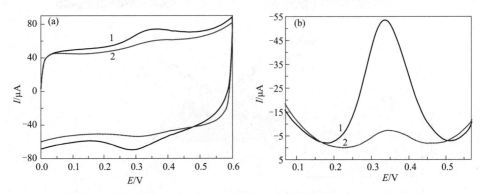

图 6.3　Fc-DNA/GR/GCE 修饰电极在不存在 Hg^{2+}（曲线 1）和加入 1 μmol/L Hg^{2+}（曲线 2）时的 CV 图（a）和 DPV 图（b）

6.3.4　实验条件的优化

GR 和 Fc-DNA 溶液的体积会影响 DNA 的表面覆盖率和传感器的灵敏度。如图 6.4(a) 和 (b)，随着 GR 和 Fc-DNA 用量的增加，信号抑制程度逐渐增加，分别在 6 μL 和 15 μL 处达到最大值。进一步增加其体积，信号抑制减小。因此，研究中选定 GR 和 Fc-DNA 用量分别为 6 μL 和 15 μL。

杂交温度和时间对传感器响应的影响如图 6.4(c) 和 (d)，随着杂交温度从 4 ℃ 增加到 25 ℃，信号抑制增加，然后迅速减小，表明 25 ℃ 为最佳杂交温度。杂交动力学也同样进行了研究。结果表明，存在 Hg^{2+} 时，Fc 标记的探针 DNA 与目标 DNA 在 1.5 h 内通过特异性结合能最有效地形成 dsDNA。加入 1 μmol/L Hg^{2+} 在杂交温度为 25 ℃、杂交时间为 1.5 h 时，信号抑制最大，因此将其作为实验最佳条件。

在 DNA 杂交体系中，离子强度和溶液 pH 值对传感器的稳定性和灵敏度也很重要。如图 6.4(e)，研究了 Fc-DNA 探针在 0～1.0 mol/L NaCl 范围内的信号抑制。结果表明，0～0.40 mol/L 范围内，信号随着 NaCl 浓度增加而增大，在 0.40～1.0 mol/L 范围内保持恒定，达到饱和。杂交溶液 pH 值的影响如图 6.4(f)，最大信号抑制为 pH 7.4，在含 0.3 mol/L NaCl 的 50 mmol/L Tris-HCl 溶液中实现。因此，pH 为 7.4 的 Tris-HCl（50 mmol/L，0.3 mol/L NaCl）用于整个实验。

6.3.5　Hg^{2+}-dsDNA/GR/GCE 的电化学行为

图 6.5 展示了扫描速率（v）在 10～300 mV/s 范围内与峰电流呈线性关系：$I_{pc}(\mu A) = -104.27v(mV/s) - 0.2816$，$R = 0.9992$；$I_{pa}(\mu A) = 79.412v(mV/s) + 0.0303$，$R = 0.9996$，表明 Hg^{2+} 传感器的氧化还原反应是表面控制过程。线性关系可以用下面的理论公

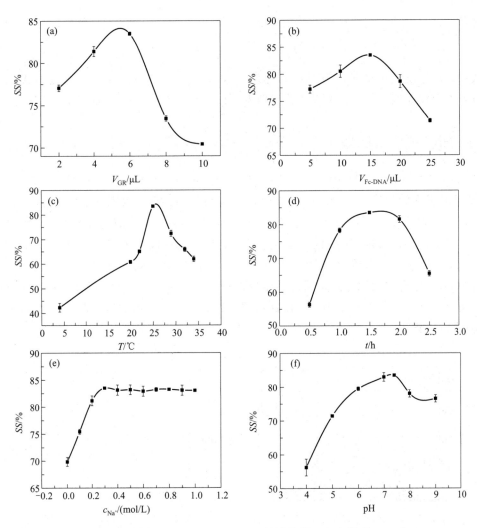

图 6.4 石墨烯（a）和 Fc-DNA（b）溶液体积、杂交温度（c）和
时间（d）、离子强度（e）和 pH（f）的优化

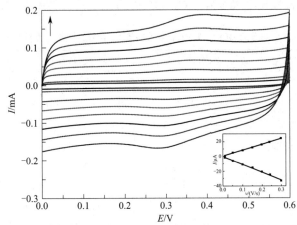

图 6.5 Hg^{2+}-dsDNA/GR/GCE 修饰电极在 50 mmol/L Tris-HCl（pH 7.4，0.3 mol/L NaCl）溶液中，
含 50 nmol/L Hg^{2+} 下不同扫描速率［扫速（mV/s）为 10、25、50、100、150、200、250、300］的 CV 图
插图为氧化还原峰电流与扫速的线性关系

式来表示：

$$I_p = n^2 F^2 v A \Gamma / 4RT \tag{6-1}$$

式中，n 是反应中电子转移数；F 是法拉第常数；v 是扫描速率；A 是电极表面积；Γ 是电极表面覆盖度。从 I_{pc} 对 v 的曲线斜率可以计算出 $\Gamma = 1.32 \times 10^{-11}$ mol/cm^2。

6.3.6 Hg^{2+} 的定量检测

图 6.6(a) 显示了 DNA 传感器对不同浓度 Hg^{2+} 的 DPV 响应。随着 Hg^{2+} 浓度的增加，DPV 峰电流呈降低趋势。I_{pc} 和 lg$c$ 在 25 pmol/L 到 10 μmol/L 范围内呈线性 [图 6.6(b)]。线性回归方程为 $I_{pc} = 5.0754 \lg c - 6.2296$（$R = 0.9981$），检出限为 5 pmol/L（$S/N=3$），这远远低于美国环保署规定的 Hg^{2+} 毒性水平。相比于其他以 T-Hg^{2+}-T 相互作用为基础的电化学 Hg^{2+} 传感器，本传感器优势在于线性范围宽和检测限低（表 6.1）。Fc 标记探针 DNA 在 GR 上作为识别元件简化了传感器的设计。它不像其他传感器利用纳米粒子或酶促实验，需要多种自组装、复杂钝化、洗涤步骤。这表明，所提出的传感器可能会对环境监测 Hg^{2+} 具有巨大潜力。

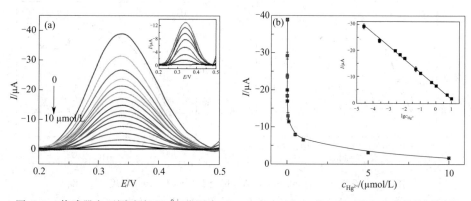

图 6.6 传感器在不同浓度 Hg^{2+} 范围内（0～10 μmol/L）的 DPV 图（a），以及还原峰电流与 Hg^{2+} 浓度的曲线图（插图为 I 与 lg$c_{Hg^{2+}}$ 的线性关系）

表 6.1 基于 T-Hg^{2+}-T 相互作用的电化学 Hg^{2+} 传感器性能比较

检测策略	技术方法	线性范围	检出限	参考文献
金汞齐 DNA 传感器	微分脉冲伏安法	20 pmol/L～1 μmol/L	20 pmol/L	[35]
T-Hg^{2+}-T/金纳米粒子	方波伏安法	0.2 nmol/L～2 μmol/L	0.1 nmol/L	[36]
二茂铁标记聚胸腺嘧啶寡核苷酸	微分脉冲伏安法	1.0 nmol/L～2 μmol/L	0.5 nmol/L	[26]
场效应晶体管型石墨烯适体传感器	计时电流法	10 pmol/L～10 nmol/L	10 pmol/L	[37]
石墨烯/等离子体聚烯丙胺/DNA 传感器	石英晶体微天平 微分脉冲伏安法	0.1～200 nmol/L 0.1～100 nmol/L	31 pmol/L 17 pmol/L	[38]
Hg^{2+} 诱导 DNA 杂交	循环伏安法	1 nmol/L～10 μmol/L	0.6 nmol/L	[39]
链霉亲和素/辣根过氧化物酶信号放大	循环伏安法	0.5 nmol/L～1 μmol/L	0.3 nmol/L	[40]
亚甲基蓝-发夹 DNA/二茂铁-DNA	微分脉冲伏安法	0.5 nmol/L～5 μmol/L	80 pmol/L	[41]

续表

检测策略	技术方法	线性范围	检出限	参考文献
密度可控金属-有机杂化微阵列	方波伏安法	15 pmol/L~500 nmol/L	5 pmol/L	[42]
聚胸腺嘧啶寡核苷酸	阳极溶出伏安法	0.1 nmol/L~5 μmol/L	60 pmol/L	[43]
二茂铁标记 DNA/石墨烯	微分脉冲伏安法	25 pmol/L~10 μmol/L	5 pmol/L	所构建传感器

6.3.7 传感器选择性、稳定性和再生性

(1) 选择性

为了研究传感器的选择性，5 μmol/L 不同金属离子（Na^+、K^+、Ba^{2+}、Mg^{2+}、Zn^{2+}、Pb^{2+}、Mn^{2+}、Co^{2+}、Ni^{2+}、Fe^{2+}、Fe^{3+}、Al^{3+}）和 2.5 μmol/L 金属离子标准溶液（Mo、Mn、As、Cr、Cd、Cu、V、Ag）加入杂交溶液，分别与 50 nmol/L Hg^{2+} 和金属离子中含有 0.1 μmol/L Hg^{2+} 进行对比。如图 6.7，传感器对 Hg^{2+} 具有明显的信号抑制作用，对其他金属离子的响应很小，这是由于 T-Hg^{2+}-T 的结合力比 Watson-Crick A-T 碱基对更强[44]。

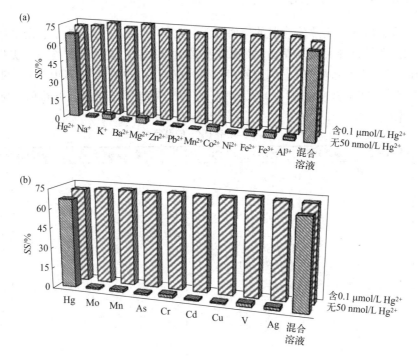

图 6.7 传感器对 5 μmol/L 不同金属离子 (a) 和 2.5 μmol/L 金属离子标液 (b) 的 DPV 响应

(2) 稳定性

对于传感器的稳定性，通过 5 次连续扫描测试，响应峰电流降低幅度小于 3.9%（RSD=1.6%）。

(3) 再生性

经过 15 次循环再生处理，GR 背景峰电流值略有上升（图 6.8），Fc-DNA 与目标 DNA 在 Hg^{2+} 的存在下杂交后脱离 GR 表面得到 GR/GCE，可再用于吸附 Fc-DNA。由于未充分杂交 Fc-DNA 吸附于 GR 表面，随着循环次数增加，峰背景电流随之增大。但本实验提出的

传感器仍表现出良好的再生性。

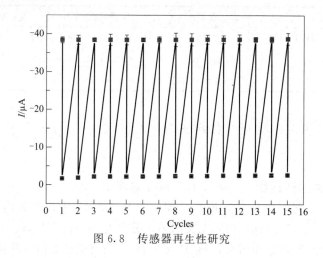

图 6.8 传感器再生性研究

6.3.8 在实际样品中的应用

为了评价所提出的电化学传感器的应用价值,收集了纯净水、自来水、湖水和河水四个样品用于对比。在优化的实验条件下,将采集到的两个样品过滤后进行检测,实验结果如表 6.2 所示,通过 DPV 的峰电流信号计算 Pb^{2+} 的浓度,得到湖水样品中 Pb^{2+} 的回收率为 98.9%~102.1%,相对标准偏差为 0.6%~3.5%,结果表明传感器在初步的实际应用中具有一定的可行性。

表 6.2 不同水样中 Hg^{2+} 的测定 ($n=3$)

样品	加入量/(nmol/L)	测定量/(nmol/L)	回收率/%	相对标准偏差/%
纯净水	0	ND	—	—
	0.025	0.025±0.821	100.0	1.1
	0.25	0.253±0.964	101.1	1.6
	10	9.960±0.293	99.6	0.7
	50	51.043±0.900	102.1	2.8
	5000	5038.820±0.211	100.8	3.2
自来水	0	ND	—	—
	0.25	0.254±0.862	101.7	1.4
	5	4.991±0.885	99.8	2.0
	10	10.090±0.594	100.9	1.5
	50	50.072±0.511	100.1	1.6
	1000	1005.732±0.538	100.6	3.5
湖水	0	ND	—	—
	0.25	0.251±0.855	100.2	1.4
	5	4.993±0.964	99.9	2.1
	10	9.940±0.516	99.4	1.3
	100	99.608±0.208	99.6	0.7
	500	504.736±0.490	100.9	2.6
河水	0	ND	—	—
	0.025	0.0247±0.665	98.9	0.9
	5	4.992±0.268	99.8	0.6
	10	10.018±0.409	100.2	1.0
	50	51.186±0.541	100.4	1.7
	100	100.409±0.462	100.5	1.6

6.4 本章小结

总之,一个温和、可重复使用的基于 GR 的电化学 DNA 传感器被用于水溶液以"开-关"方式检测 Hg^{2+}。这一方法利用了石墨烯与 dsDNA、ssDNA 之间亲和力的显著差异,Fc 标记的 ssDNA 能与目标 DNA 在 Hg^{2+} 存在下特异性杂交形成 dsDNA 后脱离 GR 表面,降低了 Fc 的信号,从而通过电化学方法进行监测。所提出的电化学 DNA 传感器,在其他金属离子共存情况下,具有较高的选择性,起着信号放大作用的 GR 载体和游离到溶液中的 dsDNA 使传感器能再次使用。此外,这种方法试剂用量少、工作步骤少、灵敏度高、选择性好、可重复利用,因而具有在实际样品中检测 Hg^{2+} 的潜力并用于环境监测。

参考文献

[1] Cho E S, Kim J, Tejerina B, et al. Ultrasensitive detection of toxic cations through changes in the tunnelling current across films of striped nanoparticles [J]. Nature Materials, 2012, 11 (11): 978-985.

[2] Omichinski J G. Toward methylmercury bioremediation [J]. Science, 2007, 317 (5835): 205-206.

[3] Hoang C V, Oyama M, Saito O, et al. Monitoring the presence of ionic mercury in environmental water by plasmon-enhanced infrared spectroscopy [J]. Scientific Reports, 2013, 3: 1175.

[4] Korbas M, Blechinger S R, Krone P H, et al. Localizing organomercury uptake and accumulation in zebrafish larvae at the tissue and cellular level [J]. Proceedings of the National Academy of Sciences, 2008, 105 (34): 12108-12112.

[5] Morel F M M, Kraepiel A M L, Amyot M. The chemical cycle and bioaccumulation of mercury [J]. Annual Review of Ecology and Systematics, 1998, 29: 543-566.

[6] Clarkson T W, Magos L, Myers G J. The toxicology of mercury-current exposures and clinical manifestations [J]. New England Journal of Medicine, 2003, 349 (18): 1731-1737.

[7] Ekino S, Susa M, Ninomiya T, et al. Minamata disease revisited: an update on the acute and chronic manifestations of methyl mercury poisoning [J]. Journal of the Neurological Sciences, 2007, 262 (1): 131-144.

[8] Geier D A, Geier M R. A case series of children with apparent mercury toxic encephalopathies manifesting with clinical symptoms of regressive autistic disorders [J]. Journal of Toxicology and Environmental Health-Part A, 2007, 70 (10): 837-851.

[9] Nriagu J O, Pacyna J M. Quantitative assessment of worldwide contamination of air, water and soils by trace metals [J]. Nature, 1988, 333 (6169): 134-139.

[10] Jensen S, Jernelöv A. Biological methylation of mercury in aquatic organisms [J]. Nature, 1969, 223: 753-754.

[11] Ono A, Togashi H. Highly selective oligonucleotide-based sensor for mercury(Ⅱ) in aqueous solutions [J]. Angewandte Chemie International Edition, 2004, 43 (33): 4300-4302.

[12] Che Y, Yang X M, Zang L. Ultraselective fluorescent sensing of Hg^{2+} through metal coordination-induced molecular aggregation [J]. Chemical Communications, 2008, 12: 1413-1415.

[13] Freeman R, Finder T, Willner I. Multiplexed analysis of Hg^{2+} and Ag^{+} ions by nucleic acid functionalized CdSe/ZnS quantum dots and their use for logic gate operations [J]. Angewandte Chemie International Edition, 2009, 48 (42): 7818-7821.

[14] Tang Y L, He F, Yu M, et al. A reversible and highly selective fluorescent sensor for mercury(Ⅱ) using poly (thiophene) s that contain thymine moieties [J]. Macromolecular Rapid Communications, 2006, 27 (6): 389-392.

[15] Chiang C K, Huang C C, Liu C W, et al. Oligonucleotide-based fluorescence probe for sensitive and selective detection of mercury(Ⅱ) in aqueous solution [J]. Analytical Chemistry, 2008, 80 (10): 3716-3721.

[16] Hao Y L, Guo Q Q, Wu H Y, et al. Amplified colorimetric detection of mercuric ions through autonomous assembly of G-quadruplex DNAzyme nanowires [J]. Biosensors & Bioelectronics, 2014, 52: 261-264.

[17] Matsushita M, Meijler M M, Wirsching P, et al. A blue fluorescent antibody-cofactor sensor for mercury [J]. Organic Letters, 2005, 7 (22): 4943-4946.

[18] Nolan E M, Lippard S J. Tools and tactics for the optical detection of mercuric ion [J]. Chemical Reviews, 2008, 108 (9): 3443-3480.

[19] Lee J S, Han M S, Mirkin C A. Colorimetric detection of mercuric ion (Hg^{2+}) in aqueous media using DNA-functionalized gold nanoparticles [J]. Angewandte Chemie International Edition, 2007, 119 (22): 4171-4174.

[20] Abollino O, Giacomino A, Malandrino M, et al. Determination of mercury by anodic stripping voltammetry with a gold nanoparticle-modified glassy carbon electrode [J]. Electroanalysis, 2008, 20 (1): 75-83.

[21] Li M, Zhou X, Ding W, et al. Fluorescent aptamer-functionalized graphene oxide biosensor for label-free detection of mercury(Ⅱ) [J]. Biosensors & Bioelectronics, 2013, 41: 889-893.

[22] Lee J H. Highly sensitive "turn-on" fluorescent sensor for Hg^{2+} in aqueous solution based on structure-switching DNA [J]. Chemical Communications, 2008, 45: 6005-6007.

[23] Xiao Y, Rowe A A, Plaxco K W. Electrochemical detection of parts-per-billion lead via an electrode-bound DNAzyme assembly [J]. Journal of the American Chemical Society, 2007, 129 (2): 262-263.

[24] Wu Z S, Guo M M, Zhang S B, et al. Reusable electrochemical sensing platform for highly sensitive detection of small molecules based on structure-switching signaling aptamers [J]. Analytical Chemistry, 2007, 79 (7): 2933-2939.

[25] Huang Y, Zhang Y L, Xu X, et al. Highly specific and sensitive electrochemical genotyping via gap ligation reaction and surface hybridization detection [J]. Journal of the American Chemical Society, 2009, 131 (7): 2478-2480.

[26] Liu S J, Nie H G, Jiang J H, et al. Electrochemical sensor for mercury(Ⅱ) based on conformational switch mediated by interstrand cooperative coordination [J]. Analytical Chemistry, 2009, 81 (14): 5724-5730.

[27] Novoselov K S A, Geim A K, Morozov S V, et al. Two-dimensional gas of massless Dirac fermions in graphene [J]. Nature, 2005, 438 (7065): 197-200.

[28] Meyer J C, Geim A K, Katsnelson M I, et al. The structure of suspended graphene sheets [J]. Nature, 2007, 446 (7131): 60-63.

[29] Pumera M. Graphene-based nanomaterials and their electrochemistry [J]. Chemical Society Reviews, 2010, 39 (11): 4146-4157.

[30] Zhang H, Jia S S, Lv M, et al. Size-dependent programming of the dynamic range of graphene oxide-DNA interaction-based ion sensors [J]. Analytical Chemistry, 2014, 86 (8): 4047-4051.

[31] An J H, Park S J, Kwon O S, et al. High-performance flexible graphene aptasensor for mercury detection in mussels [J]. ACS Nano, 2013, 7 (12): 10563-10571.

[32] Liu X Q, Wang F, Aizen R, et al. Graphene oxide/nucleic-acid-stabilized silver nanoclusters: functional hybrid materials for optical aptamer sensing and multiplexed analysis of pathogenic DNAs [J]. Journal of the American Chemical Society, 2013, 135 (32): 11832-11839.

[33] Liu B W, Sun Z Y, Zhang X, et al. Mechanisms of DNA sensing on graphene oxide [J]. Analytical Chemistry, 2013, 85 (16): 7987-7993.

[34] Hummers W, Offeman R. Preparation of graphite oxide [J]. Journal of the American Chemical Society, 1958, 80 (6): 1339.

[35] Chen J F, Tang J, Zhou J, et al. Target-induced formation of gold amalgamation on DNA-based sensing platform for electrochemical monitoring of mercury ion coupling with cycling signal amplification strategy [J]. Analytica Chimica Acta, 2014, 810: 10-16.

[36] Tang S R, Tong P, Lu W, et al. A novel label-free electrochemical sensor for Hg^{2+} based on the catalytic formation of metal nanoparticle [J]. Biosensors & Bioelectronics, 2014, 59: 1-5.

[37] An J H, Park S J, Kwon O S, et al. High-performance flexible graphene aptasensor for mercury detection in mussels [J]. ACS Nano, 2013, 7 (12): 10563-10571.

[38] Wang M H, Liu S L, Zhang Y C, et al. Graphene nanostructures with plasma polymerized allylamine biosensor for selective detection of mercury ions [J]. Sensors and Actuators B: Chemical, 2014, 203: 497-503.

[39] Niu X H, Ding Y L, Chen C, et al. A novel electrochemical biosensor for Hg^{2+} determination based on Hg^{2+}-induced DNA hybridization [J]. Sensors and Actuators B: Chemical, 2011, 158 (1): 383-387.

[40] Zhang Z P, Tang A, Liao S Z, et al. Oligonucleotide probes applied for sensitive enzyme-amplified electrochemical assay of mercury(Ⅱ) ions [J]. Biosensors & Bioelectronics, 2011, 26 (7): 3320-3324.

[41] Xiong E H, Wu L, Zhou J W, et al. A ratiometric electrochemical biosensor for sensitive detection of Hg^{2+} based on thymine-Hg^{2+}-thymine structure [J]. Analytica Chimica Acta, 2015, 853: 242-248.

[42] Shi L, Chu Z Y, Liu Y, et al. An ultrasensitive electrochemical sensing platform for Hg^{2+} based on a density controllable metal-organic hybrid microarray [J]. Biosensors & Bioelectronics, 2014, 54: 165-170.

[43] Wu J K, Li L Y, Shen B J, et al. Polythymine oligonucleotide-modified gold electrode for voltammetric determination of mercury(Ⅱ) in aqueous solution [J]. Electroanalysis, 2010, 22 (4): 479-482.

[44] Zhu Z Q, Su Y Y, Li J, et al. Highly sensitive electrochemical sensor for mercury(Ⅱ) ions by using a mercury-specific oligonucleotide probe and gold nanoparticle-based amplification [J]. Analytical Chemistry, 2009, 81 (18): 7660-7666.

第7章 基于羧化石墨烯和生物条形码放大技术的Hg^{2+}电化学生物传感器

7.1 引言

汞污染来自人类生活以及大自然，据联合国环境规划署（UNEP）统计，每年释放到环境的汞约有7500 t。它会对人体带来如下危害：损害神经系统、消化系统、免疫系统、损伤肺、肾、皮肤和眼睛，引发水俣病、肢痛症、流涎、肌张力低下、高血压等疾病[1-8]。因此，灵敏识别及快速检测水溶液中微量的Hg^{2+}对环境监测、临床诊断、生命科学等领域[9-10]具有十分重要的意义，形成T-Hg^{2+}-T配位化学的稳定DNA双链为Hg^{2+}的检测提供了高选择性和灵活性的策略，结合信号放大技术的开发，发展了越来越多基于T-Hg^{2+}-T的DNA传感器，可满足低浓度污染的检测。

石墨烯作为一种碳元素的新型同素异构体，具有类似苯环连接成一维平面蜂窝结构的结构单元。石墨烯由于其独特的平面结构和扩展能力，具有卓越的热、电、光和机械性能而适用于传感器的应用。另外，石墨烯溶解度和可加工性差，共价石墨烯改性能够改善石墨烯的一些缺陷。GO可溶于水和各种溶剂，因为GO带有一些官能基（酯、环氧化物、羟基和羧基），具有很强的亲水性。GO本身存在的羧基基本处于片层边缘，且能发生脱水缩合反应的活性位点较少，可将GO选择性还原，留下羧基基团成为羧化石墨烯（GR-COOH），羧化GR片层间因带负电荷的羧基和酚羟基在水溶液中静电排斥而分离，具有良好的分散性且保留了本身独特的结构特性。

信号放大（signal amplification，SA）已成为高灵敏度环境监测的重要概念。基于此发展了各种各样的信号放大方法和策略，如酶标记、纳米标记和分子生物学放大。基于寡核苷酸修饰金纳米粒子的生物条形码放大技术在目标物测定中具有高灵敏度和选择性。传统的条形码是将黑条和空白按照一定的编码规则排列来表达一组信息，对不同物品信息进行标记的图形标识符。生物条形码（bio-barcode amplification，BCA）与传统的条形码相似，是将DNA分子序列中四种碱基按一定的顺序排列来表达一组信息，对待测物进行标记的DNA分子。在分子诊断中通常将BCA技术与纳米技术联用，将生物条形码和识别元件共组装在纳米材料上形成同时具有识别和放大功能的纳米生物条形码，其中常用的纳米材料是金纳米粒子，因为金纳米粒子具有比表面积大、易于和巯基反应的特点，可以通过金-硫键在金纳米粒子表面实现巯基修饰DNA的富集。纳米生物条形码具有检测范围广、操作简单、准确性高和高通量等优点。纳米生物条形码不仅在免疫检测方面体现了不可忽视的优势，也可用于 DNA 检测过程中的信号放大。此外，酶标记也是广泛使用的方法之一，通常采用单一的酶分子和抗生物素蛋白-生物素相互作用的生物分子固定化技术，例如，辣根过氧化物酶（horseradish peroxidase，HRP）作为酶标记物，是过氧化物酶中最重要的球蛋白，其稳定性好、分子量小（44000）、活性高、特异性强，而且纯酶容易制备，广泛用于研究过氧化物酶催化氧化底物的生物过程，其三维结构如图 7.1 所示，是一种含亚铁血红素的蛋白质。可以通过非共价方式、点击化学、静电相互作用固定在电极表面。最为常见的固定方式是通过生物素-链霉亲和素的特异性结合。该方法操作简单，具有信号放大的作用。Yin 等[11] 在条形码 DNA 的末端修饰上生物素，以一定的比例将条形码 DNA 和信号探针组装在金纳米粒子表面得到纳米生物条形码备用，在捕获探针、目标 DNA 分子和纳米生物条形码构成夹心结构之后，加入亲和素标记的辣根过氧化物酶，以酶作为催化氧化还原的电化学标记物实现目标 DNA 的定量。

本实验中，我们设计了羧化石墨烯修饰电极结合生物条形码信号放大技术和 HRP 催化信号双重放大灵敏、选择性地检测水溶液中 Hg^{2+} 的方案。金纳米颗粒与特异性富含 T 的目标 DNA 和 DNA 生物条形码功能化。存在 Hg^{2+} 条件下，富含条形码 DNA 和目标 DNA 的 AuNPs 复合物上通过亲和素-生物素相互作用标记了大量 HRP，与底物 DNA 修饰 GR-COOH/GCE 以 T-Hg^{2+}-T 配位化学进行杂交。改变 Hg^{2+} 浓度得到不同 HRP 修饰的三明治夹心结构，根据 HRP 催化对苯二酚信号的变化实

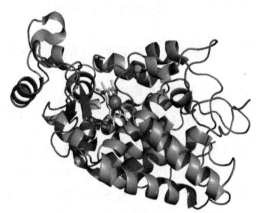

图 7.1　HRP 的三维结构

现对 Hg^{2+} 的检测。该方法已成功地应用于实际环境样品中 Hg^{2+} 的测定。

7.2　实验部分

7.2.1　仪器和试剂

仪器：扫描电子显微镜（SEM）图像由 Nova Nano SEM 430 型号超高分辨率的场发射扫描电子显微镜（荷兰 FEI 公司）获得，红外光谱图由 Nicolet IS10 红外光谱仪（美国 Nicolet 公司）获得，紫外光谱图由 Agilent 8453 紫外分光光度计（美国安捷伦公司）获得。所有的电化学测量，包括计时电流（i-t）、循环伏安（CV）均是室温下用 CHI 660D 电化学分析仪（中国上海）进行。

试剂：寡核苷酸及标记亲和素的辣根过氧化物酶（Avidin-HRP）由 Sangon 生物工程有限公司（中国上海）合成，并通过 HPLC 纯化，冻干。实验所用 DNA 序列如下：

底物链（sub-DNA）：5′-(C_6)-NH_2-TTC TTT CTT CCT TTC-3′；
目标 DNA（target DNA，tDNA）：5′-GTT TGG TTG TTT GTT-SH-3′；
生物条形码 DNA（bioDNA）：5′-Biotin-TCA GTG TGT AGT CCG TT-SH-3′.

sub-DNA 与目标 DNA 在 Hg^{2+} 存在下完全匹配。寡核苷酸溶解在 10 mmol/L 磷酸盐缓冲液（PBS，pH 7.4）中获得 DNA 储备液，然后储存在 −18 ℃下避免变性失活。

石墨粉末、牛血清白蛋白（BSA）、三羟甲基氨基甲烷（Tris）、对苯二酚（HQ）购自国药集团化学试剂有限公司（中国上海）。三(2-羧乙基)膦盐酸盐（TCEP）、6-巯基-1-己醇（MCH）、氯金酸（$HAuCl_4 \cdot 3H_2O$）、N-羟基硫代琥珀酰亚胺（sulfo-NHS）、1-乙基-3-(3-二甲基氨基丙基)碳酰二亚胺盐酸盐（EDC）购自 Sigma-Aldrich 化学公司。所有金属离子标准溶液和其他试剂从国药集团化学试剂有限公司（中国上海）购得，未进一步纯化。实验过程中使用的水均为超纯水且经高温高压灭菌处理。

20 mmol/L PBS（pH 7.4，0.5 mol/L NaCl）用作清洗缓冲液，50 mmol/L Tris-HCl（pH 7.4，0.3 mol/L NaCl）用作杂交缓冲液和支持电解质。20 mmol/L PBS（pH 7.4，0.5 mol/L NaCl）中含有 5 mmol/L NHS、5 mmol/L EDC 和 0.5 μmol/L sub-DNA 作为固定缓冲液。所有实验均在室温下进行。

7.2.2 羧基化氧化石墨烯溶液的制备

7.2.2.1 氧化石墨烯的制备

GO 的制备方法见第 6 章 6.2.2.1。

7.2.2.2 羧基化氧化石墨烯溶液的制备

羧基化氧化石墨烯的制备是基于二氧化硫脲选择性还原氧化石墨烯上的羰基和环氧基，对羧基采用保留形式。根据 Pan 等的[12]方法制备。简单来说，取 200 mg GO 在超声作用下分散在 200 mL 超纯水中，超声 1 h，得到均匀的黄褐色 GO 分散液，且没有可见沉淀，加入氨水，将 GO 分散液的 pH 调至 10，加入 0.2 g 二氧化硫脲（TUD），40 ℃下充 N_2 反应 0.5 h，滴加数滴 5%HCl（质量/体积）到之前准备的 GR-COOH 分散液中，以盐形式除去多余的氨水。最终将黑色的 GR-COOH 过滤干燥。所得 GR-COOH 分散在超纯水中超声 1 h，浓度为 1 mg/mL。

7.2.3 AuNPs 及 HRP-bioDNA-AuNPs 的制备

7.2.3.1 AuNPs 的制备

根据前人报道的柠檬酸还原法制备 AuNPs，简单来说，首先将制备过程中所需玻璃仪器等放入新鲜配制的王水溶液中浸泡，王水以浓盐酸（HCl）和浓硝酸（HNO_3）体积比 3∶1 于通风橱中进行小心混合。浸泡后用超纯水冲洗干净，干燥备用。将 1 mL 1%（质量分数）的 $HAuCl_4$ 用超纯水定容至 100 mL 并置于 250 mL 圆底烧瓶中，在搅拌状态下加热至回流，迅速加入 3 mL 1%（质量分数）的柠檬酸三钠溶液继续回流，颜色经历由淡黄色到无色再到紫黑色，最后变为酒红色的过程，当酒红色稳定不变色后，继续保持回流 15 min，移走热源，室温下搅拌溶液至冷却，制备得到的 AuNPs 溶液于 4 ℃条件下避光保存。

7.2.3.2 HRP-bioDNA-AuNPs 的制备

巯基修饰的 DNA 首先用过量 1 倍的 TCEP 在室温条件下活化处理 1 h。取 30 μL

AuNPs、7 μmol/L 目标 DNA、10 μmol/L 探针 DNA 进行混合，其中目标 DNA 与生物条形码 DNA 的比例为 1∶70，4 ℃ 条件下放置 12 h，加入 10 mmol/L PBS（pH 7.4，50 mmol/L NaCl）孵化 4 h，继续加入 50 mmol/L NaCl 孵化 4 h，这个"陈化"过程能够提高 bioDNA-AuNPs 的稳定性以及杂交效率。bioDNA-AuNPs 在 12000 r/min 下离心 5 min 进行纯化，以除去未成功标记的 DNA。将红色沉淀重新分散在 10 mmol/L PBS（pH 7.4，50 mmol/L NaCl）中，加入 10 μmol/L 标记亲和素的 HRP，室温下反应 4 h。将所得 HRP-bioDNA-AuNPs 在 12000 r/min 下离心 5 min，除去未结合的 HRP，最终将红色沉淀重新分散在 10 mmol/L PBS（pH 7.4，50 mmol/L NaCl）中，4 ℃ 保存备用。

7.2.4　金电极表面的处理及电化学生物传感器的构建

玻碳电极表面的处理见第 6 章 6.2.4。

将 6 μL GR-COOH 分散液滴到 GCE 表面，室温下干燥，得到 GR-COOH/GCE 电极，将电极置于活化液中 37 ℃ 下反应 2 h，超纯水清洗吹干后，滴加 10 μL 0.5 μmol/L sub-DNA 固定缓冲液，37 ℃ 下反应 3 h，记为 sub-DNA/GR-COOH/GCE。室温条件下浸入 1 mmol/L MCH 中 30 min，随后滴加 4 μL 1% BSA，37 ℃ 下反应 0.5 h。

7.2.5　Hg^{2+} 的检测

为了检测 Hg^{2+}，之前准备的传感器用清洗缓冲液彻底洗涤，以除去电极上的非特异性吸附。取 5 μL HRP-bioDNA-AuNPs、5 μL 不同浓度 Hg^{2+} 的标液、10 μL 杂交缓冲液在 50 ℃ 条件下进行杂交，随后用杂交缓冲液彻底清洗所得修饰电极，记为 HRP-dsDNA/GR-COOH/GCE。

7.2.6　电化学测量

所有电化学测量，包括微分脉冲伏安（DPV）、循环伏安（CV）和电化学阻抗谱（EIS）均是室温下用 CHI 660D 电化学分析仪（上海，中国）进行。使用的三电极系统为饱和 KCl 甘汞电极（SCE）作为参比电极，铂电极作为辅助电极，玻碳电极（GCE）作为工作电极。CV 是在 50 mmol/L 的 Tris-HCl 缓冲液（pH 7.4，0.3 mol/L NaCl）中进行的，电势范围 −0.40～0.5 V，扫描速度为 0.1 V/s。i-t 记录是在包含 500 μmol/L HQ 以及 1 mmol/L H_2O_2 的 50 mmol/L 的 Tris-HCl 缓冲液（pH 7.4，0.3 mol/L NaCl）中，起始电位为 +0.20 V。

7.3　结果与讨论

7.3.1　传感器设计原理

图 7.2 展示了基于生物条形码放大技术和通过生物素-亲和素作用标记酶的双重信号放大检测 Hg^{2+} 的电化学 DNA 传感器的设计原理。GR-COOH 固定到电极表面后，在 NHS 和 EDC 作用下，使 sub-DNA 成功固定在 GR-COOH 表面。浸入 MCH 中是为了猝灭未反

应的 EDC，加入 BSA 对电极表面的活性位点进行封闭。在不存在 Hg^{2+} 的情况下，HRP 远离电极表面，电信号明显较弱，从而达到检测 Hg^{2+} 的目的。Hg^{2+} 和 HRP-bioDNA-AuNPs 轭合物在适当的条件下，通过 Hg^{2+} 和富含 T 碱基的寡核苷酸之间的特异性结合，杂交形成 dsDNA。HRP 由溶液中的游离状态，被吸引到电极附近，HRP 在 H_2O_2 存在的情况下，能催化 HQ 氧化成对苯醌（BQ），酶催化反应产物 BQ 在基底电极表面进一步被电化学还原为 HQ，产生还原电流。由于 HRP 在电极表面的固定数量取决于杂交溶液中 Hg^{2+} 的浓度，因此，酶催化反应产物 BQ 的还原电流可以作为 Hg^{2+} 浓度定量分析的电化学响应。因此，该传感器对 Hg^{2+} 检测展现出了较高的灵敏度。

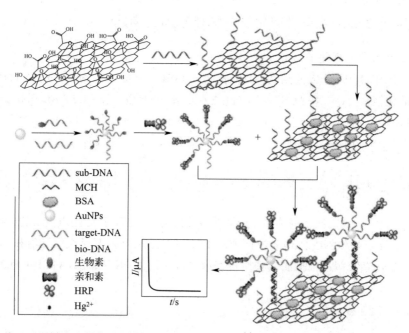

图 7.2 基于石墨烯和生物条形码信号放大技术检测 Hg^{2+} 的电化学 DNA 传感器设计原理示意图

7.3.2 GR-COOH 表征

7.3.2.1 FT-IR 表征

GO 含氧官能团到 GR-COOH 的变化由 FT-IR 谱图得到（图 7.3）。GO 的特征吸收峰见图 7.3 中曲线 a，3382 cm^{-1} 宽的吸收峰为—OH 的伸缩振动，2362 cm^{-1}、2334 cm^{-1} 分别为—CH_2 的反对称和对称伸缩振动，1716 cm^{-1} 是羧基、羰基中 C═O 的伸缩振动，1620 cm^{-1} 是 C═C 的伸缩振动，1400 cm^{-1} 是 O—H 弯曲振动，1273 cm^{-1} 是环氧基 C—O—C 的伸缩振动，1066 cm^{-1} 是烷氧基伸缩振动。这些含氧基团吸收峰表明，含氧官能团已经成功接枝到石墨的表面和边缘，因而 GO 在水中具有高分散性，很好地说明了 GO 的氧化。对比 GR-COOH 发现，其在 C═O、O—H、C—O、C—O—C 的吸收峰明显减少甚至消失，同时 1620 cm^{-1} 是 C═C 伸缩振动，1720 cm^{-1} 是羧基中 C═O 的伸缩振动，仍然保持很大的吸收峰，表明 GO 的环氧基和羰基在较低温度条件下几乎被 TUD 还原为 GR，表面的羧基仍然得到保留制成 GR-COOH。

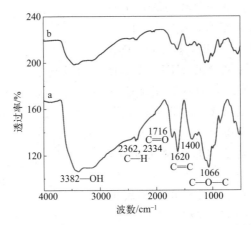

图 7.3　GO（a）和 GR-COOH（b）的 FT-IR 图谱

7.3.2.2　TEM 表征

GR-COOH 的表面形貌通过 TEM（图 7.4）进行表征。可见光条件下观察到制备的 GR-COOH 为黑色溶液 [图 7.4（a）插图]，在水中均匀分散。该 TEM 图像表明，GR-COOH 表面的羧基基团具有亲水性，分散在水中具有相互剥离的片状结构，呈现出类似"薄纸"的鳞片状结构，表面具有折皱或波浪绸纹，说明二氧化硫脲选择性还原 GO 得到的 GR-COOH 具有良好的水溶性，且表面很好地保持了石墨烯的片层结构。

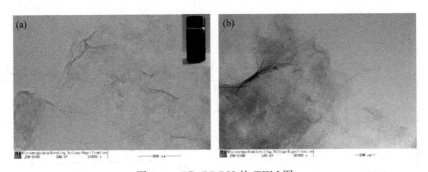

图 7.4　GR-COOH 的 TEM 图
插图为可见光下 GR-COOH 在水中的分散性

7.3.3　HRP-bioDNA-AuNPs 表征

AuNPs、bio-DNA、tDNA、HRP 和 HRP-bioDNA-AuNP 的 UV-Vis 图谱见图 7.5，曲线 e 具有 HRP（曲线 a）在 270 nm 处的特征吸收峰；tDNA（曲线 b）、bio-DNA（曲线 c）在 260 nm 左右具有特征吸收峰；AuNPs（曲线 d）在约 520 nm 处具有特征吸收峰。结果表明 bio-DNA、tDNA 以及 HRP 已经成功标记在 AuNPs 上，即 HRP-bioDNA-AuNPs 轭合物的成功制备。

7.3.4　HRP-dsDNA/GR-COOH/GCE 的电化学特性

首先研究了 H_2O_2 对修饰电极的催化作用。在图 7.6（a）插图中可以观察到，没有

H₂O₂ 的情况下（曲线 b），有一对较弱的氧化还原峰，对应于对苯二酚和对苯醌，在加入 H₂O₂ 后（曲线 a），由于电极表面存在很多与 bioDNA 通过生物素-亲和素特异性结合的 HRP，H₂O₂ 能催化 HRP 与对苯二酚反应，表现为氧化还原峰的增大。对应的计时电流曲线［图 7.6(a)］说明对氧化峰电流的催化增大作用。

然后，研究了 Hg^{2+} 对于电极的测定响应，在 2.5 μmol/L Hg^{2+} 存在下，CV 图中出现了一对强氧化还原峰，分别对应于 HQ 的电化学氧化和氧化产物 BQ 的电化学还原过程，表明 GR-COOH 表面的 sub-DNA 与 tDNA 发生了特异性结合，形成了 T-Hg^{2+}-T 结合的 dsDNA。bio-DNA 上特异性结合的大量 HRP 通过杂交反应与

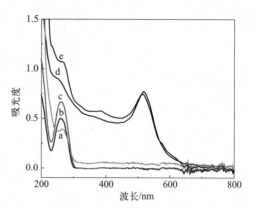

图 7.5　HRP（a）、tDNA（b）、bio-DNA（c）、AuNPs（d）和 HRP-bioDNA-AuNP（e）的 UV-Vis 图

GR-COOH 表面之间的距离拉近，在 H₂O₂ 存在下，能催化较多的 HQ 发生氧化反应，并且得到相应的时间-电流曲线［图 7.6(b)］。同时也进一步表明，生物素-亲和素结合在电极表面，成功固定了 HRP。为了证实 HRP 分子在电极表面的固定是由杂交溶液中含有 Hg^{2+} 引起的，设计了对照试验：当体系中不存在 Hg^{2+} 时，CV 图［图 7.6(b) 插图］中的氧化还原峰较弱，因为 GR-COOH 作为一种优异的碳材料，本身对于对苯二酚具有一定的催化作用。

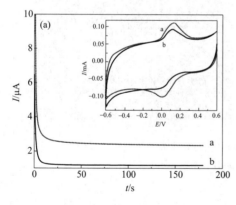
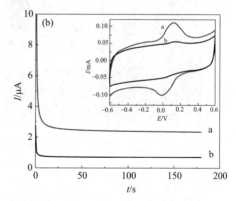

图 7.6　H₂O₂ 对 HRP-dsDNA/GR-COOH/GCE 修饰电极催化作用的计时电流曲线（a）和有/无 Hg^{2+} 存在时的计时电流曲线和 CV 图（b）

图（a）中曲线 b 为不含 H₂O₂，曲线 a 含有 1 mmol/L H₂O₂，插图为相应的 CV 图；

图（b）中曲线 b 为不存在 Hg^{2+}，曲线 a 为加入了 2.5 μmol/L Hg^{2+}；插图为 CV 图

以上实验结果表明，HRP 分子在电极表面的固定通过 Hg^{2+} 调节 sub-DNA 与 tDNA 的杂交反应而控制，整个信号转换过程涉及的酶催化反应与电化学反应如下：

$$H_2O_2 + HRP(Red) \longrightarrow HRP(Ox) + H_2O$$

$$HRP(Ox) + HQ \longrightarrow BQ + HRP(Red)$$

$$BQ + 2H^+ + 2e^- \longrightarrow HQ$$

7.3.5 实验条件的优化

HQ、H_2O_2 的浓度和测定电位会影响电极中 HRP 对 HQ 的催化，从而影响 Hg^{2+} 的测定响应，故首先探索了 HQ、H_2O_2 的浓度和测定电位的最佳值。如图 7.7(a)～(c) 所示，电流响应随着 HQ、H_2O_2 浓度的增加而升高，原因是相同数量 HRP 分子的条件下，反应物浓度越高，酶催化反应速度越快，因而相同反应时间内生成的酶催化反应产物 BQ 的数量越多，进一步增加浓度和电位值，峰电流值出现一个平台，说明已经达到饱和状态。其中，若实验中 HQ 的浓度过大，首先会导致峰背景电流过大，影响低浓度 Hg^{2+} 的测定，其次含有过大浓度 HQ 的电解液在空气中容易氧化，从而影响计时电流的测定。随着氧化电位的增加，电流响应逐渐增大，在 0.20 V 处接近饱和。因此，在后面的研究中，选用 1.0 mmol/L HQ，1.0 mmol/L H_2O_2 和 0.20 V 为测定条件。

GR-COOH 用量、sub-DNA 的浓度和体积以及 sub-DNA 组装时间均会影响 DNA 的表面覆盖率和传感器的灵敏度。图 7.7(d)～(g) 展示了其对峰电流值的影响。当 GR-C 用量、sub-DNA 的浓度和体积以及 sub-DNA 组装时间增加，氧化峰电流值不断增大，达到最大值之后，电流值迅速降低，说明各自对于传感器的响应存在最优值，分别是 6 μL GR-COOH，0.5 μmol/L、10 μL sub-DNA，3 h 组装时间，后续研究采用上述最优值。

bio-DNA 与 tDNA 浓度比能影响生物条形码放大技术的灵敏度，如图 7.7(h)，两者浓度比从 10∶1 起增大，随着峰电流信号不断增大，当两者浓度比达到 70∶1 时，峰电流值最大，再增加浓度比到 300∶1，峰电流呈减小趋势，说明随着 bio-DNA 浓度增大，杂交效率显著增加，但是过多的 DNA 链标记在 AuNPs 表面，增大了 DNA 在 AuNPs 表面的空间位阻。因此，最终选择 bio-DNA 与 tDNA 浓度比为 70∶1。

杂交时间和温度对传感器响应的影响如图 7.7(i) 和 (j)，杂交动力学研究表明，在 2.5 μmol/L Hg^{2+} 条件下，sub-DNA 与 bioDNA-AuNPs 复合物中的 tDNA 在 3 h 之内经过特异性结合，最终有效地形成 dsDNA。随着杂交温度从 4 ℃增大到 50 ℃，响应信号增加，然后随着温度的升高，响应信号迅速减弱，表明 50 ℃为最佳杂交温度。故加入 2.5 μmol/L Hg^{2+} 在杂交温度为 50 ℃、杂交时间为 3 h 时，峰电流最大，相应地，作为实验最佳条件。

在 DNA 杂交体系中，离子强度和溶液 pH 值对传感器的稳定性和灵敏度也十分重要。杂交溶液 pH 值的影响如图 7.7(k) 所示，最大响应信号出现在 pH 7.4 处，偏酸或偏碱条件对 DNA 和酶都具有抑制作用。

DNA 本身带负电荷，溶液中的盐会对 DNA 产生电荷屏蔽作用，对 DNA 杂交产生重要的影响，如图 7.7(l)，0～1.0 mol/L NaCl 范围内研究了不同离子强度对于电极的响应。结果表明，0～0.30 mol/L 内，峰电流随着 NaCl 浓度增加而增大，到 0.3 mol/L 时趋于稳定，当浓度从 0.40 mol/L 增至 1.0 mol/L 时，峰电流值保持恒定状态，即达到饱和。因此，pH 为 7.4 的 Tris-HCl（50 mmol/L，0.3 mol/L NaCl）作为杂交缓冲溶液用于整个实验。

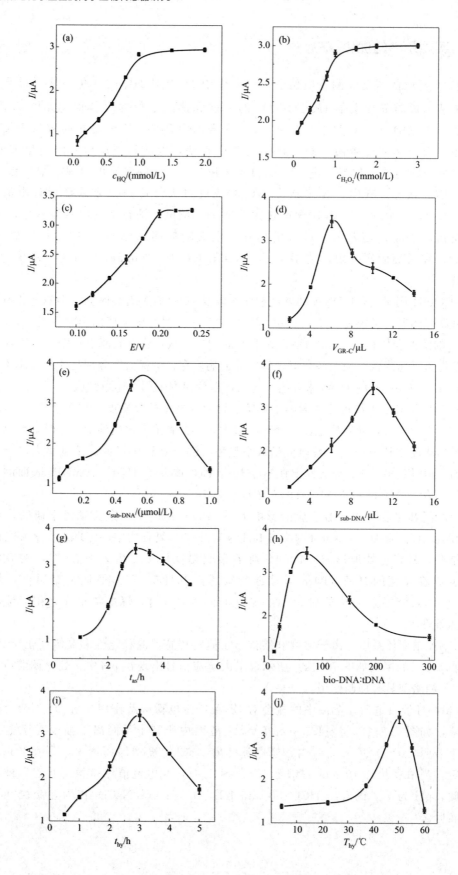

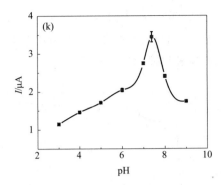
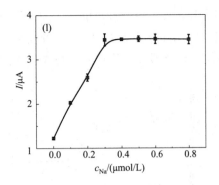

图 7.7 不同因素对修饰电极的影响

(a) HQ 的浓度；(b) H_2O_2 的浓度；(c) 测定电位；(d) GR-C 量；(e) sub-DNA 浓度；(f) sub-DNA 体积；(g) 组装时间；(h) bioDNA 和 tDNA 浓度比；(i) 杂交温度；(j) 杂交时间；(k) pH；(l) 离子强度

7.3.6 HRP-dsDNA/GR-COOH/GCE 的电化学行为

图 7.8 展示了扫描速率 (v) 10～500 mV/s 范围内与峰电流呈线性关系：$I_{pc}(\mu A) = -0.66168v(mV/s) - 0.02577$，$R = 0.9972$；$I_{pa}(\mu A) = 0.68254v(mV/s) + 0.01242$，$R = 0.9993$，表明 Hg^{2+} 传感器的氧化还原反应是表面控制过程。

线性关系可以用下面的理论公式来表示：

$$I_p = n^2 F^2 v A \Gamma / 4RT \tag{7-1}$$

式中，n 是反应中电子转移数；F 是法拉第常数；v 是扫描速率；A 是电极表面积；Γ 是电极表面覆盖度。从 I_{pa} 对 v 的曲线斜率可以计算出 Γ 为 2.21×10^{-8} mol/cm^2。

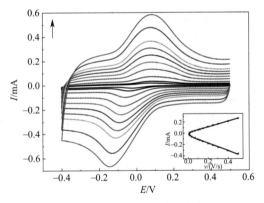

图 7.8 HRP-dsDNA/GR-COOH/GCE 修饰电极在 50 mmol/L Tris-HCl (pH 7.4，0.3 mol/L NaCl) 溶液，含 50 nmol/L Hg^{2+} 下不同扫描速度 [扫速 (mV/s) 分别为 10、20、50、70、100、120、150、200、250、300、400、500] 的 CV 图
(插图为氧化还原峰电流与扫速的线性关系)

7.3.7 Hg^{2+} 的定量检测

图 7.9(a) 显示了 DNA 传感器对不同浓度 Hg^{2+} 的 DPV 响应。随着 Hg^{2+} 浓度增加 DPV 峰电流呈增加趋势。I_{pa} 和 lg$c$ 在 25 pmol/L 到 10 μmol/L 范围内呈线性 [图 7.9(b)]。

线性回归方程为 $I_{pa}=0.54971\lg c+3.20765$ ($R=0.9996$)，检出限为 25 pmol/L ($S/N=3$)，这远远低于美国环保署规定的 Hg^{2+} 毒性水平。相比于其他以 T-Hg^{2+}-T 相互作用为基础的电化学 Hg^{2+} 传感器，本传感器优势在于线性范围宽和检测限低（表 7.1）。

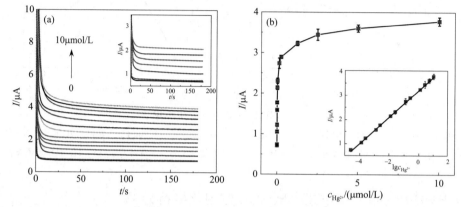

图 7.9 传感器在不同浓度 Hg^{2+} 范围内（0~10 μmol/L）的 DPV 图（a）以及还原峰电流与 Hg^{2+} 浓度的曲线图（b）（插图为 I 与 $\lg c_{Hg^{2+}}$ 的线性关系）

表 7.1 基于 T-Hg^{2+}-T 相互作用的电化学 Hg^{2+} 传感器比较

检测策略	技术方法	线性范围	检测限	参考文献
金汞齐 DNA 传感器	微分脉冲伏安法	20 pmol/L~1 μmol/L	20 pmol/L	[13]
汞特异性寡核苷酸/金纳米粒子	方波伏安法	0.5 nmol/L~0.1 μmol/L	0.5 nmol/L	[14]
T-Hg^{2+}-T/金纳米粒子	微分脉冲伏安法	0.5 nmol/L~0.12 μmol/L	30 nmol/L	[15]
场效应晶体管型石墨烯适体传感器	计时电流法	10 pmol/L~10 nmol/L	10 pmol/L	[16]
石墨烯/等离子体聚烯丙胺/DNA 传感器	石英晶体微天平	0.1~200 nmol/L	31 pmol/L	[17]
	微分脉冲伏安法	0.1~100 nmol/L	17 pmol/L	
T-Hg^{2+}-T/金纳米粒子	循环伏安法	—	10 nmol/L	[18]
链霉亲和素/辣根过氧化物酶信号放大	循环伏安法	0.5 nmol/L~1 μmol/L	0.3 nmol/L	[19]
金纳米粒子/亚甲基蓝 DNA 传感器	微分脉冲伏安法	1 nmol/L~0.5 μmol/L	0.32 nmol/L	[20]
石墨烯/生物条形码 DNA 传感器	计时电流法	25 pmol/L~10 μmol/L	25 pmol/L	所构建传感器

7.3.8 传感器特性

7.3.8.1 选择性

选择性实验：5 μmol/L 不同金属离子（Na^+、K^+、Ba^{2+}、Mg^{2+}、Zn^{2+}、Pb^{2+}、Mn^{2+}、Co^{2+}、Ni^{2+}、Fe^{2+}、Fe^{3+}、Al^{3+}）和 2.5 μmol/L 的金属离子标准溶液（Mo、Mn、As、Cr、Cd、Cu、V、Ag）加入杂交溶液与 25 nmol/L Hg^{2+} 进行对比。如图 7.10，传感器对 Hg^{2+} 具有明显的信号响应，对其他金属离子的响应很小，因此该检测方法具有高选择性。

7.3.8.2 稳定性

将 HRP-dsDNA/GR-COOH/GCE 修饰电极在同一浓度 Hg^{2+} 中进行重复测定，15 次连续扫描，峰电流降低小于 3.2%（RSD=0.9%）。

第 7 章 基于羧化石墨烯和生物条形码放大技术的 Hg^{2+} 电化学生物传感器

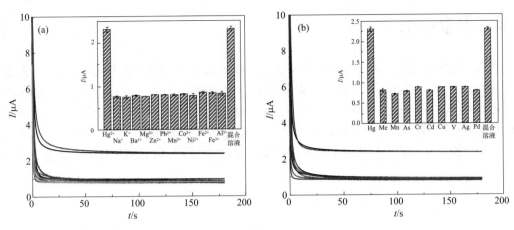

图 7.10 传感器对 25 nmol/L Hg^{2+}、5 μmol/L 不同金属离子（a）和 2.5 μmol/L 金属离子标液（b）的 I-t 响应

7.3.8.3 重现性

将 HRP-dsDNA/GR-COOH/GCE 修饰电极对同一浓度 Hg^{2+} 溶液进行测定，重复 15 组数据得到相对标准偏差（RSD）为 2.1%。

7.3.9 在实际样品中的应用

电化学传感器应用于当地纯净水、自来水、湖水和河水（表 7.2）中 Hg^{2+} 的测定。通过标准加入法在样品中加入 Hg^{2+} 标准溶液进行测定。

表 7.2 不同水样中 Hg^{2+} 的测定（$n=3$）

样品	加入量	测定量	回收率/%	相对标准偏差/%
纯净水	0	—	—	—
	25 nmol/L	(25.0±0.033) nmol/L	99.9	0.6
	1.25 μmol/L	(1.25±0.0041) μmol/L	100.5	0.5
	5 μmol/L	(5.0±0.075) μmol/L	100.0	0.8
自来水	0	—	—	—
	1.25 nmol/L	(1.26±0.062) nmol/L	100.9	1.6
	0.125 μmol/L	(0.124±0.0051) μmol/L	99.1	0.8
	10 μmol/L	(10.0±0.066) μmol/L	100.1	0.7
湖水	0	—	—	—
	0.125 nmol/L	(0.126±0.0026) nmol/L	100.9	1.0
	12.5 nmol/L	(12.4±0.052) nmol/L	99.2	1.0
	0.25 μmol/L	(0.26±0.0053) μmol/L	102.2	0.7
河水	0	—	—	—
	0.25 nmol/L	(0.25±0.0012) nmol/L	99.8	0.4
	2.5 nmol/L	(2.5±0.073) nmol/L	100.0	1.6
	2.5 μmol/L	(2.5±0.017) μmol/L	101.1	0.2

7.4 本章小结

总之，基于石墨烯、生物条形码信号放大技术的电化学 DNA 传感器用于水溶液中 Hg^{2+} 的检测。这一方法利用石墨烯作为高电子传递基底，通过 Hg^{2+} 和 HRP-bioDNA-AuNPs 存在下特异性杂交形成 dsDNA 使 HRP 接近 GR 表面，增强了催化信号，这些变化由电化学方法检测。所提出的电化学 DNA 传感器，在其他金属离子共存情况下，具有较高的选择性。具有信号放大作用的 GR 载体和生物素-亲和素标记 AuNPs 技术的结合，表现出了较高的灵敏度。

参考文献

[1] Cho E S, Kim J, Tejerina B, et al. Ultrasensitive detection of toxic cations through changes in the tunnelling current across films of striped nanoparticles [J]. Nature Materials, 2012, 11 (11): 978-985.

[2] Omichinski J G. Toward methylmercury bioremediation [J]. Science, 2007, 317 (5835): 205-206.

[3] Hoang C V, Oyama M, Saito O, et al. Monitoring the presence of ionic mercury in environmental water by plasmon-enhanced infrared spectroscopy [J]. Scientific Reports, 2013, 3: 1175.

[4] Korbas M, Blechinger S R, Krone P H, et al. Localizing organomercury uptake and accumulation in zebrafish larvae at the tissue and cellular level [J]. Proceedings of the National Academy of Sciences, 2008, 105 (34): 12108-12112.

[5] Morel F M M, Kraepiel A M L, Amyot M. The chemical cycle and bioaccumulation of mercury [J]. Annual Review of Ecology and Systematics, 1998, 29: 543-566.

[6] Clarkson T W, Magos L, Myers G J. The toxicology of mercury—current exposures and clinical manifestations [J]. New England Journal of Medicine, 2003, 349 (18): 1731-1737.

[7] Ekino S, Susa M, Ninomiya T, et al. Minamata disease revisited: an update on the acute and chronic manifestations of methyl mercury poisoning [J]. Journal of the Neurological Sciences, 2007, 262 (1): 131-144.

[8] Geier D A, Geier M R. A case series of children with apparent mercury toxic encephalopathies manifesting with clinical symptoms of regressive autistic disorders [J]. Journal of Toxicology and Environmental Health-Part A, 2007, 70 (10): 837-851.

[9] Nriagu J O, Pacyna J M. Quantitative assessment of worldwide contamination of air, water and soils by trace metals [J]. Nature, 1988, 333 (6169): 134-139.

[10] Jensen S, Jernelöv A. Biological methylation of mercury in aquatic organisms [J]. Nature, 1969, 223: 753-754.

[11] Yin, H, Zhou Y, Zhang Y, et al. Electrochemical determination of microRNA-21 based on graphene, LNAintegrated molecular beacon, AuNPs and biotin multifunctional bio bar codes andenzymatic assay system [J]. Biosensors & Bioelectronics, 2012, 33: 247-253.

[12] Pan N, Guan D B, Yang Y T, et al. A rapid low-temperature synthetic method leading to large-scale carboxyl graphene [J]. Chemical Engineering Journal, 2014, 236: 471-479.

[13] Chen J F, Tang J, Zhou J, et al. Target-induced formation of gold amalgamation on DNA-based sensing platform for electrochemical monitoring of mercury ion coupling with cycling signal amplification strategy [J]. Analytica Chimica Acta, 2014, 810: 10-16.

[14] Zhu Z Q, Su Y Y, Li J, et al. Highly sensitive electrochemical sensor for mercury(Ⅱ) ions by using a mercury-specific oligonucleotide probe and gold nanoparticle-based amplification [J]. Analytical Chemistry, 2009, 81 (18): 7660-7666.

[15] Tang S R, Tong P, Lu W, et al. A novel label-free electrochemical sensor for Hg^{2+} based on the catalytic forma-

tion of metal nanoparticle [J]. Biosensors & Bioelectronics, 2014, 59: 1-5.

[16] An J H, Park S J, Kwon O S, et al. High-performance flexible graphene aptasensor for mercury detection in mussels [J]. ACS Nano, 2013, 7 (12): 10563-10571.

[17] Wang M H, Liu S L, Zhang Y Q, et al. Graphene nanostructures with plasma polymerized allylamine biosensor for selective detection of mercury ions [J]. Sensors and Actuators B: Chemical, 2014, 203: 497-503.

[18] Miao P, Liu L, Li Y, et al. A novel electrochemical method to detect mercury(Ⅱ) ions [J]. Electrochemistry Communications, 2009, 11 (10): 1904-1907.

[19] Zhang Z, Tang A, Liao S, et al. Oligonucleotide probes applied for sensitive enzyme-amplified electrochemical assay of mercury(Ⅱ) ions [J]. Biosensors & Bioelectronics, 2011, 26 (7): 3320-3324.

[20] Liu X P, Sun C H, Wu H W, et al. Label-free electrochemical biosensor of mercury ions based on DNA strand displacement by thymine-Hg(Ⅱ)-thymine complex [J]. Electroanalysis, 2010, 22 (17-18): 2110-2116.

第 8 章
基于催化发夹自组装和铜纳米簇构建 Hg^{2+} 电化学生物传感器

8.1 引言

等温核酸信号放大技术是一种无需反复变温就可以实现核酸扩增的信号放大技术,分为无酶和酶介导两种。其中,无酶等温核酸信号放大技术常见的有杂交链式反应、催化发夹自组装技术等;酶介导的(如 DNA 聚合酶、RNA 聚合酶)等温核酸信号放大技术有滚环扩增技术、核酸酶信号放大技术等[1]。其中无酶扩增技术如催化发夹自组装技术(CHA)因其扩增效率高、序列设计简单而被认为是一种非常有前途的信号放大技术[2]。CHA 是一种自发性的催化反应,以 DNA 链为燃料,触发其中一个发夹结构的构象变换,然后引诱另一个发夹探针与该探针发生碱基配对,从而完成两个发夹探针的装配,但是在没有加入 DNA 引发剂的时候,两个发夹探针保持稳定状态。CHA 反应可以获得数百倍的催化扩增,可应用于多种方法,如荧光法、比色法、电化学法,表现出良好的分析性能、灵敏度和选择性[3]。

铜纳米簇(CuNCs)在性能上与银纳米簇类似,且制备工艺简单,导电性优良,催化活性高,是一种极具发展潜力的新型纳米物质[4]。CuNCs 主要以 DNA 为模板,通过二价铜离子(Cu^{2+})和抗坏血酸(AA)之间发生氧化还原作用,在 DNA 片段上生成铜晶体,其具有荧光性,可作为生物传感器输出信号的一种方式。一般来说,合成的 CuNCs 直径约为 2 nm,由于其原子精确的组成和确定的原子堆积结构,已经成为研究金属纳米粒子结构和尺寸依赖特性的理想模型[4],独特的物理和化学性质使 CuNCs 在医学诊断和治疗[5]、化学传感器、荧光[6] 等方面具有潜在的应用。

在这项工作中,我们设计了一种由催化发夹自组装反应产生双链模板并原位合成铜簇的具有信号放大动能的电化学生物传感器用于 Hg^{2+} 的分析。利用 Hg^{2+} 与 T:T 错配碱基对以 1:1 的摩尔比结合形成 T-Hg^{2+}-T 结构,触发引物链和发夹探针 HP1 杂交。之后利用分支迁移原理,触发两个底物探针的链置换组装,使引物链和 Hg^{2+} 循环重复使用。以电极上合成的大量双链为模板原位合成铜纳米簇,盐酸溶解后,铜被氧化为铜离子并释放到醋酸溶液中,利用微分脉冲伏安法获得铜离子的氧化峰电流,实现对目标物的检测。

8.2 实验部分

8.2.1 实验仪器和试剂

仪器：使用 Autolab PGSTAT302N 电化学工作站对目标物进行电化学阻抗谱（EIS）分析、微分脉冲伏安（DPV）分析。所使用的电极为三电极系统，金电极（$d=3$ mm）作为工作电极，铂丝电极（Pt）作为辅助电极，饱和甘汞电极（SCE）作为参比电极。JEM-2100 显微镜（日本 JEOL）用于铜纳米簇的透射表征。在 WIX-EP300 电泳分析仪（北京韦克斯科技）上进行凝胶电泳分析，并在 Bio-rad ChemDoc XRS（美国 Bio-Rad）上成像。荧光光谱由日立 F-7000 荧光分光光度计（日本 Hitachi）测量。

试剂：汞标准溶液购自济南众标科技有限公司（中国济南）；6-巯基-1-己醇（MCH）购自 J&K 科技有限公司（中国北京）；六氰铁酸钾（Ⅲ）[$K_3Fe(CN)_6$] 和六氰亚铁酸钾（Ⅱ）[$K_4Fe(CN)_6$] 购自天津丰川化学试剂有限公司（中国天津）；三羟甲基氨基甲烷（Tris）购自梯希爱化成工业发展有限公司（中国上海）；抗坏血酸（AA）、3-(N-吗啡啉)-丙磺酸（MOPS）购自阿拉丁公司（中国上海）；乙酸钠（CH_3COONa）购自北京化学试剂公司（中国北京）；五水合硫酸铜（$CuSO_4 \cdot 5H_2O$）购自广州市金华大化学试剂有限公司。

本研究中涉及的所有寡核苷酸链均由 Takara Biotechnology Co., Ltd.（中国大连）合成并通过高效液相色谱纯化，本实验所设计 DNA 序列表见表 8.1。实验过程中使用的水均为超纯水且经高温高压灭菌处理。

表 8.1 本实验所设计 DNA 序列表

名称	序列(5′-3′)
P1	5′-GTT GTT TGT TTG TTG TTG-3′
HP1	5′-CTT CTT CTT TCT TTC TTC GAT GCG ACA GAA GAA GGT GTA CTG CAT CGA AGA AAG AAA-3′
HP2	5′-ATG CAG TAC ACC TTC TTC TGT CGC ATC TTC TCT AGA AGA AGG TGT TAT TAG TAT T-3′
C-DNA	5′-SH-AAT ACT AAT AAC ACC TTC TTC TAG AGA A-3′

8.2.2 DNA 预处理

首先，对该实验所涉及的 DNA 链进行预处理。将 HP1 和 HP2 的冻干粉放在离心机上离心 4 min，使链更好地沉于底部，然后溶于灭菌水中，振荡混合均匀后定量稀释至终浓度为 100 μmol/L。然后用 DNA 杂交缓冲液（20 mmol/L Tris-HCl，100 mmol/L NaCl，25 mmol/L KCl，100 mmol/L $MgCl_2$）将 DNA 样品稀释至 3.75 μmol/L。最后将 HP1、HP2 分别在 95℃的水浴锅中加热 5 min，然后缓慢冷却至室温形成稳定的发夹结构。同样的方法将 P1 和 C-DNA 分别稀释至 1.25 μmol/L、1.5 μmol/L 后，放入金属浴锅中孵育 5 min 后立即放冰袋上进行淬火处理。

接下来，取 2 μL 1.25 μmol/L P1、2 μL 3.75 μmol/L HP1、2 μL 3.75 μmol/L HP2 和 4 μL 不同浓度的汞标准液的混合液在离心管中 35 ℃下孵育 90 min，进行催化发夹自组装反应，将所得的产物在 4 ℃下储存供下一步使用。

8.2.3 金电极表面的处理及电化学生物传感器的制备

金电极表面的处理见第 3 章 3.2.3。

取 5 μL 1.5 μmol/L 底物链 C-DNA 滴涂在处理完的裸金电极表面，并在 30℃下孵育 12 h，用 20 mmol/L Tris-HCl 缓冲液清洗，得到 C-DNA/Au。为了减少电极上的非特异性吸附，取 5 μL 1 mmol/L MCH 滴加在电极表面于室温下反应 30 min，并用缓冲液清洗，得到 MCH/C-DNA/Au。取 5 μL CHA 反应所得的产物滴到电极表面，在 37℃下反应 1 h，用缓冲液清洗后，将电极标记为 HP1-HP2/MCH/C-DNA/Au。在电极表面形成双链后，将浓度为 1 mmol/L 和 100 μmol/L 的 AA 和 $CuSO_4$ 依次加入 MOPS 缓冲剂中，将所得到的电极分别与这两种溶液在黑暗室温下孵育 15 min 和 20 min，从而在电极表面形成双链为模板的铜簇。

8.2.4 凝胶电泳实验

凝胶电泳实验条件见第 5 章 5.2.4。

8.2.5 电化学测量

为了研究不同修饰步骤工作电极的电化学性能，在含有 5 mmol/L $Fe(CN)_6^{3-}$/$Fe(CN)_6^{4-}$、0.1 mol/L KCl 的溶液中进行 DPV 和 EIS 测试。CV 扫描表征的电压范围为 $-0.2\sim0.6$ V，扫描速度设置为 0.1 V/s，在频率范围为 0.01 Hz~100 kHz、电位振幅为 10 mV 的条件下进行 EIS 表征。在定量 DPV 检测中，首先用 400 μL 0.1 mol/L HCl 处理电极 2 h 以溶解电极表面形成的 CuNCs，然后将释放的 Cu^{2+} 溶液稀释到 4.6 mL 0.5 mol/L 的醋酸盐缓冲液（pH=5.0）中，将该混合物作为电解液用于 DPV 的测量。在 $-0.1\sim0.8$ V 的电位范围内，以 -1.2 V 为前处理步骤，测量 300 s。

8.3 结果与讨论

8.3.1 传感器设计原理

基于催化发夹自组装和铜纳米簇构建 Hg^{2+} 电化学生物传感器，其设计原理如图 8.1 所示，在目标物 Hg^{2+} 存在下，引物链 P1 与发夹探针 HP1 发生特异性结合，形成稳定的 T-Hg^{2+}-T 结构，以此打开发夹探针 HP1 的结构，打开的 HP1 再一次与 HP2 发生特异性结合，从而构建出由 P1、HP1 和 HP2 组成的三元酸结构。由于发夹探针 HP1 与 HP2 具有比 P1-HP1 双链更多的互补碱基对，其二者的作用力更强，通过链置换反应，HP2 逐步取代 P1，形成 HP1-HP2 复合体。被竞争下来的引物链 P1 用于下一个 CHA 反应周期，以此不断循环，从而合成大量 HP1-HP2 双链。合成的双链与电极上的捕获探针 C-DNA 杂交，固定在电极表面。将抗坏血酸（AA）和 Cu^{2+} 引入体系后，富含 A-T 碱基对的 dsDNA 模板促进了 CuNCs 的形成，得到 dsDNA-CuNCs/MCH/C-DNA/Au 电化学生物传感器。对相关实验参数进行优化后，实现对 Hg^{2+} 的定量测定。

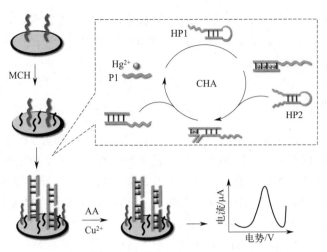

图 8.1　Hg^{2+} 电化学生物传感器的设计原理示意图

8.3.2　铜纳米簇的表征

为了验证 CuNCs 的成功合成，采用荧光光谱研究铜簇的发光性质，采用透射电镜对铜簇的粒径进行分析。如图 8.2(a) 所示，合成的铜簇在 350 nm（曲线 a）吸收带激发时，在 575 nm（曲线 b）处对应最大发射波长。在可见光和 365 nm 紫外光下，合成的 DNA-AgNCs 分别为透明和亮红色（插图）。以上现象均符合文献报道。

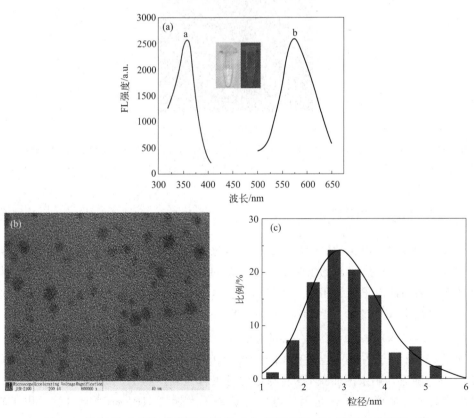

图 8.2　dsDNA-CuNCs 的荧光光谱图（a）、TEM 图（b）和粒径分布图（c）

通过图 8.2(b) 可以看出 dsDNA-CuNCs 的形貌，其形貌比较均匀，单分散性好，相应的直径统计直方图 8.2(c) 显示了良好的正态分布，计算出 CuNCs 的平均粒径为 3.0 nm。由此可证明铜纳米簇的成功合成。

8.3.3 凝胶电泳表征

琼脂糖凝胶电泳是用琼脂或琼脂糖作为载体，对分子量不同的 DNA 片段进行分离的一种技术。将样品移到样品孔中，施加电压后，使带负电荷的 DNA 按分子量大小迁移向阳极端。为了验证该生物传感器的催化发夹自组装反应是否发生，进行凝胶电泳实验。如图 8.3 所示，泳道 1 表示 20 bp DNA Marker，泳道 2、3 和 4 分别表示引发链 P1、发夹探针 HP1 和 HP2，泳道 5 出现了新的亮条带，这是因为引入目标物 Hg^{2+} 之后，HP1 作为金属基准点，通过 T-Hg^{2+}-T 错配碱基对与 P1 杂交，打开 HP1 并暴露隐藏序列，该序列进一步与 HP2 杂交，释放 P1 和 Hg^{2+}，触发 CHA 反应，形成大量 HP1-HP2 复合物，证明了催化发夹自组装反应的发生。泳道 6 做了对照实验，单独将发夹探针 HP1 和 HP2 进行孵育，出现了比泳道 5 颜色浅而迁移位置却相同的条带，这可能是由于部分发夹探针不稳定而主动打开，使 HP1 和 HP2 非特异性结合。泳道 7 为捕获探针 C-DNA。泳道 8 出现了新的条带，这是 CHA 产物与 C-DNA 的杂交产物。这些结果证实该传感器可行，可实现催化发夹自组装反应的发生。

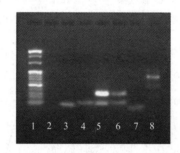

图 8.3　凝胶电泳分析图（AGE）

样品实验在 3% 的琼脂糖凝胶电泳中进行。泳道 1：20 bp DNA Maker；泳道 2：P1；泳道 3：HP1；泳道 4：HP2；泳道 5：P1+Hg^{2+}+HP1+HP2；泳道 6：HP1+HP2；泳道 7：C-DNA；泳道 8：P1+Hg^{2+}+HP1+HP2+C-DNA

8.3.4 传感器的电化学表征

为了表征所提出的电化学生物传感器的制备过程，在每个修饰步骤后，利用交流阻抗和微分脉冲伏安研究了传感界面的组装步骤。典型的交流阻抗谱中，高频区的半圆直径代表活性探针在电极表面的电子转移阻力。如图 8.4(a)，裸金电极呈现一条平滑的直线，这表明电荷转移电阻很小（曲线 a）。当捕获探针 C-DNA 固定在电极上后，R_{et} 值显著增大，这归因于 DNA 与 $Fe(CN)_6^{3-}$/$Fe(CN)_6^{4-}$ 之间的排斥反应（曲线 b）。继续在电极表面修饰 MCH 之后，由于 MCH 分子占据了电极表面的活性位点，电子转移效率降低，导致阻抗值显著增大（曲线 c）。随后，剩余的捕获 DNA 与催化发夹自组装产物 HP1-HP2 复合体杂交，表现出更高的阻抗值（曲线 d），这是因为电极上负载了大量 HP1-HP2 复合物，电子转移受阻，导致阻抗值显著增加。这些结果与 DPV 测量 [图 8.4(b)] 获得的结果一致，在 DPV

测量中，峰值电流随着电极表面组装和结合过程的不同而变化。EIS 和 DPV 的结果都证明了不用步骤修饰电极的成功。

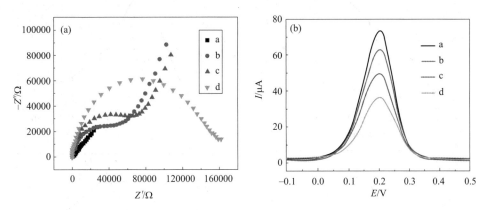

图 8.4 不同组装过程中电极的 EIS (a) 和 DPV (b) 图

a—裸金电极；b—C-DNA/Au；c—MCH/C-DNA/Au；d—HP1-HP2/MCH/C-DNA/Au

EIS 和 DPV 在含有 5 mmol/L Fe(CN)$_6^{3-}$/Fe(CN)$_6^{4-}$ 的 0.1 mol/L KCl 溶液中进行，频率设置为 0.1 Hz～100 kHz，电位振幅为 10 mV，扫描电位为 −0.2 V 至 0.6 V，扫描速率为 0.1 V/s

8.3.5 可行性研究

为了证明该电化学传感策略的可行性，用微分脉冲伏安法（DPV）验证了该生物传感器对 Hg^{2+} 的电化学响应。如图 8.5 所示，在缺少目标物 Hg^{2+} 的情况下，曲线 a 表现出一定程度的背景信号值，这是因为在 CHA 反应中，原理上只有引物链存在的情况下，才能实现两个不同发夹的组装，事实上，发夹底物中螺旋的末端比内部碱基更有可能反应，使茎的末端偶尔展开，导致两个发夹探针的非特异性反应，造成不可忽视的背景泄漏，会有假阳信号。曲线 b 加入了 1000 nmol/L Hg^{2+} 之后，DPV 信号有明显的增强，证明只有部分 HP1、HP2 发生了特异性反应，更多的发夹探针遵循催化发夹自组装反应，证明所设计的 Hg^{2+} 传感策略是可行的。

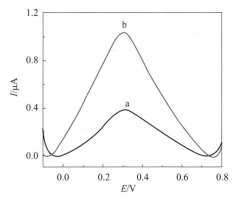

图 8.5 Hg^{2+} 传感策略的可行性研究 DPV 图

a—0 nmol/L Hg^{2+}；b—1000 nmol/L Hg^{2+}

8.3.6 实验条件的优化

为了使该传感能更灵敏地检测目标物，使其性能更好，本文对捕获探针 C-DNA 浓度、CHA 反应温度、CHA 反应时间、发夹探针 HP1 浓度、发夹探针 HP2 浓度、抗坏血酸浓度以及硫酸铜浓度等参数进行了优化。

首先优化了捕获探针 C-DNA 的浓度，图 8.6(a) 显示了样品的 DNA 电流是如何随着 C-DNA 浓度的变化而变化的。当浓度低于 1.5 μmol/L 时，峰电流持续上升，这表明越来

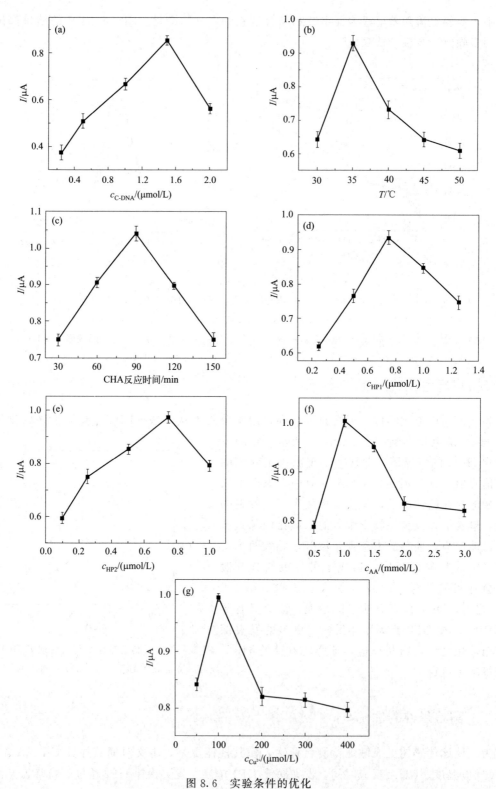

图 8.6 实验条件的优化

(a) C-DNA 浓度;(b) CHA 反应温度;(c) CHA 反应时间;(d) HP1 浓度;
(e) HP2 浓度;(f) 抗坏血酸浓度;(g) 硫酸铜浓度

越多的捕获探针负载在金电极上。当单链浓度达到 1.5 μmol/L 时,信号达到最高,之后 DPV 信号降低,表明 C-DNA 在电极上的覆盖达到了饱和。因此,选择 1.5 μmol/L 作为后续反应的最佳浓度。

如前所述,HP1-HP2 复合体在信号放大中起着至关重要的作用,适当的反应时间和反应温度是确保充分形成 HP1-HP2 复合体的重要因素。因此对 CHA 的时间和温度进行优化,避免 HP1 和 HP2 之间发生特异性反应。从图 8.6(b) 可以看出,35 ℃时峰电流达到最大值,因此选择 35 ℃作为最佳反应温度。如图 8.6(c),对 CHA 反应时间进行了研究,该传感器的信号值在 90 min 时呈现最大,90 min 后又呈下降趋势。因此选择 90 min 作为 CHA 的最佳反应时间。之后,进一步考察了 HP1、HP2 两个发夹探针的用量。如图 8.6(d)、(e) 所示,两个发夹探针浓度均为 0.75 μmol/L 时,电流响应最大。因此,选择 0.75 μmol/L 作为最佳浓度。

该体系的信号输出也高度依赖于 dsDNA 模板形成的 CuNCs。Cu^{2+} 和还原剂抗坏血酸的浓度对 CuNCs 的形成有直接影响,因此,我们优化了 Cu^{2+} 和抗坏血酸的浓度。如图 8.6 (f)、(g) 所示,过量的 Cu^{2+} 和 AA 会导致电流响应值降低,可能是因为在过量的 Cu^{2+} 和 AA 的存在下,CuNCs 发生了团聚。最终分别选择 1 mmol/L 和 100 μmol/L 作为抗坏血酸和硫酸铜的最佳浓度。

8.3.7 Hg^{2+} 的定量检测

在最佳的实验条件下,用不同浓度的 Hg^{2+} 评价该传感器的分析性能。其 DPV 响应如图 8.7(a) 所示,随着 Hg^{2+} 浓度从 0.001 nmol/L 增加至 10000 nmol/L,电流响应值不断增加。此外,图 8.7(b) 显示,传感器在 0.001 nmol/L 至 10000 nmol/L 范围内,峰值与 Hg^{2+} 浓度对数呈良好的线性关系,线性回归方程为 $I = 0.097 \lg c_{Hg^{2+}} + 0.74$ ($R^2 = 0.9948$),通过计算,理论最低检出限为 1.32 pmol/L ($S/N=3$)。

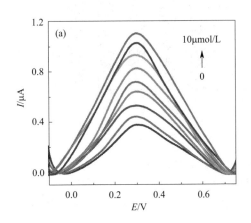
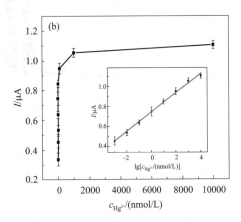

图 8.7 传感器对不同 Hg^{2+} 浓度 [浓度(nmol/L) 分别为 0、0.001、0.01、0.1、1、10、100、1000、10000] 的 DPV 响应,以及峰值电流与 Hg^{2+} 浓度之间的关系 (b)
(插图为 DPV 峰值与 Hg^{2+} 浓度的对数的曲线图)

此外,为了突出该生物传感器的优点,将该生物传感器与其他检测 Hg^{2+} 的生物传感器的性能进行了比较。如表 8.2,结果表明,所制备的生物传感器相较于以往报道的生物传感器，有较低的检测限和较宽的线性范围。因此，该生物传感器可用于 Hg^{2+} 的定量检测。

表 8.2 所构建电化学生物传感器与已报道方法检测 Hg^{2+} 性能的比较

技术方法	检测策略	线性范围/(nmol/L)	检出限/(pmol/L)	参考文献
电化学阻抗谱	核酸外切酶Ⅲ/卟啉锰双链 DNA	0.005~1000	1.47	[7]
荧光法	催化发夹自组装	0.01~100	4.5	[8]
荧光法	催化发夹自组装	0.01~10	7.9	[9]
微分脉冲伏安法	核酸外切酶Ⅲ辅助靶循环扩增	0.5~5000	227	[10]
微分脉冲伏安法	催化发夹自组装	0.001~0.625	0.6	[11]
微分脉冲伏安法	核酸外切酶Ⅲ辅助靶循环/杂交链式反应	0.01~10	10	[12]
方波伏安法	DNA 步行器/铜金属有机框架	0.001~100	0.52	[13]
电化学发光法	金纳米粒子/寡核苷酸	0.02~30	5.1	[14]
微分脉冲伏安法	催化发夹自组装/铜纳米簇	0.001~10000	1.32	所构建传感器

8.3.8 传感器的选择性与重复性

实际样品中不仅含有 Hg^{2+}，还包含其他金属离子。因此，将所提出的传感器用于其他干扰金属离子 Mn^{2+}、Fe^{3+}、Ba^{2+}、Cr^{6+}、Co^{2+}、Ag^+、Pb^{2+} 和 Hg^{2+} 的水溶液，考察传感器对 Hg^{2+} 的选择性。结果如图 8.8(a) 所示，虽然干扰离子的浓度是 Hg^{2+} 浓度的 10 倍，但干扰离子的 DPV 信号几乎与空白溶液相同，混合物的峰电流与单独的 Hg^{2+} 相似。表明该传感器对 Hg^{2+} 具有良好的选择性，显示了其潜在的应用前景。

此外，在相同条件下，用 5 个制备的电极分析相同浓度的 Hg^{2+}，考察重复性，如图 8.8(b)，相对标准偏差为 4.4%，表明该方法具有良好的重复性。

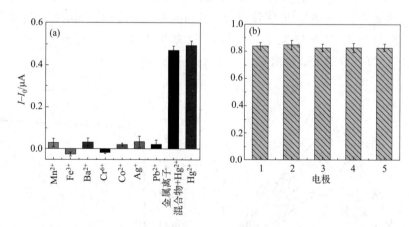

图 8.8 所构建生物传感器选择性与重复性研究

(a) 生物传感器在 Hg^{2+} 分析中的选择性研究：干扰金属离子浓度为 100 nmol/L，Hg^{2+} 浓度为 10 nmol/L，干扰金属离子与 10 nmol/L Hg^{2+} 混合，其中 I 为各金属离子的电流信号，I_0 为空白溶液的电流信号；(b) 测定 5 nmol/L Hg^{2+} 的五个电极的重复性

8.3.9 在实际样品中的应用

为了检验制备的传感器能否应用于水样检测，将该方法应用于河水（盘龙江上游）、湖水（滇池上游）中 Hg^{2+} 的检测。水样首先在 12000 r/min 的转速下离心后，经过 0.22 μm

的滤膜过滤，除去固体杂质。在最佳条件下，采用标准加入法对处理的水样进行检测。结果如表8.3所示，实验测得回收率为96.28%～107%，相对标准偏差为3.40%～6.10%。说明所制备的传感器可用于Hg^{2+}的实际检测。

表8.3 实际水样中Hg^{2+}的测定结果

样品	加入量/(nmol/L)	测定量/(nmol/L)	回收率/%	相对标准偏差/%
河水	0.1	0.103	103	4.10
	1	0.986	98.6	5.20
	10	10.7	107	3.40
湖水	0.1	0.0995	99.5	6.10
	1	1.01	101	3.60
	10	9.62	96.2	4.90

8.4 本章小结

本章利用催化发夹自组装和铜纳米簇的双重扩增策略，构建了一种无酶标记、简单、快速、温和的电化学传感器。该方法是基于Hg^{2+}触发的靶循环扩增，通过形成胸腺嘧啶-Hg^{2+}-胸腺嘧啶（T-Hg^{2+}-T）作为金属脚趾序列，激活催化发夹自组装反应。通过该反应的不断循环扩增，组装成大量的稳定复合体，促使更多的铜纳米簇生长在电极表面。将铜簇用盐酸溶解后，铜（0）被氧化为Cu^{2+}，通过检测Cu^{2+}的电流信号来定量检测Hg^{2+}，最低检出限可达1.0 pmol/L，且所制备的传感器对Hg^{2+}具有良好的特异性和重复性。通过对水样进行检测，获得满意的回收率，证明该传感器系统精度高、选择性好。因此，该传感器对于环境水样中汞离子的定量检测具有潜在的应用前景。

参考文献

[1] 赵一菡. 基于DNA自组装和等温信号放大技术的新型光学生物传感器研究[D]. 济南：济南大学，2020.

[2] Liu Q, Liu C, Zhu G, et al. Electrochemiluminescent determination of the activity of uracil-DNA glycosylase: Combining nicking enzyme assisted signal amplification and catalyzed hairpin assembly [J]. Microchimica Acta, 2019, 186 (3): 179.

[3] Wu Y, Fu C C, Xiang J, et al. "Signal-on" SERS sensing platform for highly sensitive and selective Pb^{2+} detection based on catalytic hairpin assembly [J]. Analytica Chimica Acta, 2020, 1127: 106-113.

[4] Liu X, Astruc D. Atomically precise copper nanoclusters and their applications [J]. Coordination Chemistry Reviews, 2018, 359: 112-126.

[5] Tao Y, Li M Q, Ren J S, et al. Metal nanoclusters: Novel probes for diagnostic and therapeutic applications [J]. Chemical Society Reviews, 2015, 44 (23): 8636-8663.

[6] Du Y B, Fang J, Wang H L, et al. Inducible sequential oxidation process in water-soluble copper nanoclusters for direct colorimetric assay of hydrogen peroxide in a wide dynamic and sampling range [J]. ACS Applied Materials & Interfaces, 2017, 9 (12): 11035-11044.

[7] Xie S, Tang Y, Tang D Y, et al. Highly sensitive impedimetric biosensor for Hg^{2+} detection based on manganese porphyrin-decorated DNA network for precipitation polymerization [J]. Analytica Chimica Acta, 2018, 1023: 22-28.

[8] Li X, Xie J Q, Jiang B Y, et al. Metallo-toehold-activated catalytic hairpin assembly formation of three-way DNAzyme junctions for amplified fluorescent detection of Hg^{2+} [J]. ACS Applied Materials & Interfaces, 2017, 9

(7): 5733-5738.

[9] Li D X, Yang F, Li X, et al. Target-mediated base-mismatch initiation of a non-enzymatic signal amplification network for highly sensitive sensing of Hg^{2+} [J]. Analyst, 2019, 145 (2): 507-512.

[10] Song X L, Wang Y, Liu S, et al. Ultrasensitive electrochemical detection of Hg^{2+} based on an Hg^{2+}-triggered exonuclease Ⅲ-assisted target recycling strategy [J]. Analyst, 2018, 143 (23): 5771-5778.

[11] Cao H Y, Lu B, Cheng L, et al. A double signal amplification-based homogeneous electrochemical sensor built on catalytic hairpin assembly and bisferrocene markers [J]. Analytical Biochemistry, 2021, 632: 114140.

[12] Xiong X, Zhang X, Liu Y, et al. An electrochemical biosensor for sensitive detection of Hg^{2+} based on exonuclease Ⅲ-assisted target recycling and hybridization chain reaction amplification strategies [J]. Analytical Methods, 2016, 8 (9): 2106-2111.

[13] Liu H, Wang J S, Jin H L, et al. Electrochemical biosensor for sensitive detection of Hg^{2+} baesd on clustered peonylike copper-based metal-organic frameworks and DNAzyme-driven DNA Walker dual amplification signal strategy [J]. Sensors and Actuators B: Chemical, 2020, 329: 129215.

[14] Huang R F, Liu H X, Gai Q Q, et al. A facile and sensitive electrochemiluminescence biosensor for Hg^{2+} analysis based on a dual-function oligonucleotide probe [J]. Biosensors & Bioelectronics, 2015, 71: 194-199.

第9章 基于生物条形码与金标银染信号放大技术的 Ag^+ 电化学生物传感器

9.1 引言

银已经被广泛应用于生产硬币、珠宝、餐具、合金、电气设备、反射镜和用于摄影的化学品中。银离子（Ag^+）是一种重金属离子，它能通过食物链或者饮用水进入人体，对细胞具有毒性，会引发银中毒、肠胃炎、神经紊乱、精神疲劳等，对人体健康造成危害[1-5]。因此，发展快速测定微量 Ag^+ 的方法十分重要。

目前有很多技术能够实现对 Ag^+ 的测定，如原子吸收光谱（AAS）[6]、电感耦合等离子体原子发射光谱（ICP-AES）[7]、电感耦合质谱（ICP-MS）[8]、比色[9]、荧光[10]、发光[11]等。其中，电化学方法在选择性、灵敏度、精度上均有优势，且简单、成本低[12-14]。

一些研究表明，金属离子能选择性地结合到天然或人工 DNA 碱基上，形成以金属介导的碱基对[15]，通过寡核苷酸结构的变化来检测金属离子[16-18]。类似地，Ag^+ 能特异性识别胞嘧啶（C）-胞嘧啶（C）错配，形成稳定的 $C\text{-}Ag^+\text{-}C$ 结构，这促进了 Ag^+ 传感器的快速发展[19-20]。

纳米粒子在纳米技术和纳米科学的发展中具有重要的推动作用，相比传统材料，其具有独特的性质。以纳米粒子为基础的材料因表现出独特的光学、机械、化学、生物相容性能而具有广阔的发展前景[21-23]。金纳米粒子（AuNPs）在纳米粒子中广受传感器研究者的青睐，特别是在近些年 DNA 传感器的研究开发中。巯基修饰的 DNA 可以与 AuNPs 通过 Au-S 共价键连接，使得 AuNPs 实现了与生物活性分子的结合，目前 AuNPs-DNA 探针已被应用于蛋白质、小分子和金属离子的检测[24-28]。

"金标银染"信号放大技术是基于纳米金的催化性能构建的，将"金标银染"应用于电化学生物传感器中，可大大提高其检测灵敏度，如 Hg^{2+} 和腺苷[29-32]。该技术是在氢醌（HQ）等还原剂存在下，AuNPs 催化银离子还原形成银单质，沉积在 AuNPs 表面形成银层，获得 Au@Ag 核壳结构，再通过电化学检测银的氧化还原峰以达到检测目标分子的目的。Lai 等[33] 构建了基于"金标银染"的电化学免疫生物传感器，用于检测人和小鼠免疫球蛋白 G，检测限分别低至 4.8 pg/mL 和 6.1 pg/mL。Zhang 等[34] 报道了一种结合金标探针和银染放大信号检测 DNA 的方法，检测限为 0.3 pmol/L，线性范围为 1.0～70 pmol/L。

在本实验中，采用了生物条形码结合金标银染信号放大技术用于检测水溶液中的 Ag^+。将富含 C 碱基的探针 DNA 固定在金电极表面，一定条件下，Ag^+ 在溶液中能与 AuNPs 上标记的富含 C 碱基的生物条形码 DNA 选择性结合，形成稳定的 C-Ag^+-C 复合物，经过银增强，Ag^+ 被 HQ 还原为银纳米颗粒，聚集在纳米金表面及电极表面，位于 Ag^+-DNA 中的银纳米颗粒以及金核银壳（Au-Ag）纳米复合物成了电化学信号放大器，能够用于超微量 Ag^+ 的测定，并具有很高的选择性和灵敏度。

9.2 实验部分

9.2.1 实验仪器和试剂

仪器：紫外-可见光谱在 Agilent 8453 分光光度计上获得。透射电子显微镜照片（TEM）在 JEM-2100 TEM（日本 JEOL）上获得。扫描电子显微镜（SEM）图像由 Nova Nano SEM 430 型超高分辨率的场发射扫描电子显微镜（荷兰 FEI 公司）获得。使用配备有来自 Oxford Instruments 的能量色散 X 射线光谱（EDS）分析系统的 JEM-2100 显微镜（日本 JEOL）进行高分辨率透射电子显微镜检测。电化学阻抗谱（EIS）、循环伏安法（CV）和微分脉冲伏安法（DPV）测量在 CHI 660D 电化学工作站（CHI 仪器公司，中国上海）上完成。所有电化学实验均采用标准的三电极系统，金电极（$d=3$ mm）作为工作电极，饱和甘汞电极作为参比电极，铂电极作为辅助电极，使用 Autolab PGSTAT302N 电化学工作站对目标物进行分析。

试剂：所用寡核苷酸由 Sangon 生物工程有限公司（中国上海）合成，并通过 HPLC 纯化检验，冻干。寡核苷酸的序列如下：

底物链（sub-DNA）：5′-CCT CCA ACC TCT-SH-(C_6)-3′

生物条形码链（bioDNA）：5′-SH-(C_6)-ACA CCT TCC ACC-3′

寡核苷酸溶解在 10 mmol/L 磷酸盐缓冲液（PBS，pH 7.4）中获得 DNA 储备液，然后储存在 -18 ℃ 下避免变性失活。

三(2-羧乙基)膦盐酸盐（TCEP）、三羟甲基氨基甲烷（Tris）、6-巯基-1-己醇（MCH）、2-[4-(2-羟乙基)-1-哌嗪基]乙磺酸（HEPES）、氯金酸（$HAuCl_4 \cdot 3H_2O$）、硝酸银（$AgNO_3$）和高氯酸钾（$KClO_4$）均购自 Sigma-Aldrich 化学公司。所有金属离子标准溶液和其他试剂从国药集团化学试剂有限公司（中国上海）购得，未进一步纯化。实验过程中使用的水均为超纯水且经高温高压灭菌处理。

$AgNO_3$ 储备液为 15 mmol/L 的水溶液，避光保存于 4 ℃ 条件下，作为银增强溶液 A，溶液 B 为 52 mmol/L 对苯二酚（HQ）水溶液，溶液 C 中分别含有 120 mmol/L 柠檬酸和 80 mmol/L 柠檬酸三钠。银增强溶液在使用前将 A 液稀释 10 倍后，与 B、C 液以体积比 1∶1∶1 混合用于电化学检测。

10 mmol/L PBS（pH 7.4，0.5 mol/L NaCl）用作清洗缓冲液，DNA 的固定和杂交缓冲液分别为 20 mmol/L PBS（pH 7.4，1 mol/L NaCl，10 mmol/L TCEP）和 20 mmol/L HEPES，0.1 mol/L $KClO_4$ 为支持电解液。所有实验均在室温下进行。

9.2.2 制备 AuNPs 和 bioDNA-AuNPs

9.2.2.1 AuNPs 的制备

AuNPs 根据前人报道的柠檬酸还原法制备[35]，具体过程请参见第 7 章 7.2.3.1。

9.2.2.2 bioDNA-AuNPs 的制备

AuNPs 的功能化参照文献 [36] 制备。巯基修饰的生物条形码 DNA 首先用过量 1 倍的 TCEP 在室温条件下活化处理 1 h。AuNPs 与 1 μmol/L 活化后的巯基 bioDNA 在 4 ℃ 条件下放置 12 h，加入 10 mmol/L PBS（pH 7.4，20 mmol/L NaCl）孵化 4 h，继续加入 30 mmol/L NaCl 孵化 4 h，这个"陈化"过程能够提高 bioDNA-AuNPs 的稳定性以及杂交效率。bioDNA-AuNPs 在 12000 r/min 下离心 5 min 进行纯化，以除去未成功标记的 DNA。最终将红色沉淀重新分散在 10 mmol/L PBS（pH 7.4，50 mmol/L NaCl）中，4 ℃保存备用。

9.2.3 金电极表面的处理及电化学生物传感器的制备

金电极表面的处理见第 3 章 3.2.3。

取 10 μL 含有 0.1 μmol/L sub-DNA 的固定缓冲溶液滴在处理干净的金电极表面，在 30 ℃下恒温水浴 16 h 并用清洗缓冲液清洗干净，将电极记作 sub-DNA/Au。将 sub-DNA 自组装电极浸入 50 μmol/L MCH 中 5 min，用清洗缓冲液洗涤 10 min 后，获得 MCH/sub-DNA/Au 修饰电极。

9.2.4 电化学测量

所有电化学测量，包括微分脉冲伏安（DPV）、循环伏安（CV）和电化学阻抗谱（EIS）均在室温下用 CHI 660D 电化学分析仪进行。使用的三电极系统包括饱和 KCl 甘汞参比电极（SCE）、铂电极和工作电极（金电极）。CV 是在 0.1 mol/L $KClO_4$ 缓冲液中进行的，电势范围为 0～0.6 V，扫描速度为 0.1 V/s。DPV 在 0.1 mol/L $KClO_4$ 缓冲液中进行，电势范围为 0～0.5 V，4 mV 的电位增幅和 0.5 s 的脉冲周期。EIS 在含有 5 mmol/L $Fe(CN)_6^{3-}$/$Fe(CN)_6^{4-}$ 和 0.1 mol/L KCl 的 0.1 mol/L $KClO_4$ 中进行，频率范围为 0.1 Hz～100 kHz，以 5 mV 作为增幅，起始电势为 0.24 V。

9.2.5 Ag^+ 的检测

为了检测 Ag^+，混合了生物条形码 DNA 的 AuNPs 化合物（bioDNA-AuNP）与不同浓度的 Ag^+ 于杂交缓冲溶液中，在 45 ℃下和 MCH/sub-DNA/Au 杂交 3 h，保证 C-Ag^+-C 结构的形成。得到的 dsDNA/MCH/Au 用杂交缓冲液、超纯水清洗过后，于暗处室温条件下浸入新配的银增强溶液处理 3 min，超纯水清洗电极后，得到最终的修饰电极 Ag enhancer/dsDNA/MCH/Au 用于电化学检测。固定过程用 CV、DPV 和 EIS 进行监测。

9.3 结果与讨论

9.3.1 传感器设计原理

如图 9.1 所示，本实验设计了一种基于生物条形码标记、金标银染信号增强的电化学 Ag^+ 传感器。经过自组装过程，sub-DNA 以柔性卷曲的不规则形态通过 Au-S 化学作用吸附在金电极表面，浸入 MCH 后，除去了金电极表面的一些非特异性吸附 DNA，并使 sub-DNA 形成了直立的刚性结构。在 Ag^+ 和富含 C 碱基的生物条形码 DNA-AuNPs 复合物存在下，通过 C-Ag^+-C 的特异性结合，Ag^+ 和 AuNPs 接近电极表面，增加了电子传递能力。对于超痕量 Ag^+ 来说，电化学信号并不明显，但使用了银增强技术之后，对于 Ag^+ 的检测信号就产生了明显的放大。在 Ag^+ 通过 dsDNA 结构吸附到 DNA 骨架上，对苯二酚作为还原剂存在下，Ag^+ 能在 3 min 内快速还原成金属银纳米粒子。Zhang 等[37] 报道称，均匀结晶颗粒的形成是源于小颗粒作为模板的直接聚合以及随后的再结晶过程，而并非小颗粒的简单聚集。新形成的银纳米颗粒同样能够在 AuNPs 核上生长，使尺寸增大。

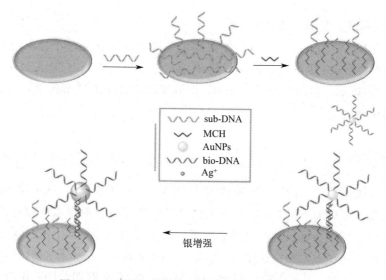

图 9.1 Ag^+ 的电化学生物传感器的设计原理示意图

9.3.2 银增强前后表征

9.3.2.1 UV-Vis 表征

AuNPs、生物条形码 DNA 和 bio DNA-AuNPs 的 UV-Vis 图谱见图 9.2(a)，AuNPs UV-Vis 图谱在 517 nm 处存在最大吸收峰，证明制备的 AuNPs 约为 20 nm。根据朗伯-比尔定律，认为所有 AuNPs 均为球状，且 $HAuCl_4$ 均反应完全，则 AuNPs 颗粒直径为 16 nm。根据在 450 nm 处摩尔吸光系数为 2.67×10^8 L/(mol·cm)[38]，由测定的 AuNPs 溶液在 450 nm 处的吸光度 0.45825，可以计算出 AuNPs 浓度为 2.18 nmol/L。

图 9.2(a) 中，曲线 3 表现出了 bio-DNA（曲线 1）在 260 nm 左右的特征吸收峰，以及 AuNPs（曲线 2）在约 517 nm 处的特征吸收峰，结果表明生物条形码 DNA 已经成功标记在 AuNPs 上，即 bioDNA-AuNPs 共轭物的成功制备。

银增强的过程同样采用 UV-Vis 进行表征，将银增强溶液 A、B、C 以体积比 1∶1∶1 进行混合后，加入 bioDNA-AuNPs 与 sub-DNA 杂交后的溶液中，一定时间后进行测定。结果如图 9.2(b) 所示，517 nm 左右的吸收峰对应 AuNPs 表面的等离子体共振（曲线1）。加入银增强溶液反应 3 min 后（曲线2），出现了核-壳材料的双峰光谱图，其最大吸收波长分别对应于 Au-Ag 核-壳纳米粒子的特征吸收峰[39-40]。随着时间增加到 5 min（曲线3），最后到 10 min（曲线4），AuNPs 的特征吸收峰渐渐变得不明显，相对而言，银的特征吸收峰却越来越强，证明了我们实验的设计原理，Ag^+ 在还原剂的存在下被还原为银纳米粒子包裹在 AuNPs 表面，通过调整银增强时间，可以控制 AuNPs 外的银壳尺寸。

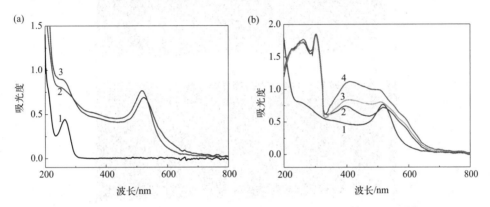

图 9.2 bio-DNA (1)、AuNPs (2)、bioDNA-AuNPs (3) 的 UV-Vis 图 (a)，以及 AuNPs (1) 和不同银增强时间 3 min (2)、5 min (3)、10min (4) 的 UV-Vis 图 (b)

9.3.2.2 TEM 和 EDX 表征

TEM 展示了 AuNPs 的表面形貌和结构 [图 9.3(a)]，可见光条件下观察到制备的 AuNPs 为纯净的酒红色溶液 [图 9.3(a) 插图]，表明本实验制备的 AuNPs 直径在 10~30 nm 范围内，基于此，进行了 UV-Vis 表征，在 517 nm 处存在最大吸收峰，证明制备的 AuNPs 约为 20 nm。进一步的 TEM 图表明，制备的 AuNPs 基本为球形，且大小平均为 (16±2)nm。元素分析测定法（EDX）结果表明 [图 9.3(c)]，除含有基底铜网的 Cu 元素之外，仅含有 Au 元素。

图 9.3(b) 为在含有 Ag^+ 条件下，bioDNA-AuNPs 与目标 DNA 杂交形成双链，再经银增强后的 TEM 图，观察到球形的 AuNPs 外形成了一层薄薄的壳，并将 AuNPs 间的距离拉近，这层壳经 EDX 测定后确定为银壳 [图 9.3(d)]，证明实验中银增强过程的实现，另外，我们认为单独的 AgNPs 没有明显地出现在 TEM 图中可能是由于双链中的 Ag^+ 被还原的颗粒较小，不容易观察到，另一种可能是 AgNPs 之间发生聚集形成银纳米团簇，最终形成银层。

9.3.2.3 阻抗谱表征

EIS 能提供修饰电极界面的电子传递情况。不同修饰电极的 Nyquist 图及 EIS 参数列于图 9.4 和表 9.1 中。

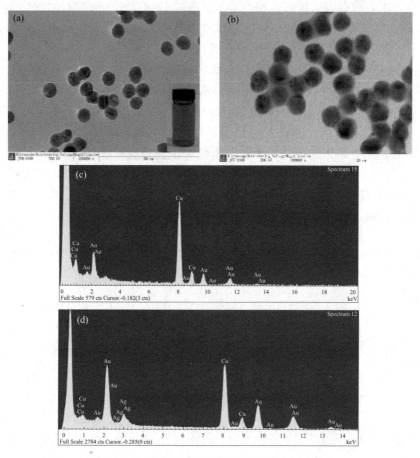

图 9.3　AuNPs 的 TEM 图（a）、EDX 图（c），
以及 dsDNA-AuNPs 经过银增强后的 TEM 图（b）和 EDX 图（d）

将 sub-DNA 组装到电极上的 R_{ct}（c）明显比裸 Au(a) 更大，说明 sub-DNA 成功组装到电极表面，MCH 可以取代 Au-S 结合时可能存在的 N 末端，形成空间定向排布，也会取代一些连接不稳的 SH-DNA，使（b）的 R_{ct} 减小，在存在 Ag^+ 和 bioDNA-AuNPs（d）时，电极表面发生了底物链与生物条形码链的杂交，形成双链结构，阻碍了电子传递，使 dsDNA/MCH/Au 的电阻增大，银增强 3 min 后（e），由于银纳米颗粒以及 Au-Ag 核-壳的形成，且此时电极表面有较薄的银层覆盖，增加了修饰电极的导电性，使得电阻减小，延长银染时间到 10 min（f），R_{ct} 明显增大，分析原因可能是银纳米粒子及金核银壳纳米粒子尺寸增大的同时伴随着电极表面的银层变厚，使得电子转移能力降低。

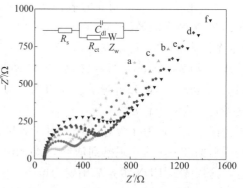

图 9.4　不同修饰电极的 EIS 图
a—裸金电极；b—sub-DNA/MCH/Au；
c—sub-DNA/Au；d—dsDNA/MCH/Au；
e—Ag enhancer 3 min/dsDNA/MCH/Au；
f—Ag enhancer 10 min/dsDNA/MCH/Au

表 9.1　不同修饰电极 EIS 参数测定

修饰电极	R_s/Ω	C_{dl}/F	R_{ct}/Ω	Z_W/Ω
裸金电极	115.3	7.628×10^{-7}	115.8	0.0004395
sub-DNA/金电极	83.09	6.083×10^{-7}	305	0.0003848
sub-DNA/MCH/金电极	94.3	4.98×10^{-7}	217.3	0.0004069
dsDNA/MCH/金电极	103.6	6.663×10^{-7}	408.3	0.000335
Ag enhancer 3 min/dsDNA/MCH/Au	116.4	7.908×10^{-7}	389.5	0.0003804
Ag enhancer 10 min/dsDNA/MCH/Au	100.8	1.052×10^{-6}	486.5	0.0002737

9.3.3　Ag enhancer/dsDNA/MCH/Au 的电化学特性

9.3.3.1　信号放大

信号放大的效果分别用 CV 和 DPV 进行了检测。图 9.5(a) 为加入 2.5 nmol/L Ag^+ 未经过 (2) 和经过 (1) 银染的 CV 图。明显看出，未经过银染的 CV 曲线中，氧化还原峰均不明显 [详见 (a) 中插图]，在经过银染之后，CV 图中出现了一对强烈的氧化还原峰，对应于银的氧化还原过程。高灵敏度 DPV 的测定表明，银染后峰电流值相比之前增强了约 270 倍，如图 9.5(b) 所示。说明生物条形码结合金标银染技术能够实现 Ag^+ 检测信号的明显放大。

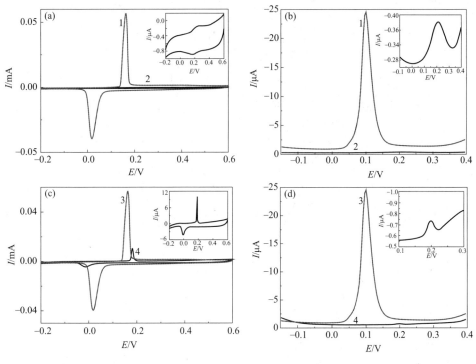

图 9.5　修饰电极银染 (1) 和未银染 (2) 的 CV 图 (a)，存在 2.5 nmol/L Ag^+ (3) 和不存在 Ag^+ (4) 时的 CV 图 (c)，以及相应的 DPV 图 (b)、(d)（插图为曲线 2、4 的放大）

9.3.3.2　Ag^+ 的检测

针对传感器检测 Ag^+ 的灵敏度也做了相应研究，如图 9.5(c)、(d)，存在 2.5 nmol/L Ag^+ 的还原峰电流（曲线 3）与不存在 Ag^+（曲线 4）时形成鲜明对比，表明在 Ag^+ 的存在下，sub-DNA 能与 bioDNA-AuNPs 复合物通过 C-Ag^+-C 形式进行特异性杂交。值得注意的是，不存在 Ag^+ 时仍旧可以观察到一对较弱的氧化还原峰［详见（c）中插图］，我们认为在金标银染过程中，除了 Ag^+ 吸附到 DNA 骨架上被还原成银纳米颗粒以及 AuNPs 表面生成银壳之外，金电极表面同样生成了一层银纳米粒子。为了优化没有 Ag^+ 时的背景峰电流，经过实验研究，将银增强溶液 A 的 $AgNO_3$ 稀释 10 倍后用于电化学测定，避免在电极表面生成过厚的银层，而影响低浓度 Ag^+ 的测定和阻碍电子传递，同时也解释了不存在 Ag^+ 时峰电位差大于有 Ag^+ 时的现象。

9.3.4　实验条件优化

Sub-DNA 的浓度和体积会影响 DNA 的表面覆盖率和传感器的灵敏度。如图 9.6（a）和（b）中，随着 sub-DNA 的浓度和体积的增加，还原峰电流逐渐增加，分别在 0.1 μmol/L 和 10 μL 处达到最大值。进一步增加其体积，峰电流减小。因此，本研究选定 0.1 μmol/L 和 10 μL 的 sub-DNA。

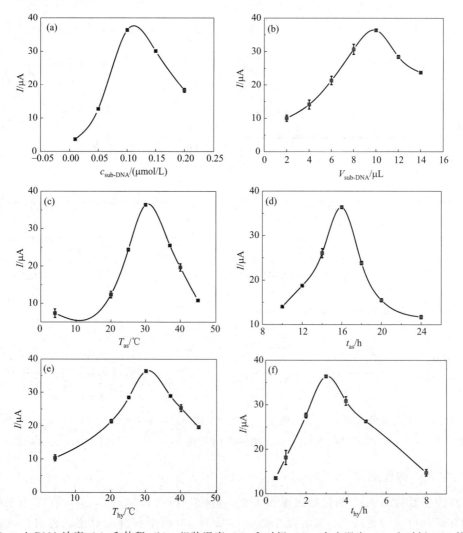

图 9.6　sub-DNA 浓度（a）和体积（b）、组装温度（c）和时间（d）、杂交温度（e）和时间（f）的影响

组装温度和时间同样影响着电极表面的 DNA 覆盖度。图 9.6(c) 和 (d) 中,随着组装温度从 4 ℃ 增加到 30 ℃,峰电流增加,然后随着温度增加峰电流迅速减小,表明 30 ℃ 为最佳组装温度。组装时间同样说明,过短或过长的时间都不利于 sub-DNA 自组装到电极表面,所以最终选定 30 ℃ 和 16 h 为 sub-DNA 的组装温度和时间。杂交温度和时间能够影响传感器对 Ag^+ 的响应。图 9.6(e) 和 (f) 中的现象与组装温度和组装时间基本相似。根据所得结果选择 30 ℃ 和 3 h 为杂交温度和时间。

9.3.5 Ag enhancer/dsDNA/MCH/Au 的电化学行为

在 20~100 mV/s 的低扫速范围内,扫描速率 (v) 与峰电流呈线性关系: $I_{pc}(\mu A) = -529.65v(mV/s) - 4.199$, $R = 0.9981$; $I_{pa}(\mu A) = 367.73v(mV/s) + 0.1256$, $R = 0.9997$, 表明在低扫速下,修饰电极是表面控制过程,如图 9.7(a)。

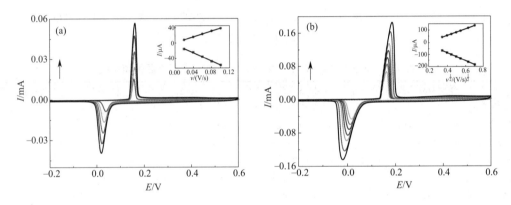

图 9.7 修饰电极的 CV 图

(a) 修饰电极在 0.1 mol/L $KClO_4$ 溶液中,含 2.5 nmol/L Ag^+ 下,低扫描速度 [扫速 (mV/s) 分别为 20、40、60、80、100] 的 CV 图,插图为氧化还原峰电流与扫速的线性关系;
(b) 高扫描速度 [扫速 (mV/s) 分别为 120、160、200、250、300、400、500] 的 CV 图,插图为氧化还原峰电流与扫速平方根的线性关系

表面覆盖度 (Γ) 可以通过下式计算:

$$I_p = n^2 F^2 v A \Gamma / 4RT \tag{9-1}$$

式中,n 是反应电子转移数;F 是法拉第常数;v 是扫描速率;A 是电极表面积;Γ 是电极表面覆盖度。从 I_{pc} 对 v 的曲线可以计算出 Γ 为 5.57×10^{-9} mol/cm^2。

在 120~500 mV/s 的高扫速范围内,扫描速率的平方根 ($v^{1/2}$) 与峰电流呈线性关系: $I_{pc}(\mu A) = -328.11v^{1/2} + 46.2$, $R = 0.9995$; $I_{pa}(\mu A) = 265.08v^{1/2} - 49.942$, $R = 0.9998$, 表明高扫速下电极的氧化还原反应是吸附控制过程 [图 9.7(b)]。

9.3.6 Ag^+ 的定量检测

图 9.8(a) 显示了 DNA 传感器对不同浓度 Ag^+ 的 DPV 响应。随着 Ag^+ 浓度的增加 DPV 峰电流呈增加趋势,且伴随着还原峰电位的负移。I_{pc} 和 $\lg c$ 在 5 pmol/L~50 μmol/L 范围内呈线性 [图 9.8(b)]。线性回归方程为 $I_{pc} = -7.9842 \lg c - 43.322$ ($R = 0.9989$),检

出限为 3 pmol/L（S/N=3）。相比于其他以 C-Ag$^+$-C 相互作用为基础的电化学 Ag$^+$ 传感器，本传感器具有宽线性范围和低检测限（表 9.2）的优势。采用的金标银染信号放大技术能实现 Ag$^+$ 的超痕量检测。

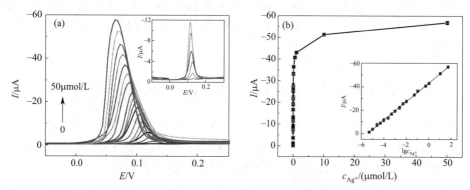

图 9.8 传感器在不同浓度 Ag$^+$ 范围内（0~50 μmol/L）的 DPV 图（a）与还原峰电流与 Ag$^+$ 浓度的曲线图（b）（插图为 I 与 $\lg c_{Ag^+}$ 的线性关系）

表 9.2 基于 C-Ag$^+$-C 相互作用的电化学 Ag$^+$ 传感器性能比较

检测策略	技术方法	线性范围	检出限	参考文献
DNA 传感器	电化学阻抗谱	0.1~0.8 μmol/L	10 nmol/L	[41]
金纳米粒子/碳点 DNA 传感器	循环伏安法	10 pmol/L~10 μmol/L	3 pmol/L	[42]
单壁碳纳米管 DNA 传感器	方波伏安法	2.0 nmol/L~0.1 μmol/L	1.5 nmol/L	[43]
多壁碳纳米管/富含胞嘧啶 DNA 传感器	微分脉冲伏安法	10~500 nmol/L	1.3 nmol/L	[44]
Y 型富含胞嘧啶 DNA 传感器	电化学阻抗谱	1 nmol/L~0.1μmol/L	10 fmol/L	[45]
富含胞嘧啶 DNA 传感器	微分脉冲伏安法	50 nmol/L~2 μmol/L	10 nmol/L	[46]
金纳米粒子标记 DNA 传感器	计时库仑法	50 fmol/L~10 pmol/L	10 fmol/L	[47]
Ag$^+$ 辅助等温指数降解反应	计时库仑法	10 pmol/L~100 nmol/L	3 pmol/L	[48]
血红素/G-四链体 DNA 传感器	电化学阻抗谱	0.1 nmol/L~100 μmol/L	0.05 nmol/L	[49]
金纳米粒子生物条形码/银增强	微分脉冲伏安法	5 pmol/L~50 μmol/L	5 pmol/L	所构建传感器

9.3.7 传感器特性

9.3.7.1 选择性

取 5 μmol/L 不同金属离子（Na$^+$、K$^+$、Ba^{2+}、Mg^{2+}、Zn^{2+}、Pb^{2+}、Mn^{2+}、Co^{2+}、Ni^{2+}、Fe^{2+}、Fe^{3+}、Al^{3+}）[图 9.9(a)] 和 2.5 μmol/L 金属离子标准溶液（Mo、Mn、As、Cr、Cd、Cu、V、Hg、Pb）[图 9.9(b)] 作为干扰离子，与 50 nmol/L Ag$^+$（Ⅰ）、10 nmol/L Ag$^+$（Ⅱ）、1 μmol/L Ag$^+$（Ⅲ）进行对比。如图 9.9，除了 Hg^{2+}，其他金属离子对于 Ag$^+$ 的测定并没有明显干扰，金属离子与 Ag$^+$ 共存时也具有较强的信号响应，由于 Hg^{2+} 本身有自己的 T-Hg^{2+}-T 特异性结合结构，类似 C-Ag$^+$-C，所以 Hg^{2+} 对传感器响应略有干扰。图 9.9 表明该检测方法具有高选择性。

9.3.7.2 稳定性

对于 50 nmol/L Ag$^+$ 进行 20 次连续 DPV 扫描，结果表明，峰电流降低 2.4%（RSD=0.9%），表明所制备的传感器具有良好的稳定性。

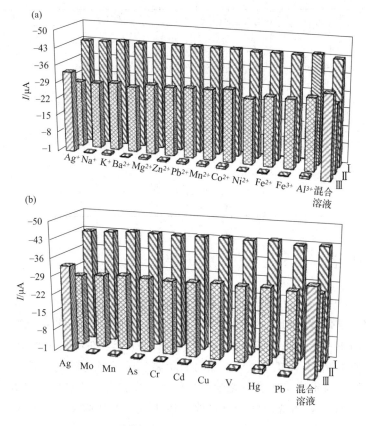

图 9.9　修饰电极选择性研究

5 μmol/L 不同金属离子（Na^+、K^+、Ba^{2+}、Mg^{2+}、Zn^{2+}、Pb^{2+}、Mn^{2+}、Co^{2+}、Ni^{2+}、Fe^{2+}、Fe^{3+}、Al^{3+}）(a) 和 2.5 μmol/L 金属离子标准溶液（Mo、Mn、As、Cr、Cd、Cu、V、Hg、Pb）作为干扰离子（b），分别与 50 nmol/L Ag^+（Ⅰ）、10 nmol/L Ag^+（Ⅱ）1 μmol/L Ag^+（Ⅲ）进行对比

9.3.7.3　重现性

通过评价 10 次重复实验 DPV 扫描的变异系数来确定。对于 50 nmol/L Ag^+ 的测定表明，峰电流值变化不明显，RSD 为 0.6%。

9.3.8　在实际样品中的应用

电化学传感器应用于当地纯净水、自来水、湖水和河水（表 9.3）中 Ag^+ 的测定。通过标准加入法在样品中加入 Ag^+ 标准溶液进行测定。结果表明，制备的电极能用于实际样品中 Ag^+ 的测定。

表 9.3　不同水样中 Ag^+ 的测定（$n=3$）

样品	加入量	测定量	回收率/%	相对标准偏差/%
纯净水	0	—	—	—
	25 pmol/L	(25±0.41)pmol/L	100.5	2.5
	5 nmol/L	(5.0±0.062)nmol/L	100.6	1.0
	1 μmol/L	(0.99±0.0098)μmol/L	98.9	0.9

续表

样品	加入量	测定量	回收率/%	相对标准偏差/%
自来水	0	—	—	—
	25 pmol/L	(25±0.96)pmol/L	99.5	5.9
	5 nmol/L	(5.1±0.033)nmol/L	101.2	0.5
	5 μmol/L	(5.1±0.096)μmol/L	101.8	0.8
湖水	0	—	—	—
	50 pmol/L	(49±0.85)pmol/L	98.1	3.8
	1 nmol/L	(1.0±0.033)nmol/L	99.1	2.8
	0.5 μmol/L	(0.52±0.019)μmol/L	102.9	1.9
河水	0	—	—	—
	10 pmol/L	(9.9±0.070)pmol/L	98.6	0.8
	0.25 nmol/L	(0.26±0.012)nmol/L	103.1	3.2
	50 nmol/L	(49±1.1)μmol/L	99.0	1.0

9.4 本章小结

本实验基于 AuNPs 标记生物条形码，成功制备了 bioDNA-AuNPs 标记物，生物条形码放大技术和金标银染信号增强技术相结合，用于水溶液中 Ag^+ 的灵敏检测。该方法在 Ag^+ 存在下，底物链与生物条形码两条互补链进行特异性杂交，在电极表面引入 Ag^+，并拉近电极与生物条形码 DNA 标记的 AuNPs 之间的距离，通过银的氧化还原反应进行电化学测定，再利用金标银染技术成功实现电化学信号的进一步放大，通过控制银染时间，以低背景峰电流检测超痕量 Ag^+，制备的修饰电极检测范围宽、方法简单、试剂等耗费少、灵敏度和选择性都很高，且能运用于实际水样的测定，具备监测环境中 Ag^+ 的潜力。

参考文献

[1] Wen Y Q, Xing F F, He S J, et al. A graphene-based fluorescent nanoprobe for silver(Ⅰ) ions detection by using graphene oxide and a silver-specific oligonucleotide [J]. Chemical Communications, 2010, 46 (15): 2596-2598.

[2] Eramo F D, Silber J J, Arévalo A H, et al. Electrochemical detection of silver ions and the study of metal-polymer interactions on a polybenzidine film electrode [J]. Journal of Electroanalytical Chemistry, 2000, 494 (1): 60-68.

[3] Lin C Y, Yu C J, Lin Y H, et al. Colorimetric sensing of silver(Ⅰ) and mercury(Ⅱ) ions based on an assembly of Tween 20-stabilized gold nanoparticles [J]. Analytical Chemistry, 2010, 82 (16): 6830-6837.

[4] Li H L, Zhai J F, Sun X P. Sensitive and selective detection of silver(Ⅰ) ion in aqueous solution using carbon nanoparticles as a cheap, effective fluorescent sensing platform [J]. Langmuir, 2011, 27 (8): 4305-4308.

[5] Kim S, Choi J E, Choi J, et al. Oxidative stress-dependent toxicity of silver nanoparticles in human hepatoma cells [J]. Toxicology in Vitro, 2009, 23 (6): 1076-1084.

[6] Matoušek T, Dědina J, Vobecký M. Continuous flow chemical vapour generation of silver for atomic absorption spectrometry using tetrahydroborate(Ⅲ) reduction—system performance and assessment of the efficiency using instrumental neutron activation analysis [J]. Journal of Analytical Atomic Spectrometry, 2002, 17 (1): 52-56.

[7] Fuentes-Cid A, Villanueva-Alonso J, Pena-Vazquez E, et al. Comparison of two lab-made spray chambers based on MSIS[TM] for simultaneous metal determination using vapor generation-inductively coupled plasma optical emission spectroscopy [J]. Analytica Chimica Acta, 2012, 749: 36-43.

[8] Kenduzler E, Ates M, Arslan Z, et al. Determination of mercury in fish otoliths by cold vapor generation inductively coupled plasma mass spectrometry (CVG-ICP-MS) [J]. Talanta, 2012, 93: 404-410.

[9] Li T, Shi L L, Wang E K, et al. Silver-ion-mediated DNAzyme switch for the ultrasensitive and selective colorimetric detection of aqueous Ag^+ and cysteine [J]. Chemistry-A European Journal, 2009, 15 (14): 3347-3350.

[10] Zhao C, Qu K G, Song Y J, et al. A reusable DNA single-walled carbon-nanotube-based fluorescent sensor for highly sensitive and selective detection of Ag^+ and cysteine in aqueous solutions [J]. Chemistry-A European Journal, 2010, 16 (27): 8147-8154.

[11] Man B Y W, Chan D S H, Yang H, et al. A selective G-quadruplex-based luminescent switch-on probe for the detection of nanomolar silver(I) ions in aqueous solution [J]. Chemical Communications, 2010, 46 (45): 8534-8536.

[12] Wipf H K, Pioda L A R, Štefanac Z, et al. Komplexe von enniatinen und anderen antibiotica mit alkalimetall-ionen [J]. Helvetica Chimica Acta, 1968, 51 (2): 377-381.

[13] Hutchins R S, Bachas L G. Nitrate-selective electrode developed by electrochemically mediated imprinting/doping of polypyrrole [J]. Analytical Chemistry, 1995, 67 (10): 1654-1660.

[14] Gupta V K, Jain R, Radhapyari K, et al. Voltammetric techniques for the assay of pharmaceuticals—a review [J]. Analytical Biochemistry, 2011, 408 (2): 179-196.

[15] Clever G H, Kaul C, Carell T. DNA-metall-basenpaare [J]. Angewandte Chemie International Edition, 2007, 119 (33): 6340-6350.

[16] Ono A, Cao S Q, Togashi H, et al. Specific interactions between silver(I) ions and cytosine-cytosine pairs in DNA duplexes [J]. Chemical Communications, 2008 (39): 4825-4827.

[17] Torigoe H, Kozasa T, Ono A. Detection of C: C mismatch base pair by fluorescence spectral change upon addition of silver(I) cation: Toward the efficient analyses of single nucleotide polymorphism: Nucleic Acids Symposium Series [C]. Oxford: Oxford University Press, 2006, 50 (1): 89-90.

[18] Torigoe H, Miyakawa Y, Nagasawa N, et al. Thermodynamic analyses of the specific interaction between two C: C mismatch base pairs and silver(I) cations: Nucleic Acids Symposium Series [C]. Oxford: Oxford University Press, 2006, 50 (1): 225-226.

[19] Lin Y H, Tseng W L. Highly sensitive and selective detection of silver ions and silver nanoparticles in aqueous solution using an oligonucleotide-based fluorogenic probe [J]. Chemical Communications, 2009 (43): 6619-6621.

[20] Freeman R, Finder T, Willner I. Multiplexed analysis of Hg^{2+} and Ag^+ ions by nucleic acid functionalized CdSe/ZnS quantum dots and their use for logic gate operations [J]. Angewandte Chemie International Edition, 2009, 48 (42): 7818-7821.

[21] Templeton A C, Wuelfing W P, Murray R W. Monolayer-protected cluster molecules [J]. Accounts of Chemical Research, 2000, 33 (1): 27-36.

[22] Liu J, Alvarez J, Kaifer A E. Metal nanoparticles with a knack for molecular recognition [J]. Advanced Materials, 2000, 12 (18): 1381-1383.

[23] Dubertret B, Calame M, Libchaber A J. Single-mismatch detection using gold-quenched fluorescent oligonucleotides [J]. Nature Biotechnology, 2001, 19 (4): 365-370.

[24] Safavi A, Farjami E. Construction of a carbon nanocomposite electrode based on amino acids functionalized gold nanoparticles for trace electrochemical detection of mercury [J]. Analytica Chimica Acta, 2011, 688 (1): 43-48.

[25] Mashhadizadeh M H, Khani H, Foroumadi A, et al. Comparative studies of mercapto thiadiazoles self-assembled on gold nanoparticle as ionophores for Cu(II) carbon paste sensors [J]. Analytica Chimica Acta, 2010, 665 (2): 208-214.

[26] Zhu Z, Wu C C, Liu H P, et al. An aptamer cross-linked hydrogel as a colorimetric platform for visual detection [J]. Angewandte Chemie International Edition, 2010, 49 (6): 1052-1056.

[27] Liedl T, Dietz H, Yurke B, et al. Controlled trapping and release of quantum dots in a DNA-switchable hydrogel [J]. Small, 2007, 3 (10): 1688-1693.

[28] Tang H W, Duan X R, Feng X L, et al. Fluorescent DNA-poly (phenylenevinylene) hybrid hydrogels for monito-

ring drug release [J]. Chemical Communications, 2009 (6): 641-643.

[29] Hou S Y, Chen H K, Cheng H C, et al. Development of zeptomole and attomolar detection sensitivity of biotin-peptide using a dot-blot goldnanoparticle immunoassay [J]. Analytical Chemistry, 2007, 79 (3): 980-985.

[30] Lee J S, Mirkin C A. Chip-based scanometric detection of mercuric ion using DNA-functionalized gold nanoparticles [J]. Analytical Chemistry, 2008, 80 (17): 6805-6808.

[31] Wang Y L, Li D, Ren W, et al. Ultrasensitive colorimetric detection of protein by aptamer-Au nanoparticles conjugates based on a dot-blot assay [J]. Chemical Communications, 2008 (22): 2520-2522.

[32] Zhang Z, Chen C L, Zhao X S. A simple and sensitive biosensor based on silver enhancement of aptamer-gold nanoparticle aggregation [J]. Electroanalysis, 2009, 21 (11): 1316-1320.

[33] Lai G, Yan F, Wu J, et al. Ultrasensitive multiplexed immunoassay with electrochemical stripping analysis of silver nanoparticles catalytically deposited by gold nanoparticles and enzymatic reaction [J]. Analytical Chemistry, 2011, 83 (7): 2726-2732.

[34] Zhang Y, Geng X, Ai J, et al. Signal amplification detection of DNA using a sensor fabricated by one-step covalent immobilization of amino-terminated probe DNA onto the polydopamine-modified screen-printed carbon electrode [J]. Sensors and Actuators B: Chemical, 2015, 221 (16): 1535-1541.

[35] Frens G. Controlled nucleation for the regulation of the particle size in monodisperse gold suspensions [J]. Nature, 1972 (241): 20-22.

[36] Storhoff J J, Elghanian R, Mucic R C, et al. One-pot colorimetric differentiation of polynucleotides with single base imperfections using gold nanoparticle probes [J]. Journal of the American Chemical Society, 1998, 120 (9): 1959-1964.

[37] Zhang Z P, Han M Y. Template-directed growth from small clusters into uniform silver nanoparticles [J]. Chemical Physics Letters, 2003, 374 (1-2): 91-94.

[38] Haiss W, Thanh N T K, Aveyard J, et al. Determination of size and concentration of gold nanoparticles from UV-Vis spectra [J]. Analytical Chemistry, 2007, 79 (11): 4215-4221.

[39] Zhang X, Wang H, Su Z H. Fabrication of Au@Ag core-shell nanoparticles using polyelectrolyte multilayers as nanoreactors [J]. Langmuir, 2012, 28 (44): 15705-15712.

[40] Chuntonov L, Bar-Sadan M, Houben L, et al. Correlating electron tomography and plasmon spectroscopy of single noble metal core-shell nanoparticles [J]. Nano Letters, 2011, 12 (1): 145-150.

[41] Lin Z Z, Li X H, Kraatz H B. Impedimetric immobilized DNA-based sensor for simultaneous detection of Pb^{2+}, Ag^+, and Hg^{2+} [J]. Analytical Chemistry, 2011, 83 (17): 6896-6901.

[42] Xu G, Wang G F, Zhu Y H, et al. Amplified and selective detection of Ag^+ ions based on electrically contacted enzymes on duplex-like DNAscaffolds [J]. Biosensors & Bioelectronics, 2014, 59: 269-275.

[43] Zhang Z P, Yan J. A signal-on electrochemical biosensor for sensitive detection of silver ion based on alkanethiol-carbon nanotube-oligonucleotide modified electrodes [J]. Sensors and Actuators B: Chemical, 2014, 202: 1058-1064.

[44] Yan G P, Wang Y H, He X X, et al. A highly sensitive electrochemical assay for silver ion detection based on unlabeled C-rich ssDNA probe and controlled assembly of MWCNTs [J]. Talanta, 2012, 94: 178-183.

[45] Nam J M, Thaxton C S, Mirkin C A. Nanoparticle-based bio-bar codes for the ultrasensitive detection of protein [J]. Science, 2003, 301 (5641): 1884-1886.

[46] Lin M H, Wen Y L, Li L Y, et al. Target-responsive, DNA nanostructure-based E-DNA sensor for microRNA analysis [J]. Analytical Chemistry, 2014, 86 (5): 2285-2288.

[47] Zhang Y L, Huang Y, Jiang J H, et al. Electrochemical aptasensor based on proximity-dependent surface hybridization assay for single-step, reusable, sensitive protein detection [J]. Journal of the American Chemistry Society, 2007, 129 (50): 15448-15449.

[48] Zhao J, Fan Q, Zhu S, et al. Ultra-sensitive detection of Ag^+ ions based on Ag^+-assisted isothermal exponential degradation reaction [J]. Biosensors & Bioelectronics, 2013, 39: 183-186.

[49] Liu G P, Yuan Y L, Wei S Q, et al. Impedimetric DNA-based biosensor for silver ions detection with Hemin/G-Quadruplex nanowire as enhancer [J]. Electroanalysis, 2014, 26 (12): 2732-2738.

第 10 章

基于磁性纳米粒子和杂交链式反应的 Ag^+ 电化学生物传感器

10.1 引言

研究表明,金属离子能选择性地结合到天然或人工合成的 DNA 碱基上,形成以金属介导的碱基对,通过寡核苷酸的结构变化来检测金属离子。类似地,Ag^+ 能特异性识别胞嘧啶(C)-胞嘧啶(C)错配,形成稳定的 $C-Ag^+-C$ 结构,这推动了 Ag^+ 传感检测方法的快速发展。

磁性纳米粒子是近年来发展起来的一种新型纳米材料,大部分磁性纳米粒子使用无机纳米晶体作为磁心,包括金属、合金和金属氧化物。其中,Fe_3O_4 和 Fe_2O_3 是近十年的研究焦点[1]。由于磁性纳米粒子表面可修饰有机聚合物、无机金属(如金)或金属氧化物(如二氧化硅),有利于进一步地生物活性分子功能化[2]。生物功能化的磁性纳米粒子结合了磁性和特异性识别功能,因此在外磁场的作用下,具有易分离、导向性、易清洗,以及超顺磁性等特性,使其在催化过程[3]、靶向给药[4]、磁共振成像[5]、肿瘤治疗[6-8]和生物传感[9-10]等应用领域得到了广泛发展。磁性纳米粒子的这些特性可以显著提高生物传感器的检测灵敏度,提高检测通量,缩短生化反应时间,为生物传感器的应用领域开辟了广阔前景。

杂交链式反应(hybridization chain reaction,HCR)是由 Pierce 等人[11]在 2004 年首次发现并报道的一种无酶等温核酸扩增技术。HCR 是由单链 DNA 分子在无酶的条件下引发延伸发生的杂交扩增反应,其产生类似于切口双螺旋的交替共聚物,其对于检测起到扩增转导作用。HCR 优于其他竞争性扩增方法的突出优点是其能够在温和和无酶的条件下进行选择性和特异性延伸。到目前为止,尽管 Exo-Ⅲ辅助的靶标回收和 HCR 已经分别广泛应用于信号扩增,但还没有关于用于 DNA 检测的更可行策略的报道。此外,一些通过改变电活性标记和电极表面之间的距离或空间改善 DNA 杂交转化为易于检测的电化学信号的技术策略,也表现出高灵敏度[12]。此外,电化学 DNA 检测在低成本、易于使用和小型化的潜力方面显示出一些独特的优点[13]。杂交链式反应一般可用于 mRNA[14]、DNA[15]、细胞[16]、蛋白质[17]和凝血酶(TB)[18]等的微痕量检测。

本章涉及一种基于杂交链式反应信号放大技术检测重金属银离子的方法,属于分析化学或环境监测技术领域。利用自组装技术,将富含 C 碱基的核酸链 S1 通过 Au-S 键固定到金包裹的磁性纳米粒子表面。银离子（Ag^+）存在时，二茂铁标记的富含 C 碱基的核酸链 S2 通过 $C\text{-}Ag^+\text{-}C$ 结构与 S1 形成双链 DNA。当加入二茂铁标记的发夹结构 DNA H1 和 H2 后，在 S2 的诱导作用下 H1 和 H2 在磁性纳米粒子表面发生杂交链式反应，形成的复合物在金磁电极表面通过磁性富集实现电化学响应信号的放大。根据电化学信号的增强实现溶液中 Ag^+ 浓度的测定，该法具有高灵敏度、高选择性、简单、快速等特点。

10.2 实验部分

10.2.1 实验仪器与试剂

仪器：电化学阻抗谱（EIS）和微分脉冲伏安法（DPV）测量在 CHI 630E 电化学工作站（CHI 仪器公司，中国上海）上完成。紫外-可见光谱在 Agilent 8453 分光光度计上获得。透射电子显微镜照片（TEM）在 JEM-2100 TEM（日本 JEOL）上获得。使用配备有来自 Oxford Instruments 的能量色散 X 射线光谱（EDS）分析系统的 JEM-2100 显微镜（日本 JEOL）进行高分辨率透射电子显微镜检测。标准的三电极系统用于所有电化学实验，金磁电极（$d=4$ mm）作为工作电极，饱和甘汞电极作为参比电极，铂电极作为辅助电极。所有杂交实验均通过 4D 旋转混合设备（中国 Kylin-Bell）进行检测。通过 D8 Advance X 射线衍射仪（XRD）（Bruker Germany）表征样品的晶体结构。琼脂糖凝胶电泳通过 Chemi-DocXRS＋（BIO RAD）化学发光和荧光凝胶成像（中国）测试。

试剂：$AgNO_3$ 标准溶液购自国家钢铁分析中心（中国）。氯化金（Ⅲ）四水合物（$HAuCl_4 \cdot 4H_2O$）、三(2-羧乙基)膦（TCEP）、2-羟基-1-乙硫醇、3-氨基丙基三乙氧基硅烷（APTES）和 4-(2-羟基)-1-哌嗪乙磺酸（HEPES）、聚乙二醇均购自 Sigma-Aldrich（美国 Morris Plains）。N-羟基琥珀酰亚胺（NHS）、1-乙基-3-(3-二甲基氨基丙基) 碳酰二亚胺盐酸盐（EDC）、二茂铁羧酸、四水合氯化亚铁（$FeCl_2 \cdot 4H_2O$）、六水合氯化铁（$FeCl_3 \cdot 6H_2O$）均购自阿拉丁公司（中国上海）。本文所设计的寡核苷酸由 Sangon Biotechnology Co., Ltd.（中国上海）合成并纯化，寡核苷酸序列列于表 10.1 中。

0.1 mol/L PBS（pH 7.4，0.2 mol/L NaCl）缓冲液用作固定缓冲液。10 mmol/L HEPES（pH 7.4）缓冲液作为银离子的杂交缓冲液。使用 0.1 mol/L PBS（pH 7.4，0.2 mol/L NaCl，0.1 mol/L $NaClO_4$）的缓冲液作为 HCR 缓冲液和洗涤缓冲液。使用含有 0.1 mol/L KCl 和 0.1 mol/L $KClO_4$ 的 5 mmol/L $Fe(CN)_6^{3-}/Fe(CN)_6^{4-}$ 溶液作为电化学阻抗谱（EIS）测试液。使用 0.1 mol/L PBS（pH 7.4，0.2 mol/L NaCl，0.1 mol/L $NaClO_4$）缓冲液作为差示脉冲伏安法（DPV）测试底液。所有其他化学品均为分析纯，并且未经任何纯化直接使用。实验过程中使用的水均为超纯水且经高温高压灭菌处理。

表 10.1　本实验所设计的 DNA 序列汇总

缩写	碱基序列(5′-3′)
S1	SH-CAC TTC TCT CTT CTC TTC CCT CTC
S2	AGG AGT AGA CTA GAT CGG ACA CAC ACC CAA CAC AAC ACA CAA CTC-NH_2
H1	TGT CCG ATC TAG TCT ACT CCT ACT GTG AGG AGT AGA CAT GAT-NH_2
H2	AGG AGT AGA CTA GAT CGG ACA ATC TAG TCT ACT CCT CAC AGT-NH_2

10.2.2 Fe$_3$O$_4$@Au 的制备

10.2.2.1 Fe$_3$O$_4$ 纳米粒子的制备

采用水热法[19]。首先，称取 0.615 g FeCl$_3$·6H$_2$O（5 mmol/L）溶于 20 mL 乙二醇中，待上述溶液澄清，向其中加入 1.8 g NaAc 和 0.5 g 聚乙二醇，将以上溶液强烈搅拌 30 min，然后转移到 100 mL 的聚四氟乙烯内衬不锈钢高压反应釜内，于 200℃下反应 8 h。反应结束后冷却至室温，用乙醇清洗若干次，磁分离，最终于室温下自然晾干。

10.2.2.2 Fe$_3$O$_4$@Au 核壳纳米粒子的制备

Fe$_3$O$_4$@Au 核壳纳米粒子的制备采用柠檬酸钠还原法[20]。首先，配制 5 g/L 的 Fe$_3$O$_4$/乙醇溶液 25 mL，超声分散，滴加 0.4 mL 3-氨丙基三乙氧基硅烷，室温下搅拌 7 h，用乙醇清洗若干次，磁分离，稀释至 1 g/L。然后加入 14 mL 0.6 mmol/L HAuCl$_4$·4H$_2$O 和 0.3 mL 0.2 mol/L 柠檬酸钠溶液，室温下超声处理，溶液颜色由浅黄变为黑色，最后用去离子水清洗 3 次，磁分离得到 Fe$_3$O$_4$@Au 核-壳磁性纳米粒子。

10.2.3 二茂铁标记-NH$_2$ 修饰的寡核苷酸

二茂铁标记-NH$_2$ 修饰的 DNA 探针见第 3 章 3.2.2。

10.2.4 单链 DNA-Fe$_3$O$_4$@Au 的制备

单链 DNA-Fe$_3$O$_4$@Au 的制备参照文献[21]方法。首先，取 1 mL 0.2 μmol/L 的 S1 与 1 mg Fe$_3$O$_4$@Au 粒子在 25℃恒温水浴下混合 12 h，加入 0.1 mol/L PBS（pH 7.4，0.2 mol/L NaCl）缓冲液孵化 4 h，继续加入 0.3 mol/L NaCl 孵化 4 h，这个"陈化"过程能够提高 DNA-Fe$_3$O$_4$@Au 的稳定性及杂交效率。制得 S1 标记的 Fe$_3$O$_4$@Au 粒子用 0.1 mol/L PBS（pH 7.4，0.5 mol/L NaCl）清洗，于 4℃保存备用。

10.2.5 Fe$_3$O$_4$@Au 偶联 HCR 反应

取 100 μL 上述制得的单链 DNA 标记 Fe$_3$O$_4$@Au 核-壳磁性纳米粒子，加入 100 μL 1.0 μmol/L H1 和 100 μL 1.0 μmol/L H2，于 0.1 mol/L PBS（pH 7.4，0.2 mol/L NaCl，0.1 mol/L NaClO$_4$）中在 37℃恒温水浴中混合杂交 2 h，在 Fe$_3$O$_4$@Au 粒子表面发生杂交链式反应，用 0.1 mol/L PBS（pH 7.4，0.2 mol/L NaCl，0.1 mol/L NaClO$_4$）缓冲液清洗，制得长链 DNA 复合物修饰的 Fe$_3$O$_4$@Au 纳米粒子。

10.2.6 金磁电极表面的处理及电化学生物传感器的制备

金磁电极表面的处理：将工作电极（金磁电极）在食人鱼洗液中浸泡 1 h，用超纯水清洗。然后分别用 0.3 μm 和 0.05 μm 的 Al$_2$O$_3$ 抛光粉打磨，依次在超纯水、无水乙醇、超纯水中超声清洗。最后在 0.5 mol/L H_2SO_4 溶液中，以 50 mV/s 的扫速在 $-0.2\sim1.6$ V 之间循环伏安扫描 30 圈，活化电极。N_2 气吹干备用。

取 100 μL S1 标记的 Fe_3O_4@Au、100 μL 1.0 μmol/L S2 和 100 μL 不同浓度的 Ag^+ 于 10 mmol/L HEPES（pH 7.4）缓冲溶液中在 37 ℃恒温水浴中混合杂交 4 h，用 0.1 mol/L PBS（pH=7.4，0.2 mol/L NaCl，0.1 mol/L $NaClO_4$）缓冲液清洗，制得 S1 和 S2 双链 DNA 标记的 Fe_3O_4@Au 核-壳磁性纳米粒子。将上述制备得到的长链 DNA 复合物修饰的 Fe_3O_4@Au 核-壳纳米粒子滴涂到金磁电极表面，利用三电极系统对传感器的性能进行检测。这主要是利用了金磁电极中的磁铁与 Fe_3O_4@Au 纳米粒子之间的磁力作用，从而提高了传感器电化学性能测试的稳定性。

10.2.7 凝胶电泳实验

凝胶电泳实验条件见第 5 章 5.2.4。

10.3 结果与讨论

10.3.1 传感器设计原理

本生物传感器的设计原理是基于 Ag^+ 能特异性识别胞嘧啶（C）-胞嘧啶（C）错配，形成稳定的 C-Ag^+-C 结构，通过二茂铁作为信号表达。如图 10.1 所示，首先，采用水热法制备得到球形 Fe_3O_4 磁性纳米粒子，由于粒子在碱性环境下反应生成，因此粒子周围存在大量的羟基（—OH）负离子，所以当磁性纳米粒子分散到水中以后，水溶液中的氢氧根离子

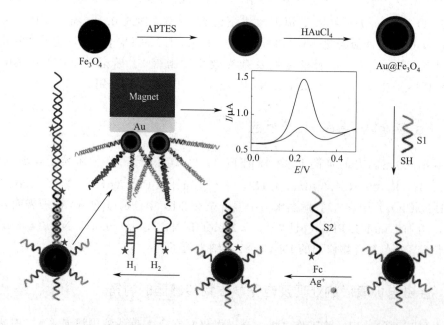

图 10.1 基于磁性纳米颗粒和杂交链式反应电化学检测 Ag^+ 示意图

（OH^-）和氢离子（H^+）易于被功能化的磁性纳米粒子吸附，从而形成了富羟基功能团的磁性纳米粒子外表面。由于 APTES 与—OH 之间很容易发生化学偶联反应，因此可以通过 APTES 分子功能化的 Fe_3O_4 磁性纳米颗粒，形成—NH_2 功能团外层。利用金属离子与表面修饰了—NH_2 的磁性纳米粒子之间的配位作用，在简单的常温条件下超声，通过一种间接的方法简单迅速地制备具有稳定结构的磁性 Fe_3O_4@Au 复合纳米粒子。其次，通过 Au-S 键将 DNA S1 组装到金磁纳米颗粒表面，接下来当银离子（Ag^+）存在时，二茂铁标记的富含 C 碱基的核酸链 S2 通过 C-Ag^+-C 结构与 S1 形成双链 DNA。最后加入二茂铁标记的发夹结构 DNA H1 和 H2 后，在 S2 的诱导作用下 H1 和 H2 在磁性纳米粒子表面发生杂交链式反应，形成的复合物在金磁电极表面通过磁性富集实现电化学响应信号的放大，从而可以对银离子进行定量检测。

10.3.2 材料的表征

TEM 和 SEM 是纳米材料形貌表征重要的两种方式，因此我们借助这两种方式对磁性纳米颗粒进行了表征，如图 10.2(a) 所示，从图中可以看出，Fe_3O_4 呈准球形，粒径大约为 300 nm。由于磁性纳米离子之间存在偶极相互作用，所以很难实现一颗一颗地分散开，

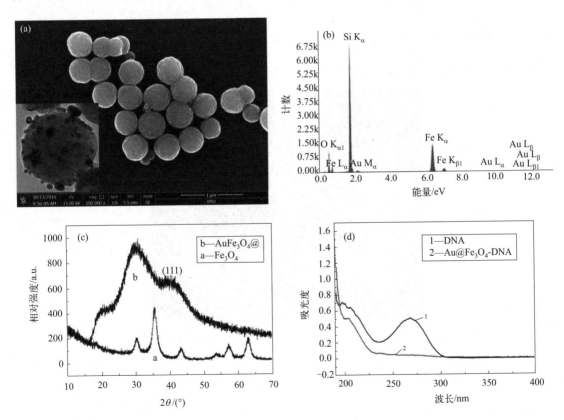

图 10.2 材料的形貌与结构表征

(a) Fe_3O_4 的 SEM 图（插图是 Fe_3O_4@Au 的 TEM 图）；(b) 为 Fe_3O_4@Au 的 EDS 图；
(c) Fe_3O_4 和 Fe_3O_4@Au 的 XRD 图；(d) S1 在 Fe_3O_4@Au 表面组装前后的 UV-Vis 图

不过总体来说,该材料呈单层排列,因此这样的结构对于后续实验影响不大。由于金纳米颗粒粒径较小,待其包覆到 Fe_3O_4 表面后,用 SEM 很难看出它的形貌,因此我们用 TEM 进一步表征了 $Fe_3O_4@Au$。图(a)中插图即为 $Fe_3O_4@Au$ 的 TEM 图,由图可以看出,AuNPs 成功包覆到 Fe_3O_4 表面,符合预期形貌。为进一步证明 Fe_3O_4 表面的小颗粒确实是 AuNPs,我们又做了能谱分析,图 10.2(b)显示,该小颗粒确实是 AuNPs,且各元素质量分数分别为 Si 43.11%、O 34.05%、Fe 20.95%、Au 1.88%。图 10.2(c)为 Fe_3O_4 和 $Fe_3O_4@Au$ 的 XRD 图,曲线 a 为 Fe_3O_4 的 XRD 图,由图中可明显看出,Fe_3O_4 具有良好的晶型结构。曲线 b 是 $Fe_3O_4@Au$ 的 XRD 图,由图可知,复合材料晶型有所改变,Au 典型的(111)面可以明显找到,进一步说明复合材料 $Fe_3O_4@Au$ 成功制备。由于 S1 较短,且没有标记任何导电性好的物质,所以用电化学表征很难验证 S1 是否成功组装到 $Fe_3O_4@Au$ 表面,又因为 DNA 在紫外灯的照射下,其在 260nm 左右有特征吸收峰,因此我们做了 UV-Vis 表征。图 10.2(d)中曲线 1 是 1 μmol/L S1 溶液在 UV-Vis 表征下得到的响应,由图可明显看出,其在 260 nm 左右有明显的吸收峰。当 1 μmol/L S1 与 1 mg/mL 的 $Fe_3O_4@Au$ 在室温下孵化 12 h 以后磁分离取上清液(曲线 2)再进行 UV-Vis 检测,结果显示,吸收峰消失,说明 S1 成功组装到 $Fe_3O_4@Au$ 表面,因为 S1 随着 $Fe_3O_4@Au$ 沉下去时,上清液中 S1 的含量为 0,自然其特征吸收峰消失。

10.3.3 凝胶电泳表征

在电化学生物传感器中,琼脂糖凝胶电泳也是一种重要的表征方法,图 10.3 是在 3%

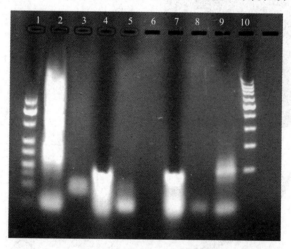

图 10.3 在 3% 的琼脂糖凝胶中得到的凝胶电泳图

泳道 1:500 bp Mark;泳道 2:10 μmol/L H1+10 μmol/L H2+2 μmol/L S1+2 μmol/L S2+100 pmol/L Ag^+;
泳道 3:2 μmol/L S1+2 μmol/L S2+100 pmol/L Ag^+;泳道 4:10 μmol/L H1+2 μmol/L S1+2 μmol/L S2+100 pmol/L Ag^+;泳道 5:10 μmol/L H2+2 μmol/L S1+2 μmol/L S2+100 pmol/L Ag^+;
泳道 6:2 μmol/L S1+2 μmol/L S2;泳道 7:10 μmol/L H1+2 μmol/L S1+2 μmol/L S2;
泳道 8:10 μmol/L H2+2 μmol/L S1+2 μmol/L S2;泳道 9:2 μmol/L H1+2 μmol/L H2+
2 μmol/L S1+2 μmol/L S2+100 pmol/L Ag^+;泳道 10:1000 bp Mark
所有样品均混合并在 37 ℃下孵化 4 h

的琼脂糖凝胶中不同 DNA 片段得到的凝胶电泳图片。当将 S1、S2、Ag^+、H1 和 H2 混合在一起时，它们彼此杂交，在泳道 2 和泳道 9 中形成大分子量 DNA 复合物。同时，泳道 4 和 5 中仅有一部分彼此杂交，泳道 7 和 8 均不存在 H1、H2 或 Ag^+。S1 与 S2 杂交形成 C-Ag^+-C 复合体，并且条带出现在泳道 3 的底部，S1 和 S2 几乎完全消耗，并且在没有 Ag^+ 的泳道 6 中扩散条消失。这些结果证实了超夹心 DNA 结构的形成并验证了 HCR 的过程。

10.3.4 传感器的电化学行为

交流阻抗（EIS）用于检测电极表面不同修饰步骤时电子传递情况，不同修饰电极的 Nyquist 图见图 10.4。将 Fe_3O_4@Au-S1（c）、Fe_3O_4@Au（b）修饰电极与裸电极（a）比较，阻抗明显增大，dsDNA/Fe_3O_4@Au（d）与（c）相比，阻抗进一步增大，说明 C-Ag^+-C 结构的特异性杂交，阻碍了电子传递，使得（d）的电阻增大。当加入发卡式 DNA H1 和 H2 时，在引发链 S2 的诱导作用下发生杂交链式反应，得到 HCR/dsDNA/Fe_3O_4@Au（e），与上一步（d）相比，阻抗大大增加，说明了 HCR 长链的形成，从而阻碍了电子的传递。

为进一步验证以上结论，我们在 S2、H1 和 H2 的 3′端标记 Fc 以后进行 DPV（图 10.5）检测，得出一致的结论。具体来说，与裸电极（a）和 Fe_3O_4@Au（b）相比，当 Fe_3O_4@Au-S1（c）直接修饰到电极表面时，由于 S1 没有标记 Fc，因此得到极小的 DPV 响应峰；与 S2 和 Ag^+ 杂交后，得到 dsDNA/Fe_3O_4@Au（d），由于短链 S2 标记了 Fc，因此 DPV 响应稍微得到增强，说明 C-Ag^+-C 结构的形成。当 HCR 反应结束富集到电极表面，得到 HCR/dsDNA/Fe_3O_4@Au（e）修饰电极，峰电流明显增强，原因主要是长链 DNA 的形成，且 H1 和 H2 都标记了二茂铁，因此 DPV 响应得到大大增强。

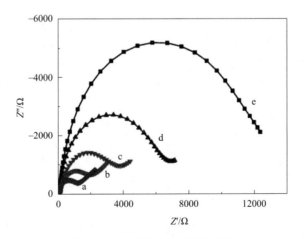

图 10.4　修饰电极的交流阻抗图

a—裸金磁电极；b—Fe_3O_4@Au；c—Fe_3O_4@Au-S1；d—dsDNA/Fe_3O_4@Au；e—HCR/dsDNA/Fe_3O_4@Au

在 5.0 mmol/L $Fe(CN)_6^{3-}$/$Fe(CN)_6^{4-}$、0.1 mol/L KCl 和 0.1 mol/L $KClO_4$ 溶液中进行检测

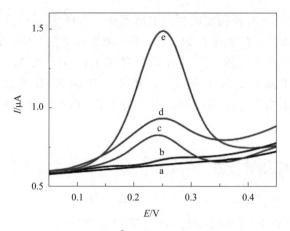

图 10.5 生物传感器的微分脉冲伏安图

a—裸金磁电极；b—Fe_3O_4@Au；c—Fe_3O_4@Au-S1；d—dsDNA/Fe_3O_4@Au；e—HCR/dsDNA/Fe_3O_4@Au

0.1 mol/L PBS（pH 7.4，0.2 mol/L NaCl 和 0.1 mol/L $NaClO_4$）缓冲溶液

10.3.5 实验条件的优化

实验参数如测试底液的 pH 值、S1 与 Fe_3O_4@Au 的组装时间、滴涂量、S1 的浓度、与 S2 和 Ag^+ 的孵化时间和孵化温度、H1 和 H2 的杂交时间等，直接影响检测的灵敏度，因此要对这些条件逐一进行优化。优化时应保证只有一个参数变量，其他参数保持不变，结果如图 10.6 所示。

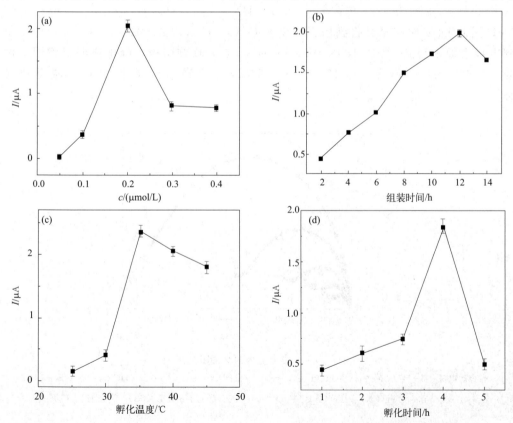

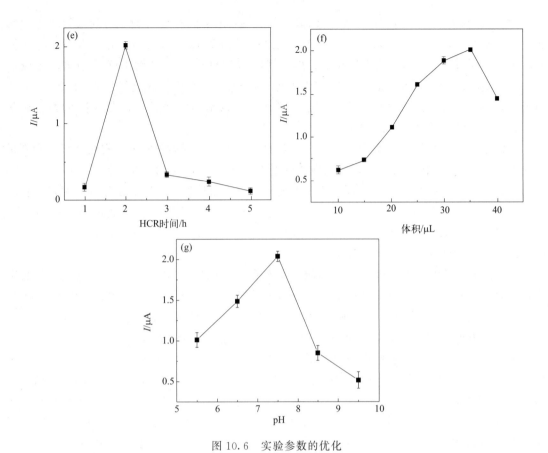

图 10.6　实验参数的优化

(a) S1 浓度对传感器影响；(b) S1 与 Fe_3O_4@Au 组装时间对生物传感器的影响；(c) dsDNA/Fe_3O_4@Au 最佳孵化温度；(d) dsDNA/Fe_3O_4@Au 最佳孵化时间；(e) HCR/dsDNA/Fe_3O_4@Au 孵化时间对生物传感器的影响；(f) HCR/dsDNA/Fe_3O_4@Au 滴涂量与峰电流的关系；(g) 测试底液 pH 对传感器的影响
缓冲溶液：0.1mol/L PBS（pH 7.4），0.2 mol/L NaCl 和 0.1 mol/L $NaClO_4$

由于 S1 在 Fe_3O_4@Au 表面的密度会引起电化学信号的不同，密度小很可能会导致最终能检测到的信号小，密度太大则 DNA 容易在磁性纳米粒子表面形成堆叠或者特异性组装与非特异性组装之间的竞争，导致 DNA 与纳米粒子之间连接不牢固，清洗时 DNA 脱落，不利于 HCR 的杂交，最终也无法达到信号放大的效果。因此，在材料表面固定不同浓度的 S1 和不同时间，如图 10.6（a）、（b）。在 S1 浓度较低时得到较小的电化学响应，随着 S1 浓度的增加，电化学响应也逐渐增大，但当 S1 浓度增大到 0.2 μmol/L 后，继续增加 S1 浓度则其电化学响应反而下降了。组装时间同理，随着时间增长，EIS 的响应随之增大，但 12 h 之后，其 EIS 值却下降了，这是特异性组装与非特异性组装竞争的结果，所以 S1 的最佳组装时间是 12 h，最佳浓度为 0.2 μmol/L。

由于不同温度下形成 C-Ag^+-C 错配结构的效率不一样，若杂交温度太高，已杂交形成的双链就会自动解离，下一步杂交就无法完成，从而造成电化学信号下降；若温度太低，DNA 单链可能受到抑制，无法形成双链或者杂交速度慢，所以控制孵化温度也是极其必要的。本实验考察了不同温度下电化学峰电流的变化［图 10.6(c)］，最终得到 C-Ag^+-C 结构的最佳孵化温度为 37℃。

孵化时间是保证形成良好 C-Ag^+-C 错配和完成 HCR 的重要参数，时间太短，无法形成完整杂交，时间过长，也未必有利于实验的进行。如图 10.6(d)、(e)，实验考查了不同时间下实验的杂交情况，从图中可以看出，峰电流均呈现先上升后下降的趋势，形成的 C-Ag^+-C 结构于 4 h 时响应达到最大，说明此时 C-Ag^+-C 杂交完成最好，HCR 于 2 h 时峰值最大，此后随着时间的增长，峰电流迅速降低，所以本实验选择 4 h 为 Ag^+ 的最佳孵化时间，2 h 为 HCR 的最佳反应时间。

滴涂量在电化学检测过程中也是一个重要的影响因素，用微分脉冲伏安法考察了滴涂量对传感器的影响，如图 10.6(f)，分别向金磁电极滴加 10～40 μL HCR/dsDNA/Fe_3O_4@Au 制备修饰电极，保证其他条件一致的情况下进行检测，结果显示，随着滴涂量增加，氧化峰电流呈先增加后减小的趋势，在 35 μL 时响应达到最大，之后再增加滴涂量，峰电流减小，这可能是由于当 HCR/dsDNA/Fe_3O_4@Au 厚度达到一定程度时阻碍了电子向电极表面传递，因此本实验选择 35 μL 为最佳滴涂量。

在不同 pH 的溶液中，银离子以不同的状态存在，同时，DNA 的活性也会受 pH 的影响，所以在本实验中，测试底液的 pH 值影响也是极大的。图 10.6(g) 中，DPV 峰电流在 pH5.5～7.5 范围内随着 pH 增大而增大，在 pH 7.4 时达到最大值，随后逐渐减小，说明弱碱性条件下最有利于本实验的检测，强酸强碱都不利于实验的进行。

图 10.7 为该生物传感器在 0.1 mol/L PBS (pH 7.4，0.2 mol/L NaCl 和 0.1 mol/L $NaClO_4$) 底液中不同扫描速度下的循环伏安图。由图可知，扫描速度 (mV/s) 从 40、60、80 逐渐增加到 200 时，氧化还原峰电流随扫速的增大而增大，且与扫速成正比线性关系，表明电化学反应为电极表面吸附氧化还原活性物质的反应。二茂铁标记的核酸探针在电极表面的覆盖率 (Γ) 可以通过循环伏安曲线对应二茂铁中心的氧化峰面积进行估算，通过方程 $\Gamma=Q/nFA$ 可以计算得到，其中，Q 为二茂铁氧化峰面积；F 为法拉第常数；n 为参与反应的电子数 ($n=1$)；A 为电极的面积 ($A=0.5024$)，在本实验中 $\Gamma=0.227$ nmol/(L·cm^2)。

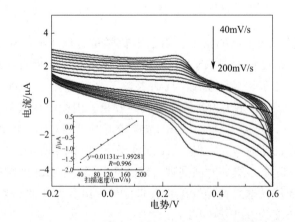

图 10.7 生物传感器在不同扫描速度下的循环伏安图

10 pmol/L Ag^+ 在 0.1 mol/L PBS (pH 7.4)、0.2 mol/L NaCl 和

0.1 mol/L $NaClO_4$ 溶液中检测得到，

扫速 (mV/s) 分别为 40、60、80、100、120、160、180、200；

插图是扫描速度与氧化峰电流的线性关系图

10.3.6 Ag⁺的定量检测

在最优的实验条件下,采用微分脉冲伏安法测定不同浓度重金属 Ag⁺ 的氧化峰电流响应,以 0.1 mol/L PBS(pH 7.4,0.2 mol/L NaCl,0.1 mol/L NaClO₄)为缓冲液,电位范围为 $-0.2 \sim 0.6$ V,电位增幅为 4 mV,脉冲周期为 0.5 s。微分脉冲曲线峰电流与 Ag⁺ 浓度的标准曲线如图 10.8 所示,电流响应信号随着 Ag⁺ 浓度的增加而增加,说明随着 Ag⁺ 的加入,HCR 逐渐增强。Ag⁺ 浓度在 $0 \sim 100$ pmol/L 范围内,随着 Ag⁺ 浓度增加,电流信号的增大与 Ag⁺ 浓度的增加没有线性关系,但峰电流与 Ag⁺ 浓度对数呈现良好的线性关系,线性方程为 $i_{pc}(\mu A)=0.5042\lg c(\mu mol/L)+7.4889$,相关系数 R 为 0.9970,检出限为 0.5 fmol/L。

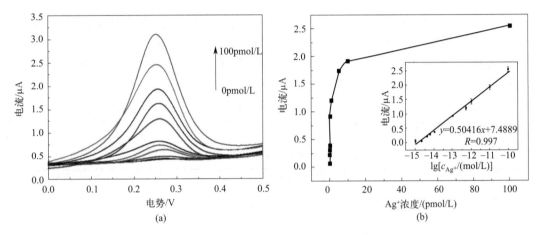

图 10.8 传感器的 DPV 曲线及氧化峰电流与 Ag⁺ 浓度的关系

(a) 银离子电化学传感器在不同 Ag⁺ 浓度时的 DPV 响应曲线,浓度分别为 0 fmol/L、1 fmol/L、2 fmol/L、4 fmol/L、6 fmol/L、10 fmol/L、100 fmol/L、1 pmol/L、5 pmol/L、10 pmol/L、100 pmol/L,测试底液为 0.1 mol/L PBS(pH 7.4,0.2 mol/L NaCl 和 0.1 mol/L NaClO₄);

(b) 氧化峰电流与 Ag⁺ 浓度的关系,插图为氧化峰电流与 Ag⁺ 浓度对数的线性关系

10.3.7 Ag⁺传感器的选择性

在金属离子的检测中,选择性是考察传感器性能的一项重要指标。为了确定该传感器对银离子具有特异性识别和强抗干扰能力,本实验考察了传感器对其他金属离子的响应,如图 10.9 所示。在相同实验条件下,通过加入浓度为 10 μmol/L 不同的重金属离子 Al^{3+}、As^{3+}、Cd^{2+}、Cr^{3+}、Cu^{2+}、Fe^{2+}、Fe^{3+}、Hg^{2+}、K^+、Mg^{2+}、Mo^{2+}、Na^+、Pb^{2+} 和 Zn^{2+} 进行传感器性能探究,结果显示,与 10 pmol/L Ag⁺ 和混合液相比,其他离子只观察到较小的电流信号,说明该传感器对 Ag⁺ 具有很好的选择性,其他金属离子造成的干扰可忽略。

10.3.8 在实际样品中的应用

为了考察该传感器的实际应用能力,在本实验中准备了两种不同的样品,分别是湖水和

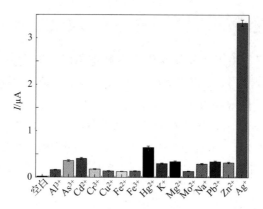

图 10.9 电化学传感器对 10 pmol/L Ag^+ 和不同重金属离子（10 μmol/L）的 DPV 响应值

自来水。首先，湖水经简单的过滤之后同自来水一起进行高温高压灭菌处理，然后在最佳实验条件下，将经过前处理的样品进行检测，实验结果如表 10.2 所示。通过 DPV 的峰电流信号计算 Ag^+ 的浓度，得到样品中 Ag^+ 的回收率为 98.3%～103.4%，相对标准偏差为 1.5%～4.5%，结果表明该生物传感器在初步的实际应用中具有一定的可行性。

表 10.3 比较了本方法与其他已报道传感器检测 Ag^+ 的分析性能，由表中数据可见，本方法具有线性范围宽和检出限低的特点。

表 10.2 水样中银离子的检测结果（$n=3$）

样品	加入量/(pmol/L)	测定量/(pmol/L)	回收率/%	相对标准偏差/%
湖水	1.0	1.07	100.7	3.5
	10.0	9.83	98.3	4.5
自来水	1.0	1.34	103.4	2.5
	10.0	10.12	101.2	1.5

表 10.3 各种 Ag^+ 传感器性能的比较

修饰材料	技术方法	线性范围	检出限	参考文献
超支化聚乙烯亚胺/金纳米粒子	比色法	1.09～109 nmol/L	1.09 nmol/L	[22]
硫掺杂石墨烯量子点	荧光法	100 nmol/L～130 μmol/L	30 nmol/L	[23]
MnO_2 纳米片-DNA	荧光法	30～240 nmol/L	9.1 nmol/L	[24]
硫堇-Ag^+ 复合物	荧光法	5 fmol/L～0.1 pmol/L	5 fmol/L	[25]
胞嘧啶 DNA/石英晶体微天平	石英晶体微天平	100 pmol/L～1 μmol/L	100 pmol/L	[26]
石墨烯纳米片/硫堇/分子线	电位法	8 nmol/L～10 mmol/L	4.17 nmol/L	[27]
金纳米粒子/酶裂解	计时库仑法	1 pmol/L～100 nmol/L	470 fmol/L	[28]
DNA/金纳米粒子@聚苯胺	电化学阻抗谱	10 nmol/L～100 nmol/L	10 pmol/L	[29]
银离子特异性寡核苷酸/单壁碳纳米管/十二烷硫醇	方波伏安法	2 nmol/L～100 nmol/L	1.5 nmol/L	[30]
双链 DNA/纳米孔金	方波伏安法	100 pmol/L～1 μmol/L	48 pmol/L	[31]
多壁碳纳米管-N,N'-双(2-羟基苯乙酮)乙二胺-1-丁基-3-甲基咪唑六氟磷酸盐-全氟磺酸膜	微分脉冲阳极溶出伏安法	1.9 nmol/L～3.7 μmol/L	0.649 nmol/L	[32]
银增强/DNA-金纳米粒子生物条形码	微分脉冲伏安法	5 nmol/L～50 μmol/L	2 pmol/L	[33]
Ag^+ 辅助等温指数降解反应	计时库仑法	10 nmol/L～100 nmol/L	3 pmol/L	[34]
磁性纳米粒子/杂交链式反应	微分脉冲伏安法	1 fmol/L～100 pmol/L	0.5 fmol/L	所构建传感器

10.4 本章小结

本章利用磁性纳米粒子和杂交链式反应作为信号放大技术,利用 C-Ag^+-C 结构和电化学方法,实现对重金属 Ag^+ 的痕量检测。为了增加分析速度和稳定性,磁纳米粒子表面发生杂交链式反应形成的长链 DNA 复合物采用磁性金电极吸附固定,该方法具有简单、快速、选择性好、灵敏度高、重现性和稳定性良好等优点。同时,二茂铁作为本实验的电活性标记物实现了低成本、易操作和信号稳定的目标。在本实验的研究基础上,有望研究出更多、更快捷、更方便、更灵敏的传感器来检测银离子和其他重金属离子。

参考文献

[1] Xiao Y, Lubin A A, Heeger A J, et al. Label-free electronic detection of thrombin in blood serum by using an aptamer-based sensor [J]. Angewandte Chemie International Edition, 2005, 44: 5456-5459.

[2] Song S P, Wang L H, Li J, et al. Aptamer-based biosensors [J]. Trends in Analytical Chemistry, 2008, 27 (2): 108-117.

[3] Xin T, Ma M, Zhang H, et al. A facile approach for the synthesis of magnetic separable Fe_3O_4@TiO_2 core-shell nanocomposites as highly recyclable photocatalysts [J]. Applied Surface Science, 2014, 288: 51-59.

[4] Tietze R, Zaloga J, Unterweger H, et al. Magnetic nanoparticle-based drug delivery for cancer therapy [J]. Biochemical and Biophysical Research Communications, 2015, 468 (3): 463-470.

[5] Cheng K K, Chan P S, Fan S, et al. Curcumin-conjugated magnetic nanoparticles for detecting amyloid plaques in Alzheimer's disease mice using magnetic resonance imaging (MRI) [J]. Biomaterials, 2015, 44: 155-172.

[6] Ma X, Wang Y, Liu X L, et al. Fe_3O_4-Pd Janus nanoparticles with amplified dual-mode hyperthermia and enhanced ROS generation for breast cancer treatment [J]. Nanoscale Horizons, 2019, 4 (6): 1450-1459.

[7] Lin K, Cao Y, Zheng D, et al. Facile phase transfer of hydrophobic Fe_3O_4@$Cu_{2-x}S$ nanoparticles by red blood cell membrane for MRI and phototherapy in the second near-infrared window [J]. Journal of Materials Chemistry B, 2020, 8 (6): 1202-1211.

[8] Yang Y, Wang C, Tian C, et al. Fe_3O_4@MnO_2@PPy nanocomposites overcome hypoxia: Magnetic-targeting-assisted controlled chemotherapy and enhanced photodynamic/photothermal therapy [J]. Journal of Materials Chemistry B, 2018, 6 (42): 6848-6857.

[9] Li L, Li Q, Liao Z, et al. Magnetism-resolved separation and fluorescence quantification for near-simultaneous detection of multiple pathogens [J]. Analytical Chemistry, 2018, 90 (15): 9621-9628.

[10] Wu W, Jiang C, Roy V A L. Recent progress in magnetic iron oxide-semiconductor composite nanomaterials as promising photocatalysts [J]. Nanoscale, 2015, 7 (1): 38-58.

[11] Dirks R M, Pierce N A. Triggered amplification by hybridization chain reaction [J]. Proceedings of the National Academy of Sciences of the United States of America, 2004, 101: 15275.

[12] Fan C, Plaxco K W, Heeger A J. Electrochemical interrogation of conformational changes as a reagentless method for the sequence-specific detection of DNA [J]. Proceedings of the National Academy of Sciences of the United States of America, 2003, 100 (16): 9134-9137.

[13] Palecek E, Fojta M, Tomschik M, et al. Electrochemical biosensors for DNA hybridization and DNA damage [J]. Biosensors & Bioelectronics, 1998, 13: 621-628.

[14] Yang L, Liu C, Ren W, et al. Graphene surface-anchored fluorescence sensor for sensitive detection of microRNA coupled with enzyme-free signal amplification of hybridization chain reaction [J]. ACS Applied Materials & Inter-

faces，2012，4：6450-6453.

[15] Xuan F，Hsing I M. Triggering hairpin-free chain-branching growth of fluorescent DNA dendrimers for nonlinear hybridization chain reaction [J]. Journal of the American Chemical Society，2014，136：9810-9813.

[16] Jonghoon C，Kerry R L，Yuan G，et al. Christopher love immuno-hybridization chain reaction for enhancing detection of individual cytokine-secreting human peripheral mononuclear cells [J]. Analytical Chemistry，2011，83：6890-6895.

[17] Zhao J，Hu S S，Cao Y，et al. Electrochemical detection of protein based on hybridization chain reaction-assisted formation of copper nanoparticles [J]. Biosensors & Bioelectronics，2015，66：327-331.

[18] 彭德敏，袁若. 基于杂交链式反应放大信号的适体传感器的研究 [J]. 化学传感器，2014，34（4）：14-19.

[19] Deng H，Li X L，Peng Q，et al. Monodisperse magnetic single-crystal ferrite microspheres [J]. Angewandte Chemie International Edition，2005，117：2842-2845.

[20] 吴伟，贺全国，陈洪，等. Fe_3O_4 磁性纳米粒子的超声包金及其表征 [J]. 化学学报，2007，65（13）：1273-1279.

[21] Storhoff J J，Elghanian R，Mucic R C，et al. One-pot colorimetric differentiation of polynucleotides with single base imperfections using gold nanoparticle probes [J]. Journal of the American Chemical Society，1998，120：1959-1964.

[22] Liu Y，Liu Y，Li Z F，et al. An unusual red-to-brown colorimetric sensing method for ultrasensitive silver(Ⅰ) ion detection based on a non-aggregation of hyperbranched polyethylenimine derivative stabilized gold nanoparticles [J]. Analyst，2015，140：5335-5343.

[23] Bian S Y，Shen C，Qian Y T，et al. Facile synthesis of sulfur-doped graphene quantum dots as fluorescent sensing probes for Ag^+ ions detection [J]. Sensors and Actuators B：Chemical，2017，242：231-237.

[24] Qi L，Yan Z，Huo Y，et al. MnO_2 nanosheet-assisted lig and-DNA interaction-based fluorescence polarization biosensor for the detection of Ag^+ ions [J]. Biosensors & Bioelectronics，2017，87：566-571.

[25] Arulraj A D，Devasenathipathy R，Chen S M，et al. Highly selective and sensitive fluorescent chemosensor for femtomolar detection of silver ion in aqueous medium [J]. Sensing and Bio-Sensing Research，2015，6：19-24.

[26] Lee S，Jang K，Park C，et al. Ultra-sensitive in situ detection of silver ions using a quartz crystal microbalance [J]. New Journal of Chemistry，2015，39：8028-8034.

[27] Afkhami A，Shirzadmehr A，Madrakian T，et al. New nano-composite potentiometric sensor composed of graphene nanosheets/thionine/molecular wire for nanomolar detection of silver ion in various real samples [J]. Talanta，2015，13：548-555.

[28] Miao P，Ning L M，Li X X. Gold nanoparticles and cleavage-based dual signal amplification for ultrasensitive detection of silver ions [J]. Analytical Chemistry，2013，85：7966-7970.

[29] Yang Y Q，Zhang S，Kang M M，et al. Selective detection of silver ions using mushroom-like polyaniline and gold nanoparticle nanocomposite-based electrochemical DNA sensor [J]. Analytical Biochemistry，2015，490：7-13.

[30] Zhang Z P，Yan J. A signal-on electrochemical biosensor for sensitive detection of silver ion based on alkanethiol-carbon nanotube-oligonucleotide modified electrodes [J]. Sensors and Actuators B：Chemical，2014，202：1058-1064.

[31] Zhou Y Y，Tang L，Zeng G M，et al. A novel biosensor for silver(Ⅰ) ion detection based on nanoporous gold and duplex-like DNA scaffolds with anionic intercalator [J]. RSC Advances，2015，5：69738-69744.

[32] Azhari S，Sathishkumar P，Ahamad R，et al. Fabrication of a composite modified glassy carbon electrode：A highly selective，sensitive and rapid electrochemical sensor for silver ion detection in river water samples [J]. Analytical Methods，2016，8：5712-5721.

[33] Zhang Y L，Li H Y，Xie J L，et al. Electrochemical biosensor for silver ions based on amplification of DNA-Au biobar codes and silver enhancement [J]. Journal of Electroanalytical Chemistry，2017，785：117-124.

[34] Zhao J，Fan Q，Zhu S，et al. Ultra-sensitive detection of Ag^+ ions based on Ag^+-assisted isothermal exponential degradation reaction [J]. Biosensors & Bioelectronics，2013，39：183-186.

第11章 基于 Fe_3O_4@Au 和聚合酶等温扩增技术的 Ni^{2+} 电化学生物传感器

11.1 引言

随着现代工业的高速发展，含 Ni^{2+} 废水的排放日益增多，目前已经成为主要的水体污染源之一，对环境的污染也越来越严重。含 Ni^{2+} 废水是一种危害较大的工业废水，它主要来自各种应用镍化合物的企业及矿产工业、有色冶金工业、金属加工、仪器仪表电镀、印染制革[1]。

镍的化合物可经多种途径进入机体，从而穿过机体的膜屏障与组织细胞内的生物分子之间相互作用，导致各种毒效应。业内已经证实，镍的化合物是一类多器官毒物，可累积于肾、心血管系统、肝、肺和血液等多种重要器官。胡世洪等[2]用含镍化合物给大鼠做静式染毒实验，浓度 273.2 mg/m³，1 h/d，每周实验 6 天，共进行了 45 天。结果表明，病理组织学改变以肝、肺为主，与一次染毒伤害相似，但损伤较重，亚微结构观察到肺泡Ⅱ型肺巨噬细胞、肝细胞、上皮细胞的细胞器有明显改变。马国云等[3]给小鼠经饮水喂饲 0.8% 硫酸镍（每日的摄入量为 0.55 mg/kg），持续了 80 天，光学显微镜观察到局部肾小管上皮细胞、肝细胞及心肌纤维有轻度浊肿，脾脏明显萎缩。杨志杰等[4]报道，镍化合物对豚鼠肺泡巨噬细胞的毒性进行比较，按递减次序排列：$NiCl_2 \cdot 6H_2O > Ni(NO_3)_2 \cdot 6H_2O > NiSO_4 \cdot 6H_2O > Ni$。周晓等[5]研究了镍、锡的联合细胞毒性，结果显示，两金属离子单独或联合均对质膜有一定的损伤作用。李佳慧[6]、姜方旭[7]等对镍化合物的毒性研究发现，其对雌雄两性的生殖功能均有不良的影响。镍同时又具有免疫毒性，可引起人体和动物体液免疫、细胞免疫的抑制，改变参与免疫特定细胞类型的活性。鉴于以上镍的巨大危害，《污水综合排放标准》（GB 8978—1996）将镍列为第一类污染物，其允许排放浓度低于 1.0 mg/L。

等温核酸扩增技术[8-10]是一类与复杂的、热循环的聚合酶链式反应（PCR）不同的新技术，其可在简单的恒温条件下对核酸进行有效的扩增检测或识别，该方法仪器依赖度低，且灵敏快速，已经成为一种强大的生物信号放大策略。等温扩增技术的发展为建立高灵敏度的生物分析方法提供了途径，具有以下优势：①具有简便快速、指数扩增的能力；②具有可编程性，可构建级联放大；③能与各种光学、电化学分析技术兼容。等温链置换扩增（strand displacement amplification，SDA）是一种酶介导的等温扩增反应，主要依赖于可以发生链置换的 DNA 聚合酶延伸引物（可能是由内切酶剪切后生成的）置换下游的 DNA 序列达到扩增检测的目的[11-12]。主要机制是利用内切酶不断再生剪切位点达到指数扩增的目的，通常将 DNA 聚合酶催化引物（可以是靶标序列）沿着模板延伸，生成含有限制性内切酶识别位点的 dsDNA。限制性内切酶识别 dsDNA 中的特定序列，在其中一条 DNA 链上产生一个缺口。随后 DNA 聚合酶在缺口处继续延伸并逐步置换出下游的 DNA 片段。限制性内切酶剪切形成缺口及 DNA 聚合酶引物延伸链置换两个过程反复进行，从而生成大量 ssDNA 片段，实现对靶标核酸或识别事件的高效扩增。

本章基于磁性纳米粒子和聚合酶等温扩增反应作为信号放大技术，利用 Ni^{2+} 对 DNA 酶的 RNA 位点特异性切割和电化学方法，实现对重金属 Ni^{2+} 的超痕量检测。为了增加分析速度和稳定性，磁纳米粒子表面发生聚合酶等温扩增反应形成的长链 DNA 复合物采用金磁电极吸附固定，该方法具有简单、快速、灵敏度高等优点。

11.2 实验部分

11.2.1 实验仪器和试剂

电化学阻抗谱（EIS）和微分脉冲伏安法（DPV）测量在 CHI 630E 电化学工作站（CHI 仪器公司，中国上海）上完成。标准的三电极系统用于所有电化学实验，金磁电极（$d = 4$ mm）作为工作电极。所有杂交实验均在 4 D 旋转混合设备（Kylin-Bell，中国）上完成。琼脂糖凝胶电泳用 Chemi-DocXRS＋（BIO RAD）化学发光和荧光凝胶成像（中国）完成。

$Ni(NO_3)_2$ 标准溶液购自国家钢铁分析中心（中国）。氯化金(Ⅲ)四水合物（$HAuCl_4 \cdot 4H_2O$）、三(2-羧乙基)膦（TCEP）、2-羟基-1-乙硫醇、3-氨基丙基三乙氧基硅烷（APTES）和 4-(2-羟乙基)-1-哌嗪乙磺酸（HEPES）、聚乙二醇均购自 Sigma-Aldrich（美国 Morris Plains）。亚甲基蓝（MB）、三羟甲基氨基甲烷（Tris）、四水合氯化亚铁（$FeCl_2 \cdot 4H_2O$）、六水合氯化铁（$FeCl_3 \cdot 6H_2O$）均购自阿拉丁公司（中国上海）。本章所用的所有寡核苷酸和酶等生物试剂均由 Sangon Biotechnology Co., Ltd.（中国上海）合成并纯化，所有寡核苷酸序列见表 11.1。

10 mmol/L PBS（pH 7.4，20 mmol/L NaCl）缓冲液用作固定缓冲液。10 mmol/L HEPES（pH 7.4）缓冲液作为镍离子的切割缓冲液。20 mmol/L Tris-HCl（pH 7.4，0.1 mol/L KCl）缓冲液作为引发链的杂交反应溶液和该步骤的清洗液。20 mmol/L Tris-HCl（pH 7.4，60 mmol/L KCl，10 mmol/L $MgCl_2$）缓冲溶液作为聚合酶等温扩增反应的杂交液，0.1 mol/L Tris-HCl-KCl 作为清洗液及与 MB 的孵化液。最终用 20 mmol/L Tris-HCl（pH 7.4，140 mmol/L NaCl，5 mmol/L KCl，1 mmol/L $MgCl_2$，1 mmol/L $CaCl_2$）溶液洗去多余的 MB。使用含有 0.1 mol/L KCl 和 0.1 mol/L $KClO_4$ 的 5 mmol/L $Fe(CN)_6^{3-}/Fe(CN)_6^{4-}$ 溶液作为电化学阻抗谱（EIS）测试液。使用 10 mmol/L PBS（pH 6.0，20 mmol/L NaCl，0.1 mol/L $NaClO_4$）缓冲液作为差示脉冲伏安法（DPV）测试底液。所有其他化学品均为分析纯，并且未经任何纯化直接使用。实验过程中使用的水均为超纯水且经高温高压灭菌处理。

表 11.1　本实验所设计的 DNA 序列

名称	序列(5′-3′)
S1	5′-ACT CAC TAT ǀ rA ǀ GGA AGA GAT GGA CGT GAG TCG ACT AGA CAC GTC CAT CTC TGC AGT CGG GTA GTT AAA CCG ACC TTC AGA CAT AGT GAG TAG CA-SH-3′
S2	5′-CTA CTC ACT ATG TCT-3′

11.2.2　Fe$_3$O$_4$@Au 的制备

Fe$_3$O$_4$@Au 的制备方法见第 10 章 10.2.2。

11.2.3　单链 DNA-Fe$_3$O$_4$@Au 的制备

单链 DNA-Fe$_3$O$_4$@Au 的制备见第 10 章 10.2.4。

11.2.4　聚合酶等温扩增反应

上述单链 DNA 标记的 Fe$_3$O$_4$@Au 用 20 mmol/L Tris-HCl（pH 7.4，60 mmol/L KCl，10 mmol/L MgCl$_2$）稀释为 0.1 μmol/L，然后向其中加入 20 U/mL 聚合酶和 200 μmol/L dNTP，37 ℃下杂交反应 2 h，得到长链 DNA 复合物。清洗液为 0.1 mol/L Tris-HCl-KCl。最后，DNA 复合物与亚甲基蓝（MB）在 37 ℃下反应 3 h，将 MB 嵌入到 Fe$_3$O$_4$@Au 表面的双链 DNA 中。清洗液为 20 mmol/L Tris-HCl（pH 7.4，140 mmol/L NaCl，5 mmol/L KCl，1 mmol/L MgCl$_2$，1 mmol/L CaCl$_2$）。

11.2.5　金磁电极表面的处理及 Ni^{2+} 电化学生物传感器的制备

金磁电极表面的处理见第 10 章 10.2.6。

将不同浓度的 Ni^{2+} 与 S1 标记的 Fe$_3$O$_4$@Au 在 10 mmol/L HEPES（pH=7.4）缓冲溶液中于 37 ℃杂交 1 h，核酸链 S1 的 DNA 酶位点被 Ni^{2+} 切割为两段，核酸链 S1 的 5′端的部分碱基缺失导致其 3′端核酸链成为单链，之后于 95 ℃加热 5 min，引发链 S2 可与 S1 3′端互补单链在 20 mmol/L Tris-HCl（pH 7.4，0.1 mol/L KCl）缓冲溶液中于 37 ℃杂交 2 h 形成双链 DNA，得到双链 DNA 标记的 Fe$_3$O$_4$@Au 磁性纳米粒子。清洗液均为 20 mmol/L Tris-HCl（pH 7.4，0.1 mol/L KCl），清洗两次，磁分离。最后将上述步骤得到的长链 DNA 复合物通过磁性富集作用修饰到活化的金磁电极表面，构建重金属 Ni^{2+} 电化学传感器。

11.2.6　凝胶电泳实验

凝胶电泳实验条件见第 5 章 5.2.4。

11.3 结果与讨论

11.3.1 传感器设计原理

本实验设计了一种基于磁性核-壳纳米粒子和聚合酶等温扩增反应信号放大技术检测重金属镍离子的方法。如图 11.1 所示，利用自组装技术，将 DNA 链 S1 通过 Au-S 键固定到 Fe_3O_4@Au 核-壳磁性纳米粒子表面。当镍离子（Ni^{2+}）存在时，核酸链 S1 在酶位点被 Ni^{2+} 切割，核酸链 S1 的 5′端的部分碱基缺失导致其 3′端核酸链成为单链，继而与另一条互补序列的 DNA 单链 S2 发生杂交结合。当加入聚合酶和底物 dNTP 后，在 S2 的诱导延伸作用下促使 S1 打开并发生聚合酶等温扩增放大反应，最后将亚甲基蓝 MB 嵌入到双链 DNA 空隙，形成的复合物在金磁电极表面通过磁性富集实现电化学响应信号的放大。根据电化学信号的增强实现对溶液中 Ni^{2+} 的定量测定。

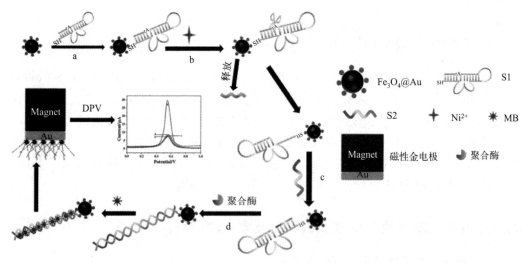

图 11.1 Ni^{2+} 电化学生物传感器的设计原理示意图

11.3.2 凝胶电泳的表征

在电化学生物传感器中，琼脂糖凝胶电泳也是一种重要的表征方法，图 11.2 是在 3% 的琼脂糖凝胶中不同 DNA 片段得到的凝胶电泳图片。由图中不同泳道对比可知，只有泳道 9：10 μmol/L S1＋10 nmol/L Ni^{2+}＋10 μmol/L S2＋25 U/mL 聚合酶＋200 μmol/L dNTP，也就是满足所设计的传感器时，才可以得到将近 200 bp 的 DNA 双链，也说明该生物传感器只有在此条件下才可以发生聚合酶等温扩增反应。

11.3.3 传感器的电化学行为

交流阻抗（EIS）用于检测电极表面不同修饰步骤下的电化学信号变化。图 11.3 给出了在 5 mmol/L $Fe(CN)_6^{3-}$/$Fe(CN)_6^{4-}$（0.1 mol/L KCl，0.1 mol/L $KClO_4$）缓冲溶液中电极表面不同修饰下的 Nyquist 图。由图可知，Fe_3O_4@Au-S1(b) 修饰电极与裸电极比较，

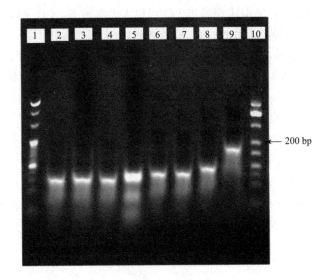

图 11.2 琼脂糖（3%）凝胶电泳图（AEG）

泳道 1：500 bp Marker；泳道 2：10 μmol/L S1；泳道 3：10 μmol/L S1+10 nmol/L Ni^{2+}；
泳道 4：10 μmol/L S1+10 μmol/L S2；泳道 5：10 μmol/L S1+10 μmol/L S2+10 nmol/L Ni^{2+}；
泳道 6：10 μmol/L S1+25 U/mL 聚合酶+200 μmol/L dNTP；泳道 7：10 μmol/L S1+10 nmol/L
Ni^{2+}+25 U/mL 聚合酶+200 μmol/L dNTP；泳道 8：10 μmol/L S1+10 μmol/L
S2+25 U/mL 聚合酶+200 μmol/L dNTP；泳道 9：10 μmol/L S1+10 nmol/L
Ni^{2+}+10 μmol/L S2+25 U/mL 聚合酶+200 μmol/L dNTP；

泳道 10：500 bp Marker。所有样品均按传感器制备步骤进行杂交

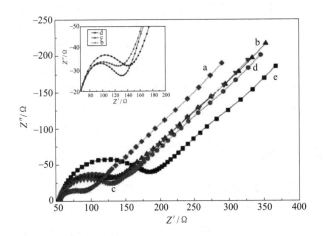

图 11.3 修饰电极的交流阻抗图（EIS）

a—裸金磁电极；b—Fe_3O_4@Au-S1；c—Fe_3O_4@Au-S1 被 Ni^{2+} 切割以后；
d—dsDNA/Fe_3O_4@Au；e—聚合酶等温扩增反应（在 5.0 mmol/L
$Fe(CN)_6^{3-}$/$Fe(CN)_6^{4-}$、0.1 mol/L KCl、0.1 mol/L $KClO_4$ 溶液中进行检测）

插图为 b、c、d 曲线的放大图

阻抗明显增大，这是由于 Fe_3O_4@Au-S1 的加入阻碍了电极表面电子的转移。Fe_3O_4@Au-S1 被 Ni^{2+} 切割以后（c）与（b）相比，阻抗稍微减小，说明 Ni^{2+} 成功识别 DNAzyme 位点，并

有片段 DNA 释放，使得（c）的电阻稍微减小。当加入引发链 S2（d）时，阻抗微微增强，这是由于 DNA 的非导电性阻碍电子转移。在 S2 的诱导作用下加入 dNTP 和聚合酶（e），与上一步（d）相比，阻抗大大增强，说明了 DNA 双链的形成，从而阻碍了电子的传递。

由于 MB 可以嵌入 DNA 双链的缝隙中，为进一步验证以上结论，我们在各步修饰得到的 DNA 中嵌入 20 μmol/L MB 以后进行 DPV 检测（图 11.4），得出的结论一致。具体来说，当 Fe_3O_4@Au-S1(a) 直接修饰到电极表面时，由于 S1 部分杂交，形成了一条不规则、不完全匹配的 DNA 双链，因此可以得到一定的 DPV 响应峰。Fe_3O_4@Au-S1 被 Ni^{2+} 切割以后（b）与（a）相比，DPV 响应稍微减小，说明 Ni^{2+} 成功识别 DNAzyme 位点，并有片段 DNA 被释放，使得（b）中能嵌入 MB 的量下降。当加入引发链 S2(c) 时，响应稍微增强，这是由于 S2 与 S1 成功杂交。在 S2 的诱导作用下加入 dNTP 和聚合酶（d），与上一步（c）相比，响应明显增强，说明 DNA 长双链形成，从而导致 MB 含量大大增加。

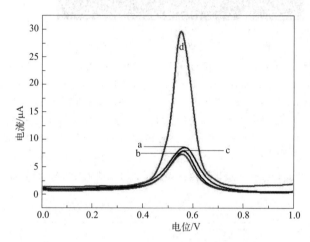

图 11.4　修饰电极的示差脉冲伏安图（DPV）

a—Fe_3O_4@Au-S1；b—Fe_3O_4@Au-S1 被 Ni^{2+} 切割以后；
c—dsDNA/Fe_3O_4@Au；d—聚合酶等温扩增反应［在 0.1 mol/L PBS
（pH 6.0，20 mmol/L NaCl，0.1 mol/L $KClO_4$）溶液中进行检测］

11.3.4　实验参数的优化

不同实验条件（如浓度、时间和测试底液 pH 等）下，生物传感器的性能是有差异的，因此，我们进行了一系列实验参数的优化。如图 11.5(a) 所示，随着 S1 浓度的增加，其 DPV 响应也逐渐增强，当浓度达到 0.6 μmol/L 时，峰电流达到最大值，之后随着浓度的增加，电流微微下降，这可能是由于当磁性纳米粒子表面的 DNA 密度太大时，反而不利于聚合酶等温扩增反应的进行，所以我们选择 0.6 μmol/L 作为 S1 的最佳浓度。图 11.5(b) 是 1 μmol/L Ni^{2+} 对 DNAzyme 单链 0.6 μmol/L S1 在不同切割时间的电流信号，由图看出随着时间的延长电流信号逐渐降低，当时间达到 50 min 时，电流信号趋于平缓，说明切割已完成，因此我们选择 50 min 作为最佳切割时间。DNA 双链的杂交时间也是一个重要参数，图 11.5(c) 是引发链 S2 与被切割后 S1 的杂交时间与峰电流的关系，随着时间的延长，电流信号逐渐增加，当达到 3 h 的时候达到最大值，之后趋于平缓，说明 DNA 双链杂交完成，因此 3 h 被选为 S1 和 S2 的最佳杂交时间。同样，等温扩增的时间和聚合酶浓度也是重要的影响因素，如图 11.5(d) 和 (e)，均为电流响应随着等温扩增时间和聚合酶浓度的增加而增加，达到最大值之后缓缓下降，所以 2 h 和 25 U/mL 分别被选为最佳等温扩增时间和最佳聚合酶浓度。与 MB 的孵化时间直接影响最终的 DPV 响应，图 11.5(f) 给出了最佳孵化时间为 3 h。最后，测试底液的 pH 对传感器的影响也是必不可少的一个因素，图 11.5(g) 和 (h) 给出相应的结论，从 pH 4.5 开始，随着 pH 值的增加，峰电流随之增加，同时，峰电位也发生负移，在 pH 6.0 时峰电流达到一个最大值，再加大 pH 值，峰电位依然负移，而响应却变小，这可能归因于碱性条件下质子减少。考虑到传感器的灵敏度，我们最终选择 pH 6.0 作为最佳检测条件。

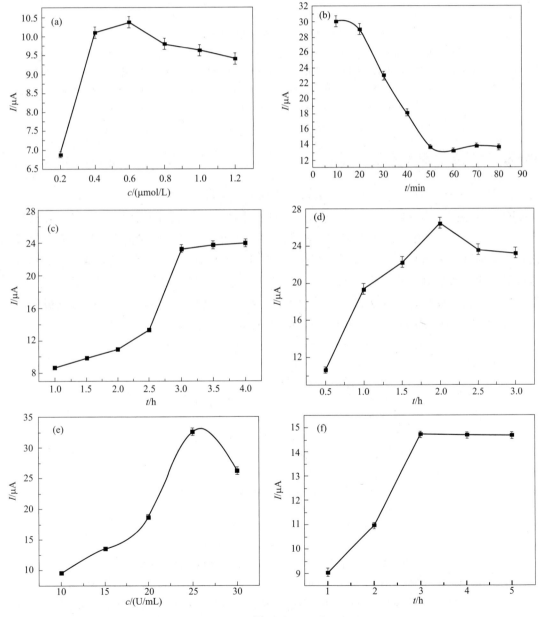

图 11.5

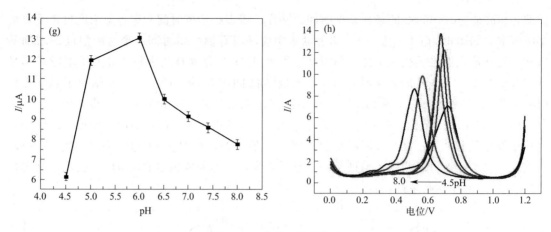

图 11.5 实验参数的优化

(a) S1 浓度对传感器影响；(b) 1 μmol/L Ni^{2+} 对 DNAzyme 的不同切割时间；(c) 引发链 S2 和 S1 的杂交时间与峰电流的关系；(d) 聚合酶等温扩增的时间对生物传感器的影响；(e) 聚合酶浓度对生物传感器的影响；(f) MB 的最佳孵化时间；(g) 测试底液 pH 对生物传感器的影响；(h) 不同 pH 下 DPV 响应峰对传感器的影响

缓冲溶液：0.1 mol/L PBS（pH 6.0，20 mmol/L NaCl，0.1 mol/L $NaClO_4$）

11.3.5 扫描速度的影响

图 11.6 为该生物传感器在 0.1 mol/L PBS（pH 6.0，20 mmol/L NaCl，0.1 mol/L $NaClO_4$）底液中不同扫描速度下的循环伏安图。由图可知，扫描速度从 20 mV/s 逐渐增加到 250 mV/s 时，氧化还原峰电流随扫速的增加而增大，且与扫速成正比线性关系，表明电化学反应为电极表面吸附控制过程。MB 标记的 DNA 探针在电极表面的覆盖率（Γ）可以通过循环伏安曲线对应的氧化峰面积进行估算。通过方程 $\Gamma = Q/nFA$ 计算得到。其中，Q 为 MB 的氧化峰面积，F 为法拉第常数，n 为参与反应的电子数（$n=1$），A 为电极的面积（$A=0.5024$），在本实验中 $\Gamma = 0.217$ nmol/(L·cm^2)。

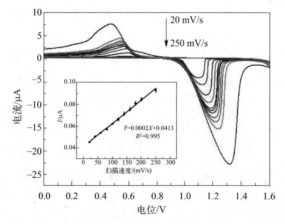

图 11.6 生物传感器在不同扫描速度下的循环伏安图

1 μmol/L Ni^{2+} 在 0.1 mol/L PBS（pH 6.0，20 mmol/L NaCl，0.1 mol/L $NaClO_4$）缓冲溶液中检测得到，扫速（mV/s）分别为 20、40、60、80、100、120、160、180、200、250；插图是扫描速度与氧化峰电流的线性关系图

11.3.6 Ni^{2+} 的定量检测

最佳的实验条件下,采用微分脉冲伏安法测定不同浓度 Ni^{2+} 的还原峰电流响应,以 0.1 mol/L PBS(pH 6.0,20 mmol/L NaCl,0.1 mol/L $NaClO_4$)为测试底液,电位范围为 0.0~1.2 V,电位增幅为 4 mV,脉冲周期为 0.5 s。微分脉冲曲线峰电流与 Ni^{2+} 浓度的标准曲线如图 11.7 所示,电流响应信号随着 Ni^{2+} 浓度的增加而增加,说明随着 Ni^{2+} 的加入,聚合酶等温扩增反应逐渐增强,嵌入的 MB 随之增加。Ni^{2+} 浓度在 100 amol/L~100 μmol/L 范围内,随着 Ni^{2+} 浓度增加,电流信号的增大与 Ni^{2+} 浓度的增加不呈线性关系,但峰电流与 Ni^{2+} 浓度对数呈现良好的线性关系,线性方程为 $i_{pc}(\mu A)=2.00846 \lg c(\mu mol/L)+37.56239$,相关系数 R 为 0.99619,检出限为 47 amol/L。

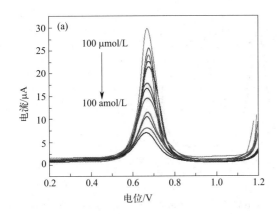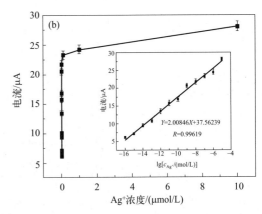

图 11.7 不同 Ni^{2+} 浓度 DPV 响应曲线与还原峰电流

(a) 电化学传感器在不同 Ni^{2+} 浓度的 DPV 响应曲线浓度分别为 100 amol/L、1 fmol/L、10 fmol/L、100 fmol/L、1 pmol/L、10 pmol/L、100 pmol/L、1 nmol/L、10 nmol/L、100 nmol/L、1 μmol/L、10 μmol/L、100 μmol/L,测试底液为 0.1 mol/L PBS(pH 6.0,20 mmol/L NaCl,0.1 mol/L $NaClO_4$);(b) Ni^{2+} 浓度与还原峰电流的关系,插图为 Ni^{2+} 浓度对数与还原峰电流的线性关系

11.3.7 传感器的选择性、稳定性和重现性

在金属离子的检测中,选择性是考察传感器性能的一项重要指标。为了确定该传感器对银离子具有特异性识别和强抗干扰能力,本实验考察了传感器对其他金属离子的响应,如图 11.8(a) 所示。在相同实验条件下,通过加入浓度为 10 μmol/L 不同重金属离子 Al^{3+}、As^{3+}、Cd^{2+}、Cr^{3+}、Cu^{2+}、Fe^{2+}、Fe^{3+}、Hg^{2+}、K^+、Mg^{2+}、Mo^{2+}、Na^+、Pb^{2+} 和 Zn^{2+} 进行传感器性能探究,结果显示,与 1 μmol/L Ni^{2+} 和混合液相比,其他离子只观察到较小的电流信号,说明该传感器对 Ni^{2+} 具有很好的选择性,其他金属离子造成的干扰可忽略。图 11.8(b) 是制备好的生物传感器放置不同时间后检测得到的电化学响应,从图中可以看出不同时间下检测得到的响应电流强度几乎重合,由此说明该传感器稳定性好。图 11.8(c) 是 4 个电极检测得到的电化学响应信号,峰也几乎重合在一起,说明传感器具有良好的重现性。

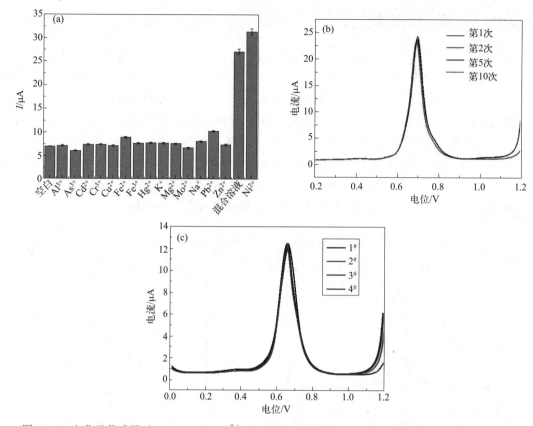

图 11.8 电化学传感器对 100 μmol/L Ni^{2+} 和不同重金属离子（1 mmol/L）的 DPV 响应值（a），电化学传感器对 10 μmol/L Ni^{2+} 的稳定性（b），以及电化学传感器对 1 nmol/L Ni^{2+} 的重现性（c）

11.3.8 在实际样品中的应用

为了考察该传感器在实际中的应用，本实验准备了三种不同的水样，分别是湖水、河水和自来水。在最佳的实验条件下，将采集到的水样过滤后进行检测，实验结果如表 11.2 所示，通过 DPV 的峰电流信号计算 Ni^{2+} 的浓度，得到样品中 Ni^{2+} 的回收率为 94.3%～108.5%，相对标准偏差为 1.53%～4.86%，结果表明该生物传感器在初步的实际应用中具有一定的可行性。

表 11.2 水样中镍离子的检测

样品	加入量	测定量	回收率/%	相对标准偏差/%
湖水	100 fmol/L	100.9 fmol/L	100.9	3.51
	10 nmol/L	10.15 nmol/L	101.5	4.51
自来水	100 fmol/L	100.4 fmol/L	100.4	2.52
	10 nmol/L	9.43 nmol/L	94.3	1.53
河水	100 fmol/L	99.3 fmol/L	99.3	3.45
	10 nmol/L	10.85 nmol/L	108.5	4.86

11.4 本章小结

本章基于磁性纳米粒子和聚合酶等温扩增反应作为信号放大技术，利用 Ni^{2+} 对 DNA 酶的 RNA 位点特异性切割和电化学方法，实现对重金属 Ni^{2+} 的超痕量检测。为了增加分析速度和稳定性，磁纳米粒子表面发生聚合酶等温扩增反应形成的长链 DNA 复合物采用金磁电极吸附固定，该方法具有简单、快速、灵敏度高等优点。

参考文献

[1] 俞誉福，毛家骏. 环境污染与人体保健 [J]. 上海：复旦大学出版社，1985：12-18.

[2] 胡世洪，许嘉萍，俞政，等. 亚急性羰基镍吸入大鼠病理组织学和亚微结构观察 [J]. 苏州医学院学报，1989，9 (1)：26-27.

[3] 马国云，严鸿才，王炳森，等. 硫酸镍亚急性毒性实验病理观察 [J]. 劳动学，1995，12：7-10.

[4] 杨志杰，罗圣庆，王秀玲. 镍及其无机化合物对豚鼠肺泡巨噬细胞的毒性比较 [J]. 中华劳动卫生职业病杂志，1987，5：118-120.

[5] 周晓，张侠，刘世杰，等. 镉与镍对豚鼠肺泡巨噬细胞膜的联合毒性研究 [J]. 中华劳动卫生职业病杂志，1997，1：14-17.

[6] 李佳慧，王兴邦，王秀玲，等. 氯化镍对小鼠睾丸影响的研究 [J]. 卫生毒理学杂志，1989，3：222-224.

[7] 姜方旭，卢迪生，李玉禄，等. 正常小鼠睾丸的酶组织化学及氯化镍对其影响 [J]. 湖南医科大学学报，1989，14：343-346.

[8] Zhao Y X, Chen F, Li Q, et al. Isothermal amplification of nucleic acids [J]. Chemical Reviews, 2015, 115 (22): 12491-12545.

[9] Lin X X, Sun X Y, Luo S D, et al. Development of DNA-based signal amplification and microfluidic technology for protein assay: A review [J]. Trends in Analytical Chemistry, 2016, 80: 132-148.

[10] Mukama O, Nie C R, Habimana J D D, et al. Synergetic performance of isothermal amplification techniques and lateral flow approach for nucleic acid diagnostics [J]. Analytical Biochemistry, 2020, 600: 113762.

[11] Walker G T, Fraiser M S, Schram J L, et al. Strand displacement amplification-an isothermal, in vitro DNA amplification technique [J]. Nucleic Acids Research, 1992, 20 (7): 1691-1696.

[12] Zhu Z M, Yu R Q, Chu X. Amplified fluorescence detection of T4 polynucleotide kinase activity and inhibition via a coupled λ exonuclease reaction and exonuclease Ⅲ-aided trigger DNA recycling [J]. Analytical Methods, 2014, 6 (15): 6009-6014.

第12章

基于 Fe_3O_4@Au 和核酸内切酶的 Cu^{2+} 电化学生物传感器

12.1 引言

铜离子作为各种金属辅酶的重要辅因子或结构组分,在多种生物生理过程中起关键作用[1]。然而,在过量的条件下,铜离子可导致一系列疾病,如阿尔茨海默病、门克斯病和威尔逊病等[2]。此外,铜离子含量的升高会通过激活致癌性 BRAF 信号而导致几种癌症[3]。考虑到铜离子的双面作用,美国环境保护署将其饮用水的上限设定为 20 $\mu mol/L$[4]。然而,铜离子通常在污染水域中含量偏高,这可能严重威胁人类的身心健康[5]。因此,环境中铜离子的可靠检测是非常必要的。到目前为止,电感耦合等离子体质谱(ICP-MS)、原子荧光和原子吸收光谱(AAS)是最常用的铜离子测定方法[6-7]。尽管具有高效率的优点,但这些方法具有一些不可避免的缺点,例如测定时间长、对设备的要求高、设备昂贵。

因此,开发痕量检测铜离子的简单方法引起科学家的广泛兴趣。最近,已经建立了各种比色传感器,用电化学技术和荧光探针来检测铜离子[8-15]。基于纳米材料的比色传感器具有卓越的优点,如灵敏度好,可直接用肉眼识别。然而,一些比色传感器容易受复杂矩阵的影响,与其他技术相比,电化学探针因其高灵敏度和高选择性而备受关注,并且大量的功能材料已经被合成以广泛用于建立电化学探针。

核酸内切酶在等温链置换反应中用途也很常见,它是剪切释放某些片段以启动新的聚合反应的一个重要因素。DNA 切口核酸内切酶(Nt.BstNBI)[16] 可以识别简单的不对称序列(5′-GAGTC-3′),并在距离其识别位点的 3′末端第 4 个碱基处仅切割一条 DNA 链。由于切口核酸内切酶需要在限制性位点的 DNA 链和靶之间完全互补并具有足够的互补性的情况下,才允许在酶识别位点外部发生杂交,实现其高特异性,因此可用于检测单碱基错配和单核苷酸多态性。Kiesling 等[17] 报道了基于该原理的称为切口核酸内切酶信号放大(NESA)的新的核酸检测技术,由于切割反应的高特异性,靶向 NESA 的 DNA 识别能力比核酸外切酶Ⅲ更好。Li 等[18] 提出一个基于 NESA 的荧光生物传感器,包含用于 DNA 检测的基本版本和扩展版本,检测限分别为 6.3 pmol/L 和 85 fmol/L。许多其他基于 NESA 的 DNA 生物传感器已经得到开发[19]。所有这些生物传感器都显示出高的放大效率和高的光谱活性。

DNAzyme 易于制备,在苛刻条件下具有出色的稳定性,由 Breaker[20] 分离的 Cu^{2+} 依赖性 DNA 核酶已被用作 Cu^{2+} 的理想识别平台[21]。因此,通过使用比色法[22]、动态光散射技术[23]、电化学法[24,25]、荧光法[26] 设计了多种 Cu^{2+} 生物传感器。其中，电化学生物传感器由于其灵敏度高、读数容易、样品体积小、操作简单、定量可行等特点，引起很高的关注度。

本实验基于磁性纳米粒子、核酸内切酶切割循环、聚合酶等温扩增反应和 DNA 构型转变，以二茂铁作为电化学信号放大技术，利用 Cu^{2+} 对 DNA 的鸟嘌呤位点特异性切割和电化学方法，实现对重金属 Cu^{2+} 的超痕量检测。

12.2 实验部分

12.2.1 实验仪器与试剂

电化学阻抗谱（EIS）、循环伏安法（CV）和微分脉冲伏安法（DPV）测量在 CHI 630E 电化学工作站（CHI 仪器公司，中国上海）完成。标准的三电极系统用于所有电化学实验，金磁电极（$d=4$ mm）作为工作电极，饱和甘汞电极作为参比电极，铂电极作为辅助电极。所有杂交实验均经过 4D 旋转混合设备（Kylin-Bell，中国）进行测试。

$Cu(NO_3)_2$ 标准溶液购自国家钢铁分析中心（中国）。氯化金（Ⅲ）四水合物（$HAuCl_4 \cdot 4H_2O$）、三(2-羧乙基)膦（TCEP）、2-羟基-1-乙硫醇、3-氨基丙基三乙氧基硅烷（APTES）和 4-(2-羟乙基)-1-哌嗪乙磺酸（HEPES）、聚乙二醇均购自 Sigma-Aldrich（美国 Morris Plains）。N-羟基琥珀酰亚胺（NHS）、二茂铁甲酸、1-乙基-3-(3-二甲基氨基丙基)碳酰二亚胺盐酸盐（EDC）、四水合氯化亚铁（$FeCl_2 \cdot 4H_2O$）、六水合氯化铁（$FeCl_3 \cdot 6H_2O$）均购自阿拉丁公司（中国上海）。本章所用的所有寡核苷酸及酶均由 Sangon Biotechnology Co., Ltd.（中国上海）合成并纯化，所有寡核苷酸序列列于表 12.1 中。

表 12.1 本实验所设计的 DNA 序列

缩写	碱基序列($5'$-$3'$)
S1	$5'$-SH-TAT GCT TCT TTC TAA TAC GGC TTA CC-$3'$
S2	$5'$-TCT GGT AAG CCT GGG CCT CTT TCT TTT TAA GAA AGA AC-$3'$
S3	$5'$-GCT GAC TCG TCT AGC ATC GTA GTC TGG ACC TCA GCC GTA TTA GAA AGC-$3'$
S4	$5'$-SH-CCT CAA CTA CGA TGC TAG GTA-NH_2-$3'$

10 mmol/L PBS（pH 7.4，20 mmol/L NaCl）缓冲液被用作固定缓冲液，50 mmol/L HEPES（pH 7.0，1.5 mol/L NaCl）作为铜离子的切割缓冲液、等温扩增反应液及整个等温扩增实验的清洗液。使用 10 mmol/L PBS（pH 7.5，50 mmol/L NaCl）缓冲液作为电极表面反应的清洗液。使用含有 0.1 mol/L KCl 和 0.1 mol/L $KClO_4$ 的 5mmol/L $Fe(CN)_6^{3-}$/$Fe(CN)_6^{4-}$ 溶液作为电化学阻抗谱（EIS）测试液。使用 10 mmol/L PBS（pH 7.5，20 mmol/L NaCl，0.1 mol/L $NaClO_4$）缓冲液作为差示脉冲伏安法（DPV）测试底液。所有其他化学品均为分析纯，并且未经任何纯化直接使用。实验过程中使用的水均为超纯水且经高温高压灭菌处理。

12.2.2 二茂铁标记-NH_2 修饰的寡核苷酸

二茂铁标记-NH_2 修饰的 S4 DNA 探针见第 3 章 3.2.2。

12.2.3 Fe$_3$O$_4$@Au 的制备

Fe$_3$O$_4$@Au 的制备方法见第 10 章 10.2.2。

12.2.4 单链 DNA-Fe$_3$O$_4$@Au 的制备

单链 DNA-Fe$_3$O$_4$@Au 的制备见第 10 章 10.2.4。

12.2.5 聚合酶等温扩增和核酸内切酶反应

将不同浓度的 Cu^{2+} 与双链 DNA 标记的 Fe$_3$O$_4$@Au 在 50 mmol/L HEPES (pH 7.0, 1.5 mol/L NaCl) 缓冲溶液中于 37℃孵化 40 min, 核酸链 S1 的 DNA 酶位点被 Cu^{2+} 切割从而导致双链 DNA 发生裂解, 核酸链 S1 变为短单链, 也是下一步反应的引发链, 清洗两次, 磁分离。加入一条长的模板链 1 μmol/L S3, 引发链 S1 与 S3 在 50 mmol/L HEPES (pH 7.0, 1.5 mol/L NaCl) 缓冲溶液中于 37 ℃杂交 2.5 h, 形成有部分剩余的双链 DNA, 清洗两次, 磁分离。最后加入 200 μmol/L dNTP、25 U/mL 聚合酶和 10 U/mL 核酸内切酶, 于 37 ℃下孵化 3 h, 即可得到被切割下来的片段 S4, 4 ℃保存备用。

12.2.6 金磁电极表面的处理及 Cu^{2+} 电化学生物传感器的制备

金磁电极表面的处理见第 10 章 10.2.6。

将 1 μmol/L S2 与 S1 标记的 Fe$_3$O$_4$@Au 于 80℃加热 1 min, 并在 50 mmol/L HEPES (pH 7.0, 1.5 mol/L NaCl) 缓冲溶液中于 37 ℃杂交 1.5 h, 核酸链 S1 与 S2 首尾部分杂交得到双链 DNA。清洗两次, 进行磁分离。然后将 1 μmol/L 标记了 Fc 的 S4 单链于 95 ℃加热 5 min, 取 5 μL 滴加于上述金电极表面在 25 ℃下组装 16 h, 用 10 mmol/L PBS (pH 7.5, 50 mmol/L NaCl) 搅拌清洗 5 min。最终取 5 μL 上一步得到的上清液滴加到电极表面于 50 ℃杂交 3 h。

12.3 结果与讨论

12.3.1 传感器设计原理

本章设计了一种基于聚合酶等温扩增和核酸内切酶特异性切割反应信号放大技术检测重金属 Cu^{2+} 的方法。如图 12.1 所示, 首先利用自组装技术, 将 DNA 链 S1 通过 Au-S 键固定到 Fe$_3$O$_4$@Au 核-壳磁性纳米粒子表面。1 μmol/L S2 与 S1 标记的 Fe$_3$O$_4$@Au 先于 80 ℃加热 1 min, 目的是利用高温破坏长链 S2 的二级结构, 从而提高其杂交效率。铜离子 (Cu^{2+}) 存在时, 核酸链 S1 在酶位点被 Cu^{2+} 切割, 核酸链 S1 被切断导致双链解开, 只有部分 S1 单链留在磁性纳米粒子表面, 并作为下一步的引发链, 继而与另一条互补序列的 DNA 长模板单链 S3 发生杂交结合。当加入聚合酶和底物 dNTP 后, 在 S1 的诱导延伸作用下发生等温扩增放大反应, 形成长双链 DNA, 此时核酸内切酶对该 DNA 可以特异性识别并发生特异性剪切,从而释放出下一步所需的片段 DNA。最后标记了 Fc 的 S4 在 95 ℃加热时,发生构象转变形成发卡式颈环结构,当其组装到金电极表面时形成如图 12.1(b) 所示的结构,电活性物质 Fc 靠近电极表面,此时可得到较大的电化学响应信号;下一步将与上述所得的片段 S4 发生部分杂交,杂交反应致使颈环结构打开,Fc 远离电极,此时电化学响应减小。根据电化学信号的减小程度实现对溶液中 Cu^{2+} 的定量测定。

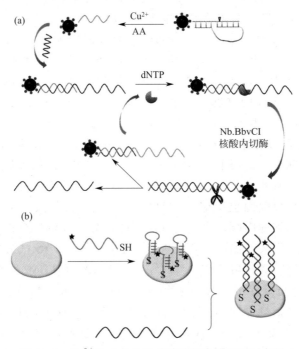

图 12.1　Cu^{2+} 电化学生物传感器的设计原理示意图

12.3.2　传感器的电化学行为

我们同时利用循环伏安法(CV)和微分脉冲伏安法(DPV)对传感器的电化学行为进行了测试。如图 12.2 所示,由图中可以看出,若传感器未加入目标物时,无论是 CV 还是

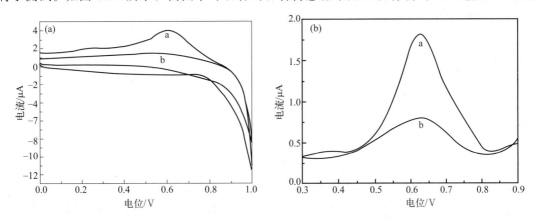

图 12.2　生物传感器的电化学表征图

(a) CV 表征;(b) DPV 表征 (a—加入 1 μmol/L Cu^{2+} 前的电化学行为;b—加入 1 μmol/L Cu^{2+} 后的电化学行为)

DPV 均可得到一个较大的响应峰,当加入目标物 Cu^{2+} 以后,响应明显减小,说明 Cu^{2+} 对 DNAzyme 进行了特异性切割,同时证明该传感器的可行性。

12.3.3 实验参数的优化

为了探索生物传感器在不同条件下的性能如何,并了解不同实验条件(如浓度、温度、时间和测试底液 pH 等)对传感器的影响,我们进行了下列实验参数的优化。为保证背景一致,且不构成实验的影响因素,该部分实验数据均为片段 S3 与 S4 杂交前后的电流差。如图 12.3(a)~(d) 和 (g) 都是相关实验时间的优化,这主要是因为反应的进度与时间息息相关。时间太短,反应可能不完全;时间太长,一是反应可能早已结束,不仅浪费时间还影响整个实验的进度,二是时间太长传感器性能反而变差。因此,由图可知,与 S2 杂交的最佳时间为 1.5 h [图 12.3(a)],Cu^{2+} 对 DNAzyme 的最佳切割时间为 40 min [图 12.3(b)],引发链部分 S1 和 S3 的杂交时间 2.5 h 为最佳 [图 12.3(c)],聚合酶等温扩增最优时间为 3 h [图 12.3(d)],S4 与片段 S3 的最佳杂交时间也是 3 h [图 12.3(g)]。等温扩增是该生物传感器的一个放大条件,而原料和内切酶浓度却是影响扩增反应的两大因素,所以我们也探究了 dNTP [图 12.3(e)] 浓度和 [图 12.3(f)] 核酸内切酶浓度对生物传感器的影响,由图可见,两图均显示峰电流随着浓度的增大而增大,达到最佳值以后发生了下滑,因此,我们选择 200 μmol/L 和 10 U/mL 分别作为 dNTP 和核酸内切酶的最佳浓度。在最后一步,发生了一个 DNA 构型转变的杂交反应,因此,电极表面 DNA 密度和杂交温度至关重要。由图 12.3(h) 可知,杂交温度为 50℃时,电流的变化值达到最佳,之后随温度升高,响应反而下降了,这可能是因为温度太高影响了生物试剂的活性。图 12.3(i) 是 DNA S4 滴加体积对传感器性能的影响,实验显示电流差随着体积的增加而增加,当达到最佳值 5 μL 以后,再增加体积响应反而变小了。所以,我们最终选择 50 ℃作为片段 S3 与 S4 的最佳杂交温度,5 μL 作为 S4 的最佳体积。测试底液 pH [图 12.3(j)] 及不同 pH 下的 DPV 响应峰 [图 12.3(k)] 对传感器的影响得出以下结论,即从 pH 6.5 开始随着 pH 值的增加,峰电流随之增加,同时,峰电位也发生负移,当 pH 7.5 时达到最大值,再增加 pH 时,峰位置依然负移,而响应却变小,这可能归因于碱性条件下质子减少。考虑到传感器的灵敏度,我们最终选择 pH 7.5 为底液最佳 pH 检测值。

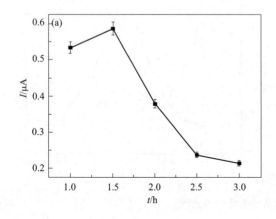
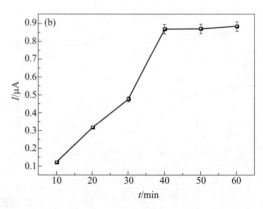

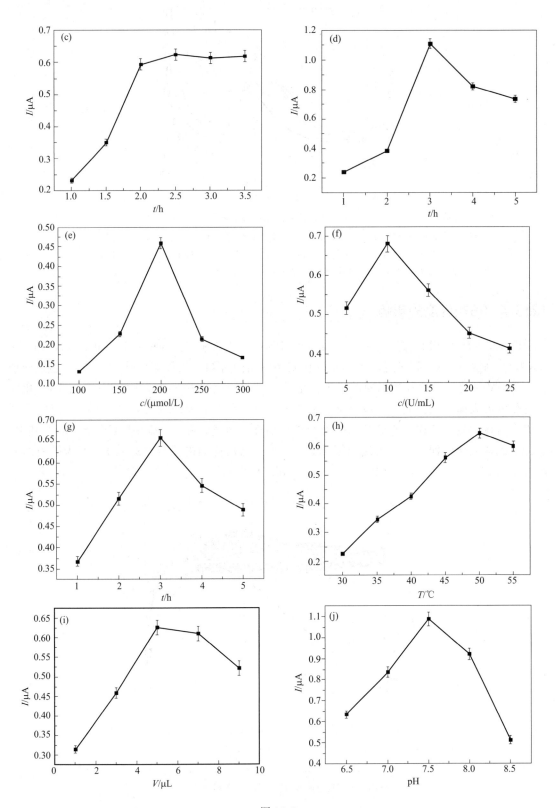

图 12.3

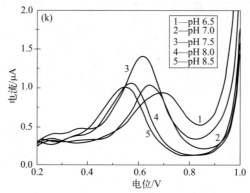

图 12.3 实验参数对传感器性能的影响

(a) 与 S2 杂交时间；(b) 1 μmol/L Cu^{2+} 时 DNAzyme 的切割时间；(c) 引发链部分 S1 和 S3 的杂交时间；(d) 聚合酶等温扩增时间；(e) dNTP 浓度；(f) 核酸内切酶浓度；(g) S4 与片段 S3 的杂交时间；(h) 杂交温度；(i) S4 滴加体积；(j) 测试底液 pH 值；(k) 不同 pH 下的 DPV 响应曲线
缓冲溶液：10 mmol/L PBS (pH 7.5，20 mmol/L NaCl 和 0.1 mol/L $NaClO_4$)

12.3.4 扫描速度的影响

图 12.4 为该生物传感器在 10 mmol/L PBS (pH 7.5，20 mmol/L NaCl，0.1 mol/L $NaClO_4$) 底液中不同扫描速度下的循环伏安图。由图可知，扫描速度从 20 mV/s 逐渐增加到 200 mV/s 时，还原峰随扫速的增大而增大，且与扫速的平方根成线性关系，表明电化学反应受电极表面扩散控制。二茂铁标记的 DNA 探针在电极表面的覆盖率 (Γ) 可以通过循环伏安曲线对应二茂铁中心氧化的峰面积进行估算。通过方程 $\Gamma = Q/nFA$ 进行计算。其中，Q 为二茂铁氧化峰面积，F 为法拉第常数，n 为参与反应的电子数 ($n=1$)，A 为电极的面积 ($A=0.5024$)，在本实验中 $\Gamma = 0.238$ nmol/(L·cm^2)。

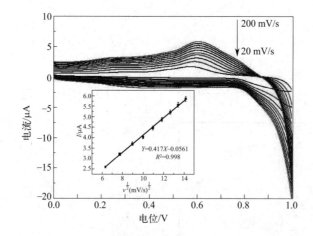

图 12.4 生物传感器在不同扫描速度下的循环伏安图

10 pmol/L Cu^{2+} 在 10 mmol/L PBS (pH 7.5，20 mmol/L NaCl 和 0.1 mol/L $NaClO_4$) 溶液中检测得到，扫速 (mV/s) 分别为 20、40、60、80、100、120、160、180、200；插图是氧化峰电流与扫描速度平方根的关系曲线

12.3.5 Cu^{2+} 的定量检测

由上述得到的最佳实验条件,采用微分脉冲伏安法测定 Cu^{2+} 在不同浓度的还原峰电流响应,以 10 mmol/L PBS(pH 7.5,20 mmol/L NaCl,0.1 mol/L $NaClO_4$)为测试底液,电位范围为 0.0~1.2 V,电位增幅为 4 mV,脉冲周期为 0.5 s。微分脉冲曲线峰电流与 Cu^{2+} 浓度的标准曲线如图 12.5 所示,电流响应信号随着 Cu^{2+} 浓度的增加而减小,说明随着 Cu^{2+} 的加入,聚合酶等温扩增反应逐渐增强,被切割下来的片段 S3 逐渐增多,从而导致与 S4 杂交时形成的双链 DNA 增多,所以远离金电极表面的 Fc 也随着增多。Cu^{2+} 浓度在 1 pmol/L~10 μmol/L 范围内,随着 Cu^{2+} 浓度增加,电流信号的减小与 Cu^{2+} 浓度的增加不呈线性关系,但峰电流与 Cu^{2+} 浓度对数呈现良好的线性关系,线性方程为 $i_{pc}(\mu A) = -0.238 \lg c(\mu mol/L) - 0.135$,相关系数 R 为 0.9980,检出限为 1 pmol/L。

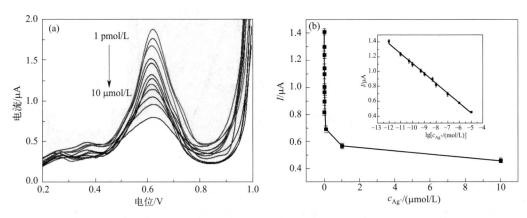

图 12.5 不同 Cu^{2+} 浓度的 DPV 响应曲线与 Cu^{2+} 浓度和还原峰电流的关系

(a) 电化学传感器在不同 Cu^{2+} 浓度的 DPV 响应曲线,浓度分别为 1 pmol/L、10 pmol/L、
100 pmol/L、1 nmol/L、10 nmol/L、100 nmol/L、1 μmol/L、10 μmol/L,
测试底液为 10 mmol/L PBS(pH 7.5,20 mmol/L NaCl 和 0.1 mol/L $NaClO_4$);

(b) Cu^{2+} 浓度与还原峰电流的关系,插图为 Cu^{2+} 浓度对数与还原峰电流的线性关系图

12.3.6 传感器的选择性、重现性和稳定性

在金属离子的检测中,选择性是考察传感器性能的一项重要指标。为了确定该传感器对银离子具有特异性识别和强抗干扰能力,本实验考察了传感器对其他金属离子的响应,如图 12.6(a) 所示。在相同实验条件下,通过加入浓度为 100 μmol/L 的不同重金属离子 Al^{3+}、As^{3+}、Cd^{2+}、Cr^{3+}、Ni^{2+}、Fe^{2+}、Fe^{3+}、Hg^{2+}、K^+、Mg^{2+}、Mo^{2+}、Na^+、Pb^{2+} 和 Zn^{2+} 进行传感器性能探究,结果显示,与 10 μmol/L Cu^{2+} 和混合液相比,其他离子观察到较大的电流信号,信号变化不明显,说明该传感器对 Cu^+ 具有很好的选择性,其他金属离子造成的干扰可忽略。图 12.6(b) 是 6 个电极检测得到的电化学响应信号,峰几乎重合在一起,这说明传感器重现性好。图 12.6(c) 是制备好的生物传感器放置不同时间后检测得到的电化学响应,从图中可以看出不同时间下检测得到的响应电流强度几乎重合,由此说明该传感器稳定性好。

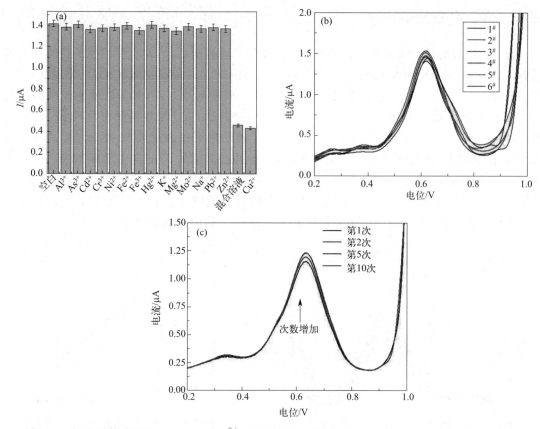

图 12.6 电化学传感器对 10 μmol/L Cu^{2+} 和不同重金属离子（100 μmol/L）的 DPV 响应值（a），电化学传感器对 10 μmol/L Cu^{2+} 的重现性（b）和电化学传感器对 1 nmol/L Cu^{2+} 的稳定性（c）

12.3.7 在实际样品中的应用

为了考察该传感器在实际中的应用，本实验准备了三种不同的水样，分别是湖水、河水和自来水。在最佳实验条件下，将采集到的水样经过滤和高温高压灭菌等简单处理后进行检测，实验结果如表 12.2 所示，通过 DPV 的峰电流信号计算 Cu^{2+} 的浓度，得到样品中 Cu^{2+} 的回收率为 97.6%～104.2%，相对标准偏差为 2.31%～4.15%，结果表明该生物传感器在初步的实际应用中具有一定的可行性。

表 12.2 水样中铜离子的检测结果（$n=3$）

样品	加入量	测定量	回收率/%	相对标准偏差/%
湖水	100 nmol/L	98.5 nmol/L	98.5	2.31
	10 μmol/L	10.10 μmol/L	101.0	3.64
自来水	100 nmol/L	102.6 nmol/L	102.6	4.15
	10 μmol/L	100.7 μmol/L	100.7	2.53
河水	100 nmol/L	97.6 nmol/L	97.6	2.52
	10 μmol/L	10.42 μmol/L	104.2	3.69

12.4 本章小结

本章基于磁性纳米粒子和聚合酶等温扩增反应作为信号放大技术用于 Cu^{2+} 的微痕量检测。利用 Cu^{2+} 对 DNA 酶的特异性位点进行切割、聚合酶等温扩增、核酸内切酶辅助循环和 DNA 构型转变,引起电活性物质 Fc 与金电极表面的距离变化,从而得到电化学信号随之变化的规律,利用响应信号的变化程度对重金属 Cu^{2+} 进行痕量检测,并实现了实际样品的加标回收检测。该方法具有简单、快速、灵敏度高等优点,同时也为重金属离子的检测提供了一个可行的检测方法。

参考文献

[1] Reinhammar B, Malkin R, Jensen P B, et al. A new copper(Ⅱ) electron paramagnetic resonance signal in two laccases and in cytochrome C oxidase [J]. Journal of Biological Chemistry, 1980, 255: 5000-5003.

[2] Hou L, Zagorski M G. NMR reveals anomalous copper(Ⅱ) binding to the amyloid Abeta peptide of Alzheimer's disease [J]. Journal of the American Chemical Society, 2006, 128: 9260-9261.

[3] Brady D C, Crowe M S, Turski M L, et al. Copper is required for oncogenic BRAF signalling and tumorigenesis [J]. Nature, 2014, 509: 492-496.

[4] Edition of the Drinking Water Standards and Health Advisories [S]. United States Environmental Protection Agency, 2012.

[5] Nriagu J O. Toxic metal pollution in Africa [J]. Science of the Total Environment, 1992, 121: 1-37.

[6] Olesik J W. Elemental analysis using ICP-OES and ICP/MS [J]. Analytical Chemistry, 1991, 63: 12-21.

[7] Chen J, Teo K C. Determination of cadmium, copper, lead and zinc in water samples by flame atomic absorption spectrometry after cloud point extraction [J]. Analytica Chimica Acta, 2001, 450: 215-222.

[8] Lou T, Chen L, Chen Z, et al. Colorimetric detection of trace copper ions based on catalytic leaching of silver-coated gold nanoparticles [J]. Applied Materials & Interfaces, 2011, 3: 4215-4220.

[9] Wang S, Chen Z, Chen L, et al. Label-free colorimetric sensing of copper(Ⅱ) ions based on accelerating decomposition of H_2O_2 using gold nanorods as an indicator [J]. Analyst, 2013, 138: 2080-2084.

[10] Yin K, Li B, Wang X, et al. Ultrasensitive colorimetric detection of Cu^{2+} ion based on catalytic oxidation of L-cysteine [J]. Biosensors & Bioelectronics, 2015, 64: 81-87.

[11] Yu C, Zhang J, Li J, et al. Fluorescent probe for copper(Ⅱ) ion based on a rhodamine spirolactame derivative, and its application to fluorescent imaging in living cells [J]. Microchimica Acta, 2011, 174: 247-255.

[12] Yu C, Zhang J, Wang R, et al. Highly sensitive and selective colorimetric and off-on fluorescent probe for Cu^{2+} based on rhodamine derivative [J]. Organic & Biomolecular Chemistry, 2010, 8: 5277-5279.

[13] Xie X, Qin Y. A dual functional cent probe based on the bodipy fluorophores for selective detection of copper and aluminum ions [J]. Sensors and Actuators B: Chemical, 2011, 156: 213-217.

[14] Su Y T, Lan G Y, Chen W Y, et al. Detection of copper ions through recovery of the fluorescence of DNA-templated copper/silver nanoclusters in the presence of mercaptopropionic acid [J]. Analytical Chemistry, 2010, 82: 8566-8572.

[15] Jung H S, Kwon P S, Lee J W, et al. Coumarin-derived Cu^{2+}-selective fluorescence sensor: Synthesis mechanisms, and applications in living cells [J]. Journal of the American Chemical Society, 2009, 131: 2008-2012.

[16] Tan Y, Wei X F, Zhao M M, et al. Ultraselective homogeneous electrochemical biosensor for DNA species related to oral cancer based on nicking endonuclease assisted target recycling amplification [J]. Analytical Chemistry, 2015,

87：9204-9208.

[17] Kiesling T, Cox K, Davidson E A, et al. Sequence specific detection of DNA using nicking endonuclease signal amplification (NESA) [J]. Nucleic Acids Research, 2007, 35：117.

[18] Li J J, Chu Y, Lee B Y, et al. Enzymatic signal amplification of molecular beacons for sensitive DNA detection [J]. Nucleic Acids Research, 2008, 36 (6)：17-20.

[19] Chen J, Zhang J, Li J, et al. An ultrahighly sensitive and selective electrochemical DNA sensor via nicking endonuclease assisted current change amplification [J]. Chemical Communications, 2010, 46：5939-5941.

[20] Carmi N, Balkhi S R, Breaker R R. Cleaving DNA with DNA [J]. Proceedings of the National Academy of Sciences of the United States of America, 1998, 95：2233-2237.

[21] Liu M, Zhao H, Chen S, et al. A "turn-on" fluorescent copper biosensor based on DNA cleavage-dependent graphene-quenched DNAzyme [J]. Biosensors & Bioelectronics, 2011, 26：4111-4116.

[22] Fang Z, Huang J, Lie P, et al. Lateral flow nucleic acid biosensor for Cu^{2+} detection in aqueous solution with high sensitivity and selectivity [J]. Chemical Communications, 2010, 46：9043-9045.

[23] Miao X, Ling L, Cheng D, et al. A highly sensitive sensor for Cu^{2+} with unmodified gold nanoparticles and DNAzyme by using the dynamic light scattering technique [J]. Analyst, 2012, 137：3064-3069.

[24] Gao L, Li L L, Wang X, et al. Graphene-DNAzyme junctions：A platform for direct metal ion detection with ultrahigh sensitivity [J]. Chemical Sciences, 2015, 6：2469-2473.

[25] Xu M, Gao Z, Wei Q, et al. Hemin/G-quadruplex-based DNAzyme concatamers for in situ amplified impedimetric sensing of copper(II) ion coupling with DNAzyme-catalyzed precipitation strategy [J]. Biosensors & Bioelectronics, 2015, 74：1-7.

[26] Liu J, Lu Y A. DNAzyme, catalytic beacon sensor for paramagnetic Cu^{2+} ions in aqueous solution with high sensitivity and selectivity [J]. Journal of the American Chemical Society, 2007, 129：9838-9839.

第13章

基于杂交链式反应和银纳米簇构建 Cd^{2+} 电化学生物传感器

13.1 引言

镉是一种可以在机体中累积并对人体产生极强毒性的环境污染物，不会降解，而是在肠、肝、肾等器官中蓄积[1]。镉中毒会导致许多不良后果，包括骨骼软化、全身无力、前列腺癌、葡萄糖尿、神经系统缺陷、鼻黏膜溃疡、体重减轻等[2]，中毒的主要原因是吸入含有镉的烟尘或镉化合物灰尘。镉的半衰期长达10～30年，可以累积50年以上，因此应该采取有效的预防措施，以减少镉中毒的发生率和危害程度[3-4]。在美国毒理委员会公布的对人类危害最大的几种重金属中，镉排在第六位，并且被国际癌症研究机构列为致癌物质[5-6]。美国环保署建议饮用水中 Cd^{2+} 的含量低于 $5.0~\mu g/L$[7]。人们对检测镉离子的方法做了广泛研究，几种经典的检测方法包括原子吸收光谱法、原子荧光光谱法、电感耦合等离子体质谱法[8]，这些方法只能在实验室条件下进行，因此亟待发展一种快速、简便、灵敏、小型化的方法检测水体中的镉离子。

核酸信号放大技术由于其自身所具有扩增能力，一直在分析检测中有着重要而广泛的应用[9]。该技术可划分为两类：一类是无需温度梯度变化的等温扩增技术，如杂交链式反应；另一类是变温的热循环扩增技术，如比较传统的聚合酶链式反应（PCR）、核酸序列扩增（NASA）、连接酶链反应（LCR）等，其中聚合酶链式反应是最先发展的从复杂介质中对微量物质进行检测的方法。杂交链式反应是一种体外恒温扩增技术，无需任何酶的参与，在室温下即可进行[10]。杂交链式反应又可分为线性和非线性两种：线性HCR系统包括引发剂单链DNA（ssDNA）、两个杂交互补的发夹探针DNA，在ssDNA激发下，两个发夹探针会自发进行组装成长的双链DNA（dsDNA）；非线性HCR则是在线性HCR的基础上延伸出多个枝杈DNA聚合体来增加敏感性，从而实现二次或指数增长[11-12]。基于此，该项扩增技术成为一种有效的扩增策略，其反应条件温和、无酶等优势在检测DNA、细胞、各种金属离子等方面受到广泛研究[13]。

本章利用聚胞嘧啶（C）与银簇之间生成的 $C-Ag^{+}-C$ 稳定聚合物为信号探针，建立了一种无酶、无标记的基于杂交链式反应和银簇的电化学生物传感器用于检测 Cd^{2+}。首先合成 Tp-Apt 双链DNA，然后将核酸适配体 Apt 与靶标结合使其自身发生构象变化，形成发夹结构。其互补链 Tp 作为引发剂被释放，与电极上的捕获探针形成另一个双链结构，引入发夹探针 HP1 并与 HP2 的黏性末端结合打开 HP1 发夹结构，此时的 HP1 作为另一个引发链又与 HP2 的黏性末端结合并打开 HP2 发夹结构，以此不断反复直到反应终止。之后在电极表面产生大量引发链触发的 dsDNA 复合体，将该复合体与 AgNO$_3$ 和 NaBH$_4$ 共同孵育，即可实现 dsDNA 模板原位合成 AgNCs，实现对目标物 Cd^{2+} 的检测。

13.2 实验部分

13.2.1 实验仪器和试剂

试剂：镉离子标准溶液由上海阿拉丁生化科技有限公司（中国）提供；六氰铁酸钾（Ⅲ）[K$_3$Fe(CN)$_6$] 和六氰亚铁酸钾（Ⅱ）[K$_4$Fe(CN)$_6$] 购自天津丰川化学试剂有限公司（中国天津）；三羟甲基氨基甲烷（Tris）购自梯希爱化成工业发展有限公司（中国上海）；柠檬酸三钠购自国药集团化学试剂有限公司；氯化钠（NaCl）、氯化镁（MgCl$_2$）、氯化钾（KCl）购自天津市风船化学试剂有限公司（中国天津）；硼氢化钠购自国药集团化学试剂有限公司。

仪器：使用 Autolab PGSTAT 302N 电化学工作站（瑞士万通）对目标物进行电化学阻抗（EIS）分析、微分脉冲伏安（DPV）分析以及循环伏安（EIS）等电化学分析。使用三电极系统，金电极（$d=3$ mm）作为工作电极，铂丝电极（Pt）作为辅助电极，饱和甘汞电极（SCE）作为参比电极。采用 JEM-2100 显微镜（日本 JEOL）进行银纳米簇透射表征。在 WIX-EP300 电泳分析仪（北京韦克斯科技）上进行凝胶电泳分析，并在 Bio-rad ChemDoc XRS（美国 Bio-Rad）上成像。荧光光谱用日立 F-7000 荧光分光光度计（日本 Hitachi）测试。

本研究中涉及的所有寡核苷酸链均由 Takara Biotechnology Co., Ltd.（中国大连）合成并通过高效液相色谱纯化，本实验设计 DNA 序列见表 13.1。实验过程中使用的水均为超纯水且经高温高压灭菌处理。

表 13.1 本实验所设计 DNA 序列表

缩写	碱基序列(5′-3′)
Apt	5′-CTC AGG ACG ACG GGT TCA CAG TCC GTT GTC CGG-3′
Tp	5′-TTG TCG ACA ACG GAC TGT GAA CCC GTCG TCC-3′
Cp	5′-SH-TTT TTT GGA CGA CGG GTT CAC A-3′
H1	5′-TCC GTT GTC CCC CCC CCC GAC AAC GGA TCG ATC GA-3′
H2	5′-TGT CGA CAA CGG ATC GAC CCC CCC CCT CGA TCC GT-3′

13.2.2 金电极表面的处理及 Cd^{2+} 电化学生物传感器的制备

金电极表面的处理见第 3 章 3.2.3。

首先，将 10 μL 2 μmol/L 适配体链 Apt 和 10 μL 2 μmol/L 互补链 Tp 的混合物放入 95 ℃的水浴锅中加热 5 min，然后缓慢降至室温，形成适体双链。然后在上述溶液中加入不同浓度的 Cd^{2+}，在 37 ℃下反应 40 min。在此过程中，Cd^{2+} 的存在使 Apt-Tp 双链解体并释放 Tp。然后，将 5 μL 2 μmol/L 底物链 Cp 通过在金电极表面形成 Au-S 键固定在裸电极表面，在 30 ℃下孵育 12 h，用 Tris-HCl 缓冲液（10 mmol/L，500 mmol/L NaCl，1 mmol/L MgCl$_2$，pH 7.4）清洗。取 5 μL 1 mmol/L MCH 滴涂在电极表面，在室温下孵育 30 min。电极用缓冲液清洗后，将修饰电极与 H1（1 μmol/L）和 H2（1 μmol/L）的混合物在 37 ℃

下反应 2 h，然后用缓冲液清洗电极并吹干。将 5 μL 的 AgNO$_3$ 溶液（100 μmol/L）加入 20 mmol/L 柠檬酸盐缓冲液中（pH 7.0），于黑暗中滴在电极表面反应 20 min。随后，将 5 μL 新鲜制备的 NaBH$_4$ 溶液（500 μmol/L，柠檬酸盐缓冲液）在室温黑暗下加在电极表面反应 2 h，将 AgNO$_3$ 还原为 AgNCs。最后获得 AgNCs/H1-H2/Tp/MCH/Cp/Au 用作工作电极，进行下一步 Cd^{2+} 的检测研究。

13.2.3 凝胶电泳实验

凝胶电泳实验条件见第 5 章 5.2.4。

13.2.4 电化学测量

为了研究不同修饰步骤工作电极的电化学性能，在含有 5 mmol/L Fe(CN)$_6^{3-}$/Fe(CN)$_6^{4-}$ 的 0.1 mol/L KCl 中进行 CV 和 EIS 测试，频率设置为 0.1 Hz～100 kHz，电位振幅设定为 10 mV。在－0.2～0.6 V 范围内进行 CV 测试，扫描速率设定为 0.1 V/s。在 10 mmol/L PBS 缓冲溶液（pH 7.4，包含 3 mmol/L H$_2$O$_2$）中进行微分脉冲伏安法（DPV）分析，设置扫描电位范围为－1.0～－0.2 V，扫描速率为 0.1 V/s，脉冲幅度为 50 mV。

13.3 结果与讨论

13.3.1 传感器设计原理

基于杂交链式反应和银纳米簇构建 Cd^{2+} 电化学生物传感器，其设计原理如图 13.1 所示。首先设计了 Tp 链和核酸适配体链 Apt，两条单链经过退火处理，杂交形成双链结构。在目标物 Cd^{2+} 的存在下，适配体链与镉离子产生特异性识别和结合，导致 dsDNA 上没有互补链，进而适配子从 dsDNA 向茎环结构的构象转化，从而 Tp 链被置换。在金电极上，通过形成金-硫键，Cp 自组装在金电极表面。然后再引入 MCH，阻断活性位点的吸附。被置换下来的 Tp 链被自组装在金电极上的 Cp 捕获。捕获的 Tp 链作为引发剂，在发夹探针 H1、H2 存在下，触发杂交链式反应扩增，之后在电极表面形成大量 H1-H2 聚合物。由于该聚合物富含大量胞嘧啶（C），在硝酸银和硼氢化钠溶液中，该聚合物与 AgNO$_3$ 和 NaBH$_4$ 反应原位合成大量的银纳米簇。通过 Tp 链的置换和 HCR 不断扩增，使 DPV 信号显著增大，从而实现对 Cd^{2+} 的检测。

13.3.2 银纳米簇的表征

为了验证 AgNCs 的成功合成，采用荧光光谱探讨铜簇的光学性质，采用透射电镜对铜簇的粒径进行分析。首先对合成的银纳米簇进行光学性质探究。如图 13.2(a) 所示，AgNCs 在 563 nm 的最大激发波长（曲线 1）下，614 nm 处对应最大发射波长（曲线 2）。插图为将合成的 AgNCs 分别放于可见光（Vis）和 365 nm 紫外光（UV）下的照片，AgNCs 在日光下透明，在紫外光下呈鲜红色。以上现象均符合文献报道。

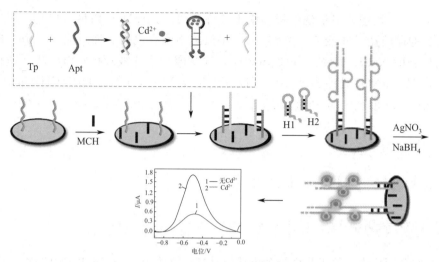

图 13.1　Cd^{2+} 电化学生物传感器的设计原理示意图

通过图 13.2(b) 可以看出 dsDNA-AgNCs 的形貌比较均匀，单分散性好，相应的粒径统计直方图［图 13.2(c)］显示了良好的正态分布，计算出 AgNCs 的平均粒径为 2.9 nm。由此可证明银纳米簇的成功合成。

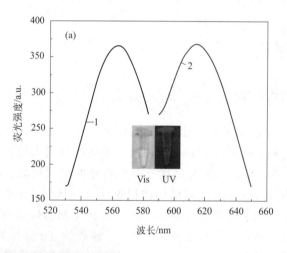

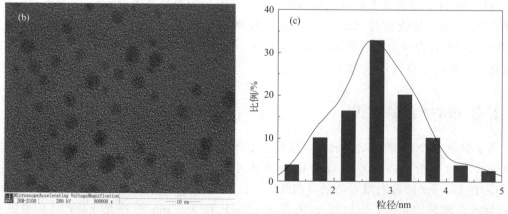

图 13.2　dsDNA-AgNCs 的荧光光谱图（a）和 TEM 图（b）、粒径分布图（c）

13.3.3 凝胶电泳表征

琼脂糖是从海藻中提取出的一种线性高聚物，可用于分离、鉴定和纯化 DNA 片段，为了研究 Apt 和 Tp 是否发生了杂交和置换，以触发 HCR，采用琼脂糖凝胶电泳法进行验证。如图 13.3 所示，泳道 1 为 20 bp DNA Marker，泳道 2、3 分别为单链 Tp 和 Apt，泳道 4 为 Apt-Tp 杂交双链，相比较泳道 2、3 出现了一条分子量更大的新的明亮条带，证明 Apt 和 Tp 经过退火处理成功杂交。在泳道 5 中，加入目标物 Cd^{2+} 后，条带宽度变窄，证明加入 Cd^{2+} 之后，双链解体，Apt 单链发生了构象变化，Tp 链被成功置换下来。

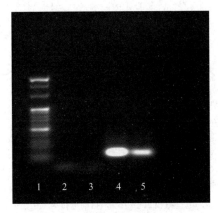

图 13.3　凝胶电泳分析图（AGE）
样品在 3% 的琼脂糖凝胶电泳中进行实验

泳道 1：20 bp DNA Maker；泳道 2：Tp；泳道 3：Apt；泳道 4：Apt+Tp；泳道 5：Apt+Tp+Cd^{2+}

13.3.4 传感器的电化学表征

为了验证该传感器的构建成功，在不同的修饰步骤后，根据 $Fe(CN)_6^{3-}/Fe(CN)_6^{4-}$ 的电子转移情况，利用电化学阻抗法和循环伏安法对电极表面的组装过程进行了表征。电化学阻抗谱（EIS）用于修饰电极的界面表征。图 13.4（a）显示了 0.1 mol/L KCl 溶液中的 5 mmol/L $Fe(CN)_6^{3-}/Fe(CN)_6^{4-}$ 在不同修饰电极上的阻抗曲线。其中裸电极（曲线 a）的半圆形部分直径很小，表明大多数 $Fe(CN)_6^{3-}/Fe(CN)_6^{4-}$ 直接被转移到电极表面。在电极表面逐步组装 Cp 链之后，由于带负电荷的 DNA 和 $Fe(CN)_6^{3-}/Fe(CN)_6^{4-}$ 之间的静电斥力，半圆形直径增大，阻抗值增加（曲线 b）。用 MCH 生物大分子组装在电极表面，由于阻碍了电子向电极表面转移，阻抗值进一步增加（曲线 c）。引入 Tp 链后，圆弧进一步扩大（曲线 d），证明 Tp 链已被成功组装。继续在电极表面组装 H1 和 H2，发现阻抗值明显增大，这归因于杂交链式反应被触发，电极上负载了许多 DNA 双链，导致阻抗值显著增加（曲线 e）。结果表明，修饰电极构建成功。

用循环伏安法（CV）探究了电极的性能。图 13.4（b）清楚地表明，虽然电活性探针在不同修饰电极上显示出一对清晰的阳极和阴极峰电流，但不同修饰电极上的峰电流是不同的。在裸露的金电极表面，$Fe(CN)_6^{3-}/Fe(CN)_6^{4-}$ 的阴极和阳极峰电流最高（曲线 a）。当 Cp 链和 MCH 交替组装在电极表面时，阴极峰和阳极峰电流呈现下降趋势（曲线 b、c）。当

Tp 链组装到电极表面时,负电荷的 DNA 与 $Fe(CN)_6^{3-}/Fe(CN)_6^{4-}$ 相互排斥导致曲线 d 的峰电流值降低。接下来,引入 H1 和 H2,由于杂交链式反应的发生,电极表面带有更多的负电荷,更大程度地阻碍了电子转移,因此曲线 e 的峰电流值降低。这些现象与电化学阻抗法所表现出的规律高度一致,表明该电化学生物传感器可行。

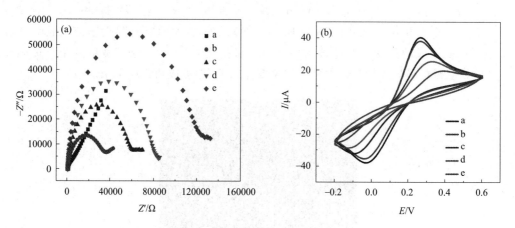

图 13.4　不同组装过程中电极的 EIS (a) 和 CV (b) 图

a—裸金电极；b—Cp/Au；c—MCH/Cp/Au；d—Tp/MCH/Cp/Au；e—H1-H2/Tp/MCH/Cp/Au

EIS 和 CV 在含有 5 mmol/L $Fe(CN)_6^{3-}/Fe(CN)_6^{4-}$ 的 0.1 mol/L KCl 溶液中进行,
频率范围为 0.1 Hz~100 kHz,电位振幅为 10 mV,扫描电位为 -0.2~0.6 V,扫描速率为 0.1 V/s

13.3.5　可行性研究

为了验证该传感器用于 Cd^{2+} 检测的可行性,用微分脉冲伏安法(DPV)进行了电化学响应检测。如图 13.5 所示,在缺少目标物 Cd^{2+} 的情况下,由于双链复合物不能被解体,Tp 链无法被释放,无法触发杂交链式反应,因此峰电流较小(曲线 a)。在目标物存在的情况下(曲线 b),被置换下来的 Tp 链触发杂交链式扩增反应,并形成双链模板合成银纳米簇,银簇作为电活性物质,可以增大电化学信号。这些结果证实了所设计的 Cd^{2+} 检测策略的可行性。

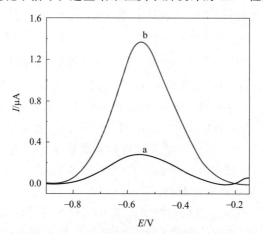

图 13.5　Cd^{2+} 检测策略的可行性研究 DPV 图

a—0 mol/L Cd^{2+}；b—5 μmol/L Cd^{2+}

13.3.6　实验条件的优化

为了提高该电化学生物传感器检测 Cd^{2+} 的灵敏度,需要对一些重要的实验参数进行优化,包括 Cd^{2+} 孵育时间、Cp 链浓度、HCR 反应时间、$AgNO_3$ 浓度,利用 DPV 信号值优化最佳实验参数。

首先对 Cd^{2+} 与 Apt-Tp 的孵育时间进行优化。如图 13.6(a) 所示,40 min 前电流不断增大,40 min 后电流值趋于平缓。说明此时 Tp 链被最大限度地置换下来,因此选择 40 min 作为后续实验的条件。之后利用 Cd^{2+} 的电化学响应来优化 Cp 的固定化浓度,如图 13.6(b) 所示,2.0 μmol/L 的 Cp 浓度比其他固定化浓度具有更好的电化学反应性能。较高的浓度可能会影响 Cp 在电极表面的组装密度,不利于后续反应。因此,选择 2.0 μmol/L 作为最佳浓度。

HCR 反应时间对形成富 C 环状模板的数量有一定的影响,所以对反应时间进行了优化。如图 13.6(c),120 min 之前,电流值随着反应时间的增加不断增加,120 min 后达到稳定,所以选择 120 min 作为最佳反应时间。所用的硝酸银浓度也进行了优化[图 13.6(d)],在 100 μmol/L 硝酸银作用下,可获得的 DPV 峰电流。这表明,当硝酸银浓度高于 100 μmol/L 时,AgNCs 的合成达到饱和。因此,选用 100 μmol/L 作为最佳反应浓度。

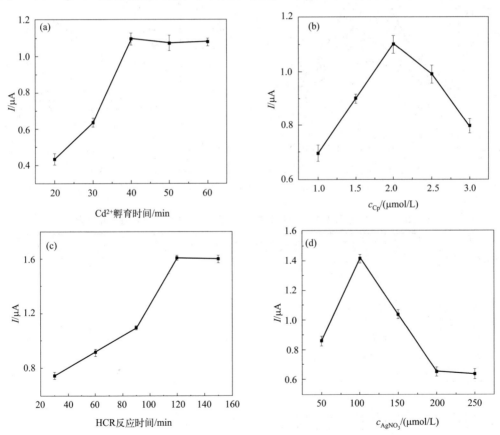

图 13.6　实验条件的优化

(a) Cd^{2+} 孵育时间;(b) Cp 浓度;(c) HCR 反应时间;(d) $AgNO_3$ 浓度

实验均在最佳条件下改变单一变量进行优化

13.3.7 Cd^{2+} 的定量检测

为了考察所制备传感器的分析性能，在最佳实验条件下，对 $0\sim10$ $\mu mol/L$ 的 Cd^{2+} 浓度进行了分析。如图 13.7(a) 所示，从 0.01 nmol/L 到 10000 nmol/L，DPV 峰电流随着 Cd^{2+} 浓度的增加而动态增加，表明 HCR 过程极度依赖于目标物浓度。图 13.7(b) 显示了 DPV 峰电流在 $0.01\sim10000$ nmol/L 范围内，与 Cd^{2+} 浓度对数成良好的线性关系，线性回归方程为 $I=0.18\lg c_{Cd^{2+}}+0.67$ ($R^2=0.9920$)，通过计算，理论最低检出限为 2.13 pmol/L ($S/N=3$)。

此外，为了突出该生物传感器的优点，将该生物传感器与其他检测 Cd^{2+} 的生物传感器的性能进行了比较。如表 13.2，结果表明，该生物传感器相比以往报道的生物传感器，有较低的检测限和较宽的线性范围。因此，该生物传感器可用于 Cd^{2+} 的定量检测。

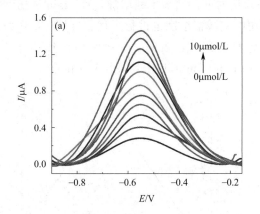
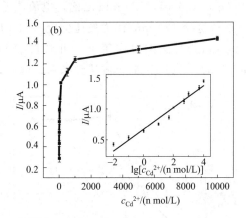

图 13.7 传感器对不同 Cd^{2+} 浓度 [浓度（nmol/L）分别为：0、0.01、0.1、1、10、50、100、500、1000、5000、10000] 的 DPV 响应（a），以及峰值电流与 Cd^{2+} 浓度之间的关系（插图为 DPV 峰值与 Cd^{2+} 浓度的对数的曲线图）(b)

表 13.2 所构建电化学生物传感器与已报道方法检测 Cd^{2+} 性能的比较

技术方法	检测策略	线性范围/(nmol/L)	检出限/(pmol/L)	参考文献
场效应晶体管	脱氧核酶	$0.05\sim1000$	34	[3]
荧光法	生物素/链霉亲和素	$0\sim1000$	4×10^4	[5]
荧光法	分支迁移	$0.01\sim100$	5	[14]
微分脉冲伏安法	石墨烯/亚甲基蓝	$1\times10^{-6}\sim1$	0.00064	[7]
方波伏安法	亚甲基蓝	$0.1\sim1000$	16.44	[2]
荧光法	G-四链体/脱氧核酶	$0.01\sim1000$	10	[8]
荧光法	杂交链式反应	$0\sim10$	360	[13]
微分脉冲伏安法	杂交链式反应/铜纳米簇	$0.01\sim10000$	2.13	所构建传感器

13.3.8 传感器的选择性与重复性

为了考察传感器的选择性，比较了该传感器对 Cd^{2+} 和其他金属离子如 Mn^{2+}、Co^{2+}、Fe^{2+}、Al^{3+}、Cu^{2+}、Mg^{2+} 的峰电流。如图 13.8(a)，只有 Cd^{2+} 的加入对传感器的电流响应有明显的影响，而其他金属离子在 10 倍于 Cd^{2+} 的浓度下只表现出很小的电流变化，说明该传感器具有良好的选择性。

此外,为了考察所制备传感器的重复性,在相同条件下,用 5 个制备的电极分析相同浓度的 Cd^{2+},相对标准偏差为 3.8%,表明该方法具有良好的重复性。

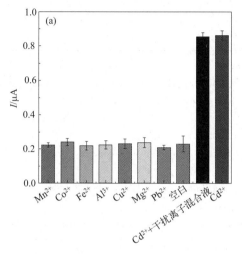
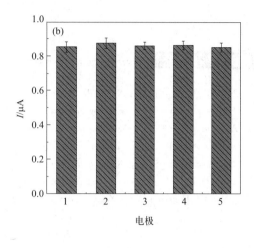

图 13.8　生物传感器在 Cd^{2+} 分析中的选择性研究(干扰金属离子浓度为 500 nmol/L、Cd^{2+} 为 50 nmol/L、干扰金属离子与 50 nmol/L Cd^{2+} 的混合液)(a),以及测定 50 nmol/L Cd^{2+} 的五个电极的重复性(b)

13.3.9　在实际样品中的应用

为了验证所制备传感器对水样的应用分析,对河水(盘龙江上游)、湖水(滇池上游)中的 Cd^{2+} 进行了检测。在测试之前,实际水样以 12000 r/min 的速度离心 3 min,然后用 0.22 μm 滤膜过滤除去不溶性杂质。在最佳条件下,采用标准加入法对前处理的水样进行检测。实验结果如表 13.3 所示。实验测得水样的 RSD 为 3.9%~6.5%,回收率为 94.3%~109.3%,结果证明该传感器可以用于 Cd^{2+} 的实际检测。

表 13.3　实际水样中 Cd^{2+} 的检测结果

样品	加入量/(nmol/L)	测定量/(nmol/L)	回收率/%	相对标准偏差/%
河水	1	0.992	99.2	6.5
	10	9.65	96.5	4.3
	100	109.3	109.3	5.1
湖水	1	1.005	100.5	4.1
	10	10.47	104.7	3.9
	100	94.3	94.3	4.9

13.4　本章小结

本章成功构建了一种新的基于杂交链式反应和银纳米簇的镉离子电化学生物传感器。该方法在电极上原位合成 AgNCs,实现对 Cd^{2+} 的检测,且避免了复杂的信号探针合成过程。将镉离子和适配体的特异性反应和杂交链式反应相结合,在电极上形成大量富含胞嘧啶(C)的环状模板,触发大量 AgNCs 的生成,显著放大 DPV 信号。该策略具有无酶、无标记的优点，并且表现出更宽的线性范围和更低的检出限，检测下限为 2.13 pmol/L，对目标物具有良好的选择性，并且在水样检测中获得了满意的回收率。因此，该传感器对环境水样中镉离子的定量检测具有潜在的应用前景。

参考文献

[1] Ni H J, Liu F F, Liang X, et al. The role of zinc chelate of hydroxy analogue of methionine in cadmium toxicity: Effects on cadmium absorption on intestinal health in piglets [J]. Animal, 2020, 14 (7): 1382-1397.

[2] Yuan M, Qian S, Cao H, et al. An ultra-sensitive electrochemical aptasensor for simultaneous quantitative detection of Pb^{2+} and Cd^{2+} in fruit and vegetable [J]. Food Chemistry, 2022, 382: 132173.

[3] Hui W, Zheng S S, Nan X M, et al. Non-specific DNAzyme-based biosensor with interfering ions for the Cd^{2+} determination in feed [J]. Sensors and Actuators B: Chemical, 2020, 329 (6): 129139.

[4] Wang H, Engstrom A K, Xia Z. Cadmium impairs the survival and proliferation of cultured adult subventricular neural stem cells through activation of the JNK and p38 MAP kinases [J]. Toxicology, 2017, 380: 30-37.

[5] Wang H Y, Hui C, Wang J, et al. Selection and characterization of DNA aptamers for the development of light-up biosensor to detect Cd(Ⅱ)[J]. Talanta, 2016, 154: 498-503.

[6] Iqbal J, Shah M H, Akhter G. Characterization, source apportionment and health risk assessment of trace metals in freshwater Rawal Lake, Pakistan [J]. Journal of Geochemical Exploration, 2013, 125: 94-101.

[7] Lee C S, Yu S H, Kim T H. A "turn-on" electrochemical aptasensor for ultrasensitive detection of Cd^{2+} using duplexed aptamer switch on electrochemically reduced graphene oxide electrode [J]. Microchemical Journal, 2020, 159: 105372.

[8] Zhou D H, Wu W, Li Q, et al. A label-free and enzyme-free aptasensor for visual Cd^{2+} detection based on split DNAzyme fragments [J]. Analytical Methods, 2019, 11 (28): 3546-3551.

[9] 李婷婷, 王嫦嫦, 白向茹, 等. 等温核酸放大技术在重金属检测方面的应用 [J]. 武汉工程大学学报, 2021, 43 (01): 38-44.

[10] Dirks R M, Pierce N A. Triggered amplification by hybridization chain reaction [J]. Proceedings of the National Academy of Sciences, 2004, 101 (43): 15275-15278.

[11] Zeng Z, Zhou R, Sun R W, et al. Nonlinear hybridization chain reaction-based functional DNA nanostructure assembly for biosensing, bioimaging applications [J]. Biosensors & Bioelectronics, 2021, 173: 112814.

[12] Bi S, Yue S Z, Zhang S S. Hybridization chain reaction: A versatile molecular tool for biosensing, bioimaging, and biomedicine [J]. Chemical Society Reviews, 2017, 46 (14): 4281-4298.

[13] Xu M M, Peng Y, Yang H L, et al. Highly sensitive biosensor based on aptamer and hybridization chain reaction for detection of cadmium ions [J]. Luminescence, 2022, 37 (4): 665-671.

[14] Pan J, Zeng L W, Chen J H. An enzyme-free DNA circuit for the amplified detection of Cd^{2+} based on hairpin probe-mediated toehold binding and branch migration [J]. Chemical Communications, 2019, 55 (79): 11932-11935.

第14章 总结与展望

14.1 总结

  金属离子尤其是重金属离子对人体健康、环境危害严重,检测环境中的有毒金属离子具有深远意义。功能核酸具有很多优越性,如稳定性好、成本低、易于合成和修饰等,并对重金属离子具有强亲和力,可以用来构建重金属传感检测平台,在重金属污染分析领域具有良好的应用前景。与其他重金属分析方法相比,核酸探针即使在复杂环境中也能保持对特定金属离子的选择性和检测稳定性,可应用于实际样品的检测。同时,功能核酸与重金属离子的结合可引发信号传导,产生荧光、电化学和颜色变化等信号,实现高效快速的重金属污染检测。此外,将功能核酸和纳米材料整合在生物传感器中,利用纳米材料的光、电、磁性能,可显著提升检测灵敏度和响应速率,与血糖仪、智能手机等便携式设备联用开发,在重金属临场检测领域有一定的应用潜力。本书基于功能核酸,如脱氧核酶、核酸适配体和碱基错配,利用纳米材料优异的光学、电学、化学和生物学性能,结合生物信号放大技术,研制了多种用于高灵敏度、特异性的重金属离子检测的电化学生物传感器,这些传感器能够对目标物质进行高灵敏度、高选择性、快速、简便的检测,并初步验证了这些传感器在实际应用中的可行性。主要研究结论如下:

第一部分 基于DNAzyme构建的铅离子电化学传感器

  在第3章中,用DNAzyme与金属离子的特异性识别,构建了基于构象转变型核酸探针的铅离子传感器,该传感器的特异性识别是基于DNAzyme在Pb^{2+}作用下,底物链发生特异性断裂,Fc作为信号表达物质游离至溶液中,引起电流信号的变化,以此来达到检测Pb^{2+}的目的。该传感器具有高灵敏度、高选择性和低检测限等优点。同时,二茂铁作为标记物实现了低成本、易操作和信号稳定的目标。在本研究的基础上,有望研究出更多、更简便的传感器来检测其他金属离子。

  在第4章中,基于DNAzyme对铅离子的活性依赖这一原理,构建了具有高灵敏度、高选择性的铅离子传感器。该传感器包含一条末端标记二茂铁作为信号识别的酶链和一条底物链。该传感器对目标离子显示出很高的灵敏度,对铅离子的检测限达到0.11 nmol/L。这一检测限远低于日常饮用水中限制的铅含量。该传感器制备简单、灵敏度高、成本低、效率高,对铅的检测范围达到0.2~1000 nmol/L。因此,该传感器也为其他新传感器的开发提供了一个平台。

在第 5 章中，以 DNAzyme 对 Pb^{2+} 的特异性识别为切入点，基于 RCA 偶联 AgNCs 作为有效的电化学探针，建立了一种用于高灵敏检测 Pb^{2+} 的生物平台。在实验中，所设计的 DNAzyme 结合 RCA 进行信号放大，无需荧光团的修饰，而是采用了具有分子识别功能的银纳米簇，低成本、易合成。利用目标物与 DNAzyme 的特异性绑定，激发诱导环状模板的形成，启动 RCA 反应。基于该放大策略，检测限低至 0.3 pmol/L，灵敏度高，且 DNAzyme 的引入提高了传感器的选择性，优于现有的大多数方法，且成功用于环境水样中 Pb^{2+} 的检测。

第二部分　基于碱基错配检测汞离子和银离子

在第 6 章中，设计了一个温和、可重复使用的基于石墨烯的电化学 DNA 传感器，以信号"开-关"控制方式，检测水溶液中的 Hg^{2+}。这一方法依赖于石墨烯与单链 DNA、双链 DNA 之间亲和力的显著差异，通过表面杂交，改变标记物二茂铁的电化学信号。存在 Hg^{2+} 时，起着信号放大作用的石墨烯载体释放双链 DNA 到溶液中，使传感器能循环利用。检测线性范围为 25 pmol/L~10 μmol/L，检出限为 5 pmol/L（S/N=3）。

在第 7 章中，设计了一个简单、夹心结构的基于石墨烯、生物条形码信号放大技术以及酶催化信号双重放大技术的电化学 DNA 传感器，用于在水溶液中检测 Hg^{2+}。这一方法利用石墨烯作为高电子传递基底，存在 Hg^{2+} 和目标 DNA 时，特异性杂交形成双链使 bioD-NA 上连接的 HRP 接近石墨烯表面，增强了催化 HQ 的信号，这些变化由电化学方法监测。所提出的电化学 DNA 传感器，在与其他金属离子共存情况下，具有较高的选择性，检测线性范围为 25 pmol/L~10 μmol/L，检测限为 13 pmol/L（S/N=3）。

在第 8 章中，利用 Hg^{2+} 和胸腺嘧啶的质子取代反应，形成 T-Hg^{2+}-T 碱基错配结构，作为 Hg^{2+} 的良好识别元件，构建了一种基于 CHA 和 CuNCs 传感机制高灵敏检测 Hg^{2+} 的传感平台。在实验中，精心设计了两种发夹探针进行 CHA 反应的同时，还作为信号探针模板，对目标物进行量化。与其他策略相比，该方法可以通过回收目标物实现反应催化，且无需昂贵和不稳定的酶参与。最低检出限可达 1.0 pmol/L，低于我国规定的饮用水中 Hg^{2+} 标准。反应在常温下进行，并已成功应用于探测周围水环境中的 Hg^{2+}，目前没有文献报道利用 CuNCs 结合 CHA 检测 Hg^{2+}，这为检测 Hg^{2+} 提供了新思路。

在第 9 章中，设计了一种新颖、宽范围的基于生物条形码信号放大技术以及金标银染信号放大技术用于水溶液中 Ag^+ 的检测方法。通过生物条形码扩增技术将底物链与生物条形码 DNA 在电极表面进行杂交，结合银染增强技术，实现电化学信号的明显放大，并通过控制银染时间，实现了超痕量 Ag^+ 的检测，所得检测范围宽，方法简单。检测线性范围为 5 pmol/L~50 μmol/L，检出限为 3 pmol/L（S/N=3）。

在第 10 章中，采用磁性纳米粒子和杂交链式反应作为信号放大技术，利用 C-Ag^+-C 结构和电化学方法，实现对重金属 Ag^+ 的痕量检测。利用自组装技术，将富含 C 碱基的核酸链 S1 通过 Au-S 键固定到金包裹的磁性纳米粒子表面。Ag^+ 存在时，二茂铁标记的富含 C 碱基的核酸链 S2 通过 C-Ag^+-C 结构与 S1 形成双链 DNA。当加入二茂铁标记的发夹结构 DNA H1 和 H2 后，在 S2 的诱导作用下 H1 和 H2 在磁性纳米粒子表面发生杂交链式反应，形成的复合物在金磁电极表面通过磁性富集实现电化学响应信号的放大。实现了超痕量 Ag^+ 的检测，所得检测范围宽，方法简单。检测线性范围为 1 fmol/L~100 pmol/L，检出限为 0.5 fmol/L（S/N=3）。

第三部分　基于 DNAzyme 构建的镍离子和铜离子电化学传感器

在第 11 章中，将 DNA 链 S1 通过 Au-S 键固定到 Fe_3O_4@Au 核-壳磁性纳米粒子表面。Ni^{2+} 存在时，核酸链 S1 在酶位点被 Ni^{2+} 切割，核酸链 S1 的 $5'$ 端的部分碱基缺失，导致其 $3'$ 端核酸链成为单链，继而与另一条互补序列的 DNA 单链 S2 发生杂交结合。当加入聚合酶和底物 dNTP 后，在 S2 的诱导延伸作用下促使 S1 打开并发生等温扩增放大反应，最后将亚甲基蓝 MB 嵌入双链 DNA 空隙，形成的复合物在金磁电极表面通过磁性富集实现电化学响应信号的放大。根据电化学信号的增强实现对溶液中 Ni^{2+} 的定量测定。所提出的电化学 DNA 传感器，在与其他金属离子共存情况下，具有较高的选择性，检测线性范围为 100 amol/L～100 pmol/L，检测下限为 47 amol/L（$S/N=3$）。

在第 12 章中，基于磁性纳米粒子和聚合酶等温扩增反应作为信号放大技术，利用 Cu^{2+} 对 DNA 酶的特异性位点进行切割、聚合酶等温扩增、核酸内切酶辅助循环和 DNA 构型转变引起电活性物质 Fc 与金电极表面的距离变化，从而实现电化学信号的变化，利用响应信号的变化程度来对重金属 Cu^{2+} 进行痕量检测，并对实际样品进行了加标回收检测。该方法具有简单、快速、灵敏度高等优点，同时也为重金属离子的检测提供了一个可行的检测方法。检测线性范围为 1 pmol/L～10 μmol/L，检出限为 5 pmol/L（$S/N=3$）。

第四部分　基于核酸适配体构建的镉离子电化学传感器

在第 13 章中，提出了一种基于杂交链式反应和银纳米簇双信号放大策略的电化学生物传感平台。在该传感器中，使用了 Cd^{2+} 适体链来识别 Cd^{2+}，以确保其特异性。以 AgNCs 作为电活性物质在 HCR 产物中直接原位合成，免除了标记步骤，并且 HCR 是一种简单温和的信号放大技术。此外，在不改变其他核酸的情况下，只需更换 Apt 基因的表达就可实现通用性。基于放大策略，该传感器对 Cd^{2+} 的检测达到很宽的线性范围（0.01～10000 nmol/L），检测限低至 2.1 pmol/L，且成功用于环境水样中 Cd^{2+} 的检测。

14.2　展望

准确定量、快速分析重金属离子的电化学生物传感器的设计仍是一项充满活力的研究，即使超低浓度的重金属离子也具有与 DNA 相互作用的亲和力。因此，利用新材料并结合生物信号放大技术超灵敏检测金属离子成为一个较为活跃的研究领域。基于功能核酸测定金属离子的传感技术简便、快速、灵敏度高、特异性好，但仍存在一些不足，主要表现在：

① 已开展的工作主要集中在理论研究及实验室阶段，并且目前主要以纯品作为研究体系，在实际样品中的应用较少。主要是部分方法存在灵敏度不够、容易受杂质干扰等缺点，在临床试验中体液等的检测，环境样品的实时、原位监测等方面，仍然难以得到应用。

② 目前研究主要集中在 Hg^{2+}、Pb^{2+}、Cu^{2+}、K^+、UO_2^{2+}、Ag^+ 和 Cd^{2+} 等，针对其他金属离子检测的功能核酸的种类还较少，使得应用范围受到极大限制。因此，筛选更多高特异性功能核酸对于功能核酸在生物检测领域的应用具有重要意义。目前 SELEX 过程主要在实验室条件下通过多轮 PCR 和分离进行，耗时、耗力且效率较低。

③ 在已有的功能核酸中，Ag^+、Hg^{2+}等的检测主要依赖于碱基与金属离子的特异性作用，而对序列的依赖性较低，这也为更加灵活地设计传感策略提供了方便。

因此，针对以上问题，功能核酸生物传感器亟待探索，如发展更加快速、简便的方法来提高筛选的效率。例如：结合高通量的芯片筛选模式，或结合计算机分子模拟方法等，加快筛选进程，获得更多种类的功能核酸，拓展金属离子的检测范围；提高功能核酸的敏感性和生物亲和性；将功能核酸与纳米材料、生物信号放大技术等相结合提高检测的灵敏度；实现金属离子现场、原位、即时检测；实现高通量分析，或者多种重金属同时检测，同时向微型化、多样化和人工智能化方向发展，满足临床检验、环境监测等领域的需要。